U0382172

本书由江西省高水平学科（社会学）资助出版，并获江西省2011"客家文化传承与发展"协同创新中心经费资助

客家与民俗研究丛书

主编：林晓平　万建中

赣南客家建筑研究

万幼楠／著

中国社会科学出版社

图书在版编目(CIP)数据

赣南客家建筑研究/万幼楠著.—北京：中国社会科学出版社，2018.5
(客家与民俗研究丛书)
ISBN 978-7-5203-2334-5

Ⅰ.①赣…　Ⅱ.①万…　Ⅲ.①客家人-民居-建筑艺术-研究-赣南地区
Ⅳ.①TU241.5

中国版本图书馆 CIP 数据核字(2018)第 073297 号

出 版 人	赵剑英
责任编辑	宫京蕾
特约编辑	乔继堂
责任校对	李　莉
责任印制	李寡寡

出　　版	中国社会科学出版社
社　　址	北京鼓楼西大街甲 158 号
邮　　编	100720
网　　址	http://www.csspw.cn
发 行 部	010-84083685
门 市 部	010-84029450
经　　销	新华书店及其他书店

印刷装订	北京君升印刷有限公司
版　　次	2018 年 5 月第 1 版
印　　次	2018 年 5 月第 1 次印刷

开　　本	710×1000　1/16
印　　张	21.25
插　　页	2
字　　数	351 千字
定　　价	89.00 元

总　序　一

　　俗话说"一方水土养一方人"，在学术界也有一种现象，就是一方水土养一方学问和学者。譬如，蒙古族养育出了江格尔学和一批江格尔学的学者，藏民族养育出了格萨尔学和格萨尔学的一批研究者，彝族养育出了彝学和一批彝学学者，这种学术境况极为普遍。在我国 56 个民族中，55 个少数民族的学者在从事本民族历史文化的研究中，或多或少带有族群的情结。族群身份定位常常决定着少数民族学者的学术面貌和课题指向，这基于不同的民族文化具有不同的学术理念和研究视域。同样，在客家人聚居区，形成了客家学，一批客籍客家学学者脱颖而出，以其独特的学术风貌活跃在中国乃至世界的学术舞台。

　　赣南师范大学地处客家祖祖辈辈生活的中心，研究客家可谓近水楼台，得天独厚，自然成为客家学研究的一个重镇。民俗学学科能够成为江西省"重中之重"学科，与客家研究的优越环境不无关联。而且在这个学科点，不断涌现出客家学学术才俊。这套丛书中《文化传播视野下的客家民间信仰研究》的作者邹春生，《县志编纂与地方社会：明清〈瑞金县志〉研究》的作者李晓方，《客家孝道的历史人类学研究》的作者王天鹏，《闽西南"福佬客"与明清国家：平和九峰与诏安二都比较研究》的作者朱忠飞都十分年轻，他们作为客家的后代，将客家人的血脉情缘与学术造诣结合起来，承继和发扬了客家学一贯的学术传统，是客家学的未来和希望。

　　"客家"既是一个族群概念，也是一个开放性的学术门类，为学术研究提供了无限广阔的视域，每位客家学学者都能从中获取属于自己的一亩三分地。诸如《先秦民俗典籍与客家民俗文化》作者林晓平的客家文化研究、邹春生的客家民间信仰、王天鹏的客家孝道、朱忠飞的客家社会制度、李晓方的客家地方方志研究等，他们皆经营着自己独特的学术领地。他们以富有情感和前沿意识的学术实践，不断推动客家研究向前发展。

　　《客家与民俗》丛书中 6 部属于客家方面的著述，作者的客籍身份为其客家研究建立了立场保障，也让研究有了身份优势，诸如局内人、自我和主位立场等，例如，万幼楠的《赣南客家建筑研究》就是客家内部话语的生动表述。这六部著述资料之翔实，论据之充分，定位之明确，探究之执着，唯有身为客家的学者方能达至这等学术境界。人类学强调异文化的研究，这其实是西方中心主义标榜的学术准则，因为其考察的地域只能选择第三世界国家。而中国则是民俗学研究的乐园，家乡民俗学更能体现中国民俗学的学科特点。客籍学者大多生长于客家生活领地，熟悉客家的方言和文化传统，能够用主位的立场理解和叙述一个地方的客家历史与现实。方言、生活方式、性格特征和思维习惯等无不浸润了客家传统，客籍学者的学术研究自然充溢着旺盛的思想活力，自觉地将客家身份转化为学术动机。六部专著选题不一，学术追求各有侧重，但客家身份的学术意识均极为鲜明和突出。这是我读后最为强烈的感受。

立足客家，面向民俗研究的其他更为广阔的领域，这是丛书《客家与民俗研究》编纂的基本方针。另外四部书是余悦的《民俗研究的多重文化审视》、徐赣丽的《文化遗产在当代中国——来自田野的民俗学研究》、黄清喜的《石邮傩的生活世界——基于宗族与历史的双重视角》、万建中的《民间年画的技艺表现与民俗志书写——以朱仙镇为调查点》，它们似乎与客家没有关联，但据我所知，这四本书的作者也都为江西籍，且或多或少与客家有联系。然而，赣南师范大学民俗学学科点的教师和特聘教师不可能所有的研究都局限在客家的范围内，否则，学科点学者的视域就相对逼仄，难以在更为宽广的平台形成学术对话。客家研究大都在客家圈内展开，出现了学术自我消化的局面，其影响主要在客家学术圈内。丛书的选题不拘泥于客家，大概是出于这方面的考虑。

相对于前六部书的学术"专一"，后四部书大多采取了"扇面"的多向度的学术结构：一是涉及方方面面的民俗领域，点多而面广，尽管书名及研究对象不一致，但采用的大都是"多重文化审视"的维度；二是研究方法和手段更为多样，有田野案例的解读、三重证据与多重文化的民俗学研究、民俗志书写范式的尝试、傩文化民间记忆的重现等，学术追求更为前沿和深刻。如果说，前六部专著以题材的地域性特色和资料之扎实见长的话，后四部则是以研究手段和角度之丰富体现出学术品格。不过，在方法论层面，这10部书具有明显的相通之处，即都是运用历史主义的方法观照传统民俗，在历史与民俗契合点上寻求学术意义和理论归属。

总体而言，这十部专著展示了赣南师范大学民俗学学科的整体实力，是近几年来学科学术研究成效的一次全面的检验。可以肯定，这套丛书的面世，将有助于扩大赣南师范大学民俗学学科点在全国的影响。祝愿学科点在民俗学理论和实践方面都取得更大的成绩。

朝戈金

2016 年 3 月

［作者系中国社会科学院学部委员，民族文学研究所长、研究员，博士生导师，国际哲学与人文科学理事会（CIPSH）主席、中国民俗学会会长］

总　序　二

　　客家（英文：Hakka）是我国汉民族的一支民系，它大约是在宋元时期，由中原汉族南迁的民众与当地土著相融合而形成的。该民系的发祥地与主要聚居区是赣闽粤毗邻地区，其居民播迁至世界各地。

　　从 20 世纪 80 年代末 90 年代初至今，客家研究出现了如火如荼的局面，俨然成为一门"显学"。与此同时，对客家研究利弊得失的反思也在进行，其中一个引起许多学者思索的问题是：客家作为汉族的一个大民系，研究的内容似乎可以包罗万象，但我们关注的重点应该是什么？这个问题也许永远没有标准答案——还是应了中国的一句老话，"仁者见仁，智者见智。"正因为如此，我们就可以很坦然地提出我们所认为的重点，这就是：客家民俗文化。

　　我们关注客家民俗文化，不仅是因为它的丰富性，还因为它的特色鲜明，婀娜多姿，同时，它保持得相对比较完整，且有着大量"原生态"的"事象"。

　　《客家与民俗》丛书共 10 本，内容分为两大部分，第一部分以客家民俗文化为主要研究对象，涉及客家民间信仰、客家孝道、客家茶文化、客家宗族文化、客家方志的编撰书写以及客家古建筑研究，等等。第二部分的内容包括乡村民俗、傩文化、福佬客文化、民俗问题的多重文化审视、先秦要籍的民俗学解读，等等。这部分的主要内容是更大视阈下的民俗文化，它与第一部分客家文化有着内在的逻辑关系。

　　从纵的方向视之，探索了客家民俗文化的源流。客家民俗文化之源在何处？与中国传统文化关系怎样？是一个引起争论的问题。丛书对先秦诸子著作以及《周易》中所描述的民俗事象、民俗文化以及民俗思想进行了解读和探析，这就能使人们更深刻地认识到，客家民俗文化之源在于中国传统文化，也佐证了所谓客家文化"根在中原"的观点。从横的方向视之，在民俗文化方面具有文化比较研究的意义。例如，客家傩文化是非常丰富的，而南丰傩文化其实与客家文化有着千丝万缕的联系，丛书中对南丰傩文化的研究可作为客家傩文化研究的延伸；对于福佬客文化的论述，本身就是一种客家文化与其他民系文化比较研究的绝佳视角；《民俗研究的多重文化审视》《文化遗产在当代中国——来自田野的民俗学研究》等著作都从一个开阔的视野来探讨民俗文化，这对于客家民俗文化的研究有着一定的启迪意义。

希望这部前后历时六年的丛书，能对民俗文化尤其是客家民俗文化的研究起到一定的推进作用。

本丛书在编著、出版过程中得到赣南师范大学党政领导以及学科处、社会科学处等部门的支持和指导，江西省社会学"高水平学科"、江西省2011"客家文化传承与发展"协同创新中心给予了经费上的资助；中国社会科学院学部委员、民族文学研究所所长、中国民俗学会会长朝戈金研究员亲自为本丛书作序；中国社会科学出版社宫京蕾副编审不辞劳苦，多次与作者深入交谈并进行指导，为丛书的顺利出版耗费了大量的心血，在此一并表示衷心的感谢。

编委会

2016 年 3 月

目　　录

第一章　概论

一　史地特征

　　赣南，即现在江西省赣州市属地，因位于江西南部，故习称"赣南"。赣州市现辖章贡、南康、赣县、于都、兴国、宁都、石城、瑞金、会昌、安远、寻乌、信丰、龙南、定南、全南、大余、上犹、崇义等18个县（市、区），人口约1000万，面积3.94万平方公里，人口和国土面积分别占全省的1/5和1/4，是我国辖县（市、区）最多的设区地级市，也是我国最大的一块客家人聚居地。

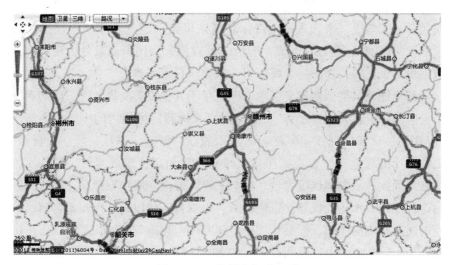

图 1-1-1　赣州市行政区域

　　赣州，两晋南北朝时称"南康郡"，隋唐北宋时称"虔州"，南宋绍兴二十三年（1153），因虔州多盗，嫌"虔"字虎字头不吉利，遂改名为"赣州"。自唐代张九龄凿通大庾岭道，赣南成为国家南北交通的重要节点后，为控扼大庾岭南北水运交往的全部活动，宋淳化元年（990），在大庾县（今大余）设立南安军（后为路、府），下辖大庾、南康、上犹和崇义四县，因此，宋代后的赣南，是两府并列，故常称"南赣"。到清乾隆十九年（1754）时，朝廷认为：赣州一府管辖十二县，地方辽阔，易藏奸匪。于是，升宁都为直隶州，下辖瑞金、石城两县。因此，清乾隆后的古代赣南又由"两府一州"组成。

赣南东靠武夷山脉与福建相连，南横南岭山脉之大庾岭和九连山与广东交界，西倚罗霄山脉之诸广山与湖南接壤，北屏雩山山脉与本省之吉安、抚州市毗邻。高大的山脉，既是四省的边界，也是四省重要河流的源头，如福建的汀江—韩江水系，广东的东江—珠江水系；湖南的耒水—湘江水系，江西的章贡两江—赣江水系。在赣南，则因众多山脉及其余脉向中部延伸，形成周高中低，南高于北，其中山峦起伏、河川溪流密布的地貌。境内海拔为200—500米的丘陵地形，约占赣南总面积的61%，四周主要分布海拔为1000—2000米的山地，约占总面积的22%，盆地仅约占17%，故民谚称："八山半水一分田，半分道路与庄园。"这种地理地貌，方志中是这样总结的："屹然为三湘、八闽、五岭之奥区"；"界四省之交，扼闽粤之冲"；"赣之为郡，当闽粤湖江四省之交，视他郡为重"①。明代著名大学士、泰和人杨士奇在其《东里集》之《送张鸣玉序》中也说道："赣为郡，居江右上流，所治十邑皆僻远，民少而散处山溪间，或数十里不见民居，里胥持公牒征召，或数十日不抵其舍。"②

赣南地貌虽类似四省交错地，但地重于其他三省交界地区，因闽粤之水流向海洋，古代一向视之为"化外之地"，而赣南因境内的十条主要河流（上犹江、章江、梅江、琴江、绵江、湘江、濂江、平江、桃江、贡水，史称"十蛇聚龟"）皆汇聚在赣州城北之龟角尾，形成赣江，最后注入长江。因此，从中国传统大地理概念来讲，赣南尚属中原地区。同时，赣南这种地理和水运的优势，也使赣州、南安自宋代以来成为东南名镇。宋代的赣州是工商大州，据吴运江先生研究③：北宋熙宁十年（1077）全国285个州军级城市中，虔州征收的商税额达39888贯，远多于洪州（南昌）的28905贯，全国排第18名。而南安则有"名贤过化之邦""理学渊源之地"之称，苏东坡诗赞："大江东去几千里，庾岭南来第一州。"

---

① 俱见清同治十二年《赣州府志·旧序》，赣州地志办校注，1986年。

② 引自唐立宗《在"政区"与"盗区"之间》，台湾大学《文史丛刊》2002年版，第67页。

③ 吴运江：《赣州古城发展及空间形态演变研究》，博士学位论文，2016年。

因此，到明清时，鉴于四省交界地区"盗寇"频发的态势，便以赣南为国家军政重镇驻地。明弘治八年（1495）始，为加强对赣闽粤湘交界山区的统治，在赣州设立"南赣巡抚"，辖四省交界地区的"八府一州"（相对稳定的四省八府一州为：江西南安、赣州府，福建汀州、漳州府，广东潮州、惠州、南雄、韶州府，湖广郴州），清康熙三年（1664）省并后，继设"分巡吉南赣宁道"辖吉安、南安、赣州三府和宁都直隶州，驻地也是在赣州，直至清末。

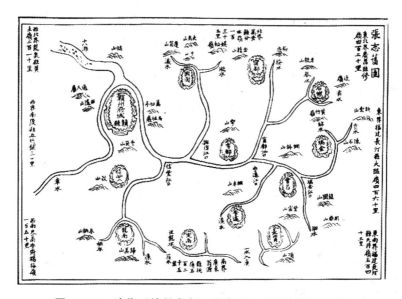

图 1-1-2 清代《赣州府志》疆域图（"十蛇聚龟"图）

赣南这种崇山峻岭的地理地貌，相邻的其他三省接合部也大体类似。如粤赣交界的平远地："则见石磴云梯，纡回跋涉，鸟道羊肠"[1]；粤湘交界则："地当五岭之交，蜿蜒磅礴，连互江广，峰峦陡绝。"[2] 这样便伴生了这一地区很独特的社会历史背景。因本书所涉及的内容主要是宋代以后的建筑，特别是明清时期的建筑，因此，有必要将相关背景多介绍几句。

在赣南的地方志书记载中，对唐以前的事大多以"率以荒服"一笔带过。自宋以后，由于大量外来人口的涌入，伴随着各种文化和先进生产

---

[1] 转引自唐立宗《在"政区"与"盗区"之间》，台湾大学《文史丛刊》2002年版，第50页。

[2] 同上书，第52页。

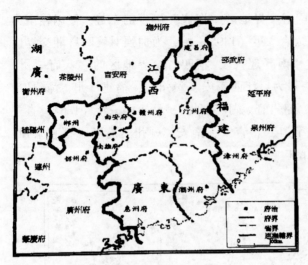

图 1-1-3　"南赣巡抚"初设时辖域

资料来源：引自靳润成《明朝总督巡抚辖区研究》，第 178 页。

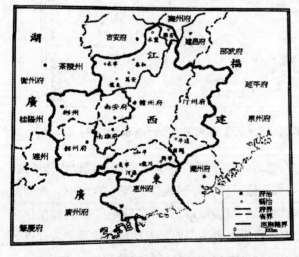

图 1-1-4　明代后期"南赣巡抚"辖域

资料来源：唐立宗：《在"盗区"与"政区"之间》，
台湾大学《文史丛刊》2002 年 8 月版，第 275 页。

力的引进，赣南的经济文化得到了大开发、大繁荣，但同时也进入了社会大动乱、大振荡的历史时期。如宋代王安石在《虔州学记》中，开头便称："虔州江南地最广，大山长谷，荒翳险阻。交、广、闽、越铜盐之贩，道所出入，椎埋、盗夺、鼓铸之奸，视天下为多。"① 从此，宋元的"虔寇""盐寇""峒寇"，明清的"畲贼""田贼""流寇""长毛贼""山盗"，清末民国初的"土匪""会匪"充斥赣南。赣南是"盗贼蜂起，举境仓皇"，成为"盗贼渊薮、奸人亡命出没之地"。对此情形，赣南地方志称："然山僻俗悍，界四省之交，是以奸宄不测之徒，时时乘间窃发，叠嶂连岭，处地既高，

① （宋）王安石：《虔州学记》。详见清同治十二年版《赣州府志》卷二十三《经政志·学校》，赣州地志办校注，1986 年。

俯视各郡，势若建瓴。"① "赣州据江右上游，境接四省，中包万山，峻岭、邃谷、盘涧、郁林，人迹罕及，为巨寇之渊薮。"② 所处各县县志也有"地处万山之中，奸人啸聚，寇盗充斥"，"众山壁立，路如鸟道，山多水激"之类的概述。清同治版《南安府志》也云："民稀而地僻，岁稍凶歉，山峒愚民咸啸聚为寇，邑民往往罹其荼毒。"明代的《虔台续志》卷一开篇便称"虔当荆闽百粤之交，岩险闻于天下，峪峒深邃，绵壤千里。自不逞之徒依凭巢穴，阻兵为乱故"。③ 南赣巡抚虞守愚也说："臣所辖地方，俱系江湖闽广边界去处。高山大谷，接岭连峰，昔人号称'盗区'。"④ 因此，宋元以来，这块土地从来就没有消停过，小乱不断，大乱必有份，所谓"自古以来，江右有事，此兵家之所必争"。据笔者查阅地方志统计，自宋太平兴国七年至清同治十二年（982—1873）的 891 年间，见于史书记载的兵匪动乱便有 299 起，约每三年便有一起。这从宋明时期赣南人口的变化也能说明问题。建筑史博士吴运江先生根据明《嘉靖府志·食货》和《宋史》记载：南宋宝庆中（约 1226），赣州（不含南安府所辖县，下同）有主客计 639394 口；历史学博士王东先生根据历史文献记载：明初洪武二十四年（1391）赣州只有 366265 口，至明中期成化十八年（1482）更减到 133366 口⑤。按说赣州在宋代盛世之后，随着山区经济的进一步深入开发，人口应激增才符合情理，明初人口减少尚可理解为战争，但也不致减少得这么多，可到明中期赣州人口仍是锐减，则说明这个数据有问题。问题出在当时统计户口的人，只登记国家能控制的"编户"，而那些不纳税服役的"盗贼""山寇"则逍遥在政府的"编户齐民"之外，可见赣南"匪情"之严重。

　　古代赣南及其四省交界地区的乱象，从现代学者对该地区进行学术研究的课题名称就可见端倪。如南昌大学历史学博士黄志繁先生的《"贼""民"之间——12 至 18 世纪赣南地域社会》和台湾政治大学历史学博士

① （清）汤斌：《序》清同治十二年版《赣州府志·旧序》，赣州地志办校注，1986 年。

② （明）陈九韶：《慎防微详记载条陈》。清同治十二年版《赣州府志·艺文志》，赣州地志办校注，1986 年。

③ （明）嘉靖《虔台续志》卷第一《舆图记》。

④ （明）嘉靖《虔台续志》卷四《事纪三》之"十有一月城黄乡设巡检司"条。

⑤ 王东：《明代赣闽粤边的人口流动与社会重建——以赣南为中心的分析》，《赣南师范学院学报》2007 年第 2 期。

唐立宗先生的《在"盗区"与"政区"之间——明代闽粤赣湘交界的秩序变动与地方行政演化》。这既是宋代在大余增设南安军，明代赣州增设南赣巡抚，清代增设宁都直隶州的重要原因之一，也是这一地区多见设防性民宅和聚落如围屋、村围、城堡村落、土楼、寨堡等而较少精细性、奢侈性建筑的原因之一。同时，笔者也认为，只有在这种特殊的历史地理和社会背景下，作为具有鲜明特征的客家民系，才可能真正地走向形成与成熟。

赣南属亚热带丘陵山区湿润季风气候，具有冬夏季风盛行，春夏降水集中，四季分明，气候温和，热量丰富，雨水充沛，酷暑和严寒时间短，无霜期长等气候特征。赣南年均气温 19.3 摄氏度、降雨量 1603 毫米，森林覆盖率达 76.4%，自古以来出产竹木、红壤黏土、红砂岩（因以兴国的最著名和历史最长，故俗称"兴国红"）、石灰石等建筑材料。

二　建筑特色

赣南已知的最早建筑，是 1996 年修京九铁路时，在章贡区沙石镇发现的商周时期的圆形干栏式村落居住文化遗址。

唐宋时，由于大量北方移民的迁入，一些具有北方特色的建筑艺术形式也随之植入赣南，最典型的如赣州通天岩石窟寺、于都罗田岩石窟寺和北宋时赣南众多的楼阁式佛塔。石窟寺建筑艺术始于印度，后沿丝绸之路自西北而在北方地区流行，唐宋时期在江南地区唯见于赣州。赣南现存的高层楼阁式塔，浑身都是北方宋塔的影子，而且赣州一隅之地，北宋时竟建有六座之多（于都县建于北宋至和年间的慧明禅院塔，早年损毁），占江西全省此类塔之大半。还有赣县唐代的大宝光墓塔，更是北方风范。其造型之美奂、工艺之精湛，淋漓尽致地表达了大唐的官式艺术格调。而细部装饰如斗拱、梭柱、飞天、金刚、菩萨等造型，只有在北方唐代艺术品中方能找到可与之同日而语的作品。值得深思的是，如此盛况的佛教建筑艺术，在赣南似乎只是昙花一现，南宋以后突然绝迹，一蹶不振，甚至连稍有名气的寺庙都不曾再出现，而赣南周边地区的佛教事业却是蓬勃发展的。

赣南自汉初的 3 城到宋代的 13 城，再到清末的 17 城，建城无疑是赣南的一重大建筑活动。据史料记载，汉初 3 城中的"南壄"县，秦朝时便设有，但一直没找到具体位置。有人认为大余县池江镇长江村的寨上古遗址，可能就是南壄县城址。这处遗址位于章江南岸一土墩台地上，高出地面 8—13 米。东西宽约 90 米，南北长约 100 米。东南角有部分夯土，断面可见粗绳纹筒瓦和部分印纹陶片叠压堆积，层厚 2—3 米。地面上采集过筒瓦、板瓦、陶鼎、陶罐、同心圆花纹砖等不同时期的器物残件和印纹陶片，大多属汉代遗物。由于其占地面积充其量是座小城堡，因此，难为史学界所共认。赣南汉末魏晋南北朝时期的城建特点是：城址变迁、县名变换、县治损益频繁，如赣县（蟠龙、虎岗、章贡二水间、七里镇一带）和雩都（往返于古田坪、固院间多次，唐始定位今址）两县都是四易城址；宁都则四易其名，而且析并、迁徙不断，如阳都（后更名"宁都""新都"）县治黄石营底，揭阳县治石上王田营，虔化县治大布张屋，隋始省并为宁都，治今址不再变化。不过这期间的古城址，大多都有着落，至少能确定较具体的地理位置。赣南唐宋以后增设的县城，则基本上是一锤定音，县名、城址一朝设定，再无变化。

赣南的城建，就其价值和典型意义而言，自然首数赣州古城。赣州城自南朝梁再次定址于章贡二水间，至今 1460 余年再未变过，历经中古、近古和近现代三个城建历史演变时期，而且都有较丰富的实物保存下来，就全国而言也属罕见、难得！如魏晋南北朝时期流行的东、西两市"十"（或称"丁"）字街城市布局制；唐末两宋时，因城市商业兴起，市民"侵街为舍"，城市"里坊制度"瓦解，"六街"布局制开始流行；再到近现代城市建设的"拆墙跨江""中西结合"的城市布局理念，在赣州城都有体现，并能找到清晰的历史变迁痕迹。此外，在唐末北宋时期，还有两个在全国具有开拓性典型意义并沿用至今的创举，即弃用土城改用砖石城墙；利用城市地形设计福寿沟和水窗。

砖城率先出现在南方，本也符合自然情理，因南方多雨水。在赣南，除赣州为北宋砖城外，于都其实也是一座宋代砖城，20 世纪 80 年代文物普查时，在临河段城墙底部曾发现多种南宋嘉定年间的铭文城砖。此外，宁都、会昌两城均为南宋所建，但现在尚未发现宋代铭文城砖，而宁都博物馆有馆藏在大布虔化县城址发现的宋代"虔州虔化县"铭文砖，似为宋代城砖。赣州城改用砖砌的直接原因是，据虔州防御使卢光稠将城址东扩到贡江边后，经济的重心也由章江沿岸东移到贡江沿岸，但贡江沿岸地势低洼，多为沼渚之地，导致"岁水啮城"，成了一座年年遭水灾的土城，为安全计，北宋时不得不改用砖石砌城。

　　福寿沟的创建肯定早于宋代，也许就是卢光稠将赣州城东扩至贡江边的行动，才使老的城市防洪排涝系统出现了问题。于是，北宋时先派孔宗翰来筑砖城，"遂镯水患"；继派刘彝来设计水窗，"水患顿息"。福寿沟历经千年，能持续使用至今的根本原因，一是因设计的科学性和不可替代性的结果，如果不是个缜密完善的工程，也早被古人淘汰了；二是历朝历代政府和赣州老百姓不断保护与维修的结果。福寿沟为地下工程，砖石所构，易坏难修，不可能一劳永逸。它既是一项因水涝而创建的工程，也是一项因水涝而不断维修、改进和完善的持续发展工程。

　　赣南是风水文化走向民间的发祥地，风水建筑特别多。如风水塔（现尚存50余座）、水阁楼、水口庙（水府庙）、风水桥，还有风水树、风水林等不可胜数，蔚为全国之冠，成为赣南建筑的一大特色。但这些设施，基本上都出现于明清，且主要是明中期以后，这种情形与全国的情况也基本同步。按说如果宋元盛行的话，保存下一些砖石为主的建筑如塔、楼等是不困难的。而宋元之前一般士民墓葬是延续古代"不树不封"葬制的，墓志碑铭皆置于墓内，地面几乎没有痕迹，因此，阴宅风水学也应是明清之后盛行起来的。

　　很长时间以来，笔者一直在思考：风水堪舆术，作为一门高深莫测集古代诸多学科于一身的传统文化，为什么没有率先落地并盛行在自然环境和经济文化都更发达的庐陵（吉安）和临川（抚州），反而在各方面都较之落后的赣南成为策源地和传播地？原因可能会很多，但肯定与宋明时期，特别是明代赣南的社会背景有关，如移民、盗寇、经济文化欠发达、政府的提倡等。前三种情况上文已经涉及，这里着重补充"政府提倡"的情况。据《赣州府志》载①，自宋庆历年间（1041—1040）在澄清坊（约今大公路东段）重建文庙后，明成化四年（1468）至清乾隆元年（1736），赣州文庙（包括府学与县学）先后反复迁址于景德寺、郁孤台下、紫极观（宫）间，考其因竟然都与风水有关。如明万历三十二年（1604）文庙再次从紫极观迁到景德寺时，杨守勤作碑记曰："成化丙戌（1466），太守曹公凯隘之，易地景德寺宫焉……嘉靖间，中丞归安陆公从士请，改卜祥符宫，易如景德故事……自王文成昭揭圣修，倡学兹土，

---

　　① 详见清同治十二年《赣州府志》卷二十三，《经政志·学校》，赣州地志办校注，1986年。

至今士品为他邑冠。乃举制科者，往往逊色他邑……相与质之形家，金谓景德旧址，丰隆宏敞……，如彭学士所称洄吉壤。"[1]　还值得一提的是，文庙改址不是另选新地重建，而总是驱占城内的重要寺观改作文庙，这般故事还见于"治平甲辰（1064）军事推官蔡挺改徙丰乐寺……正德丙寅（1506）知府赵履详拓慈云寺地为学前通衢"[2]。类似的情况各县也多见，如正德六年（1511）于都知县刘天锡迁建县学于紫阳观；天启三年（1623）兴国知县刘清迁县学于城内大乘寺。

　　屡屡侵占宗教场所为官学，这说明什么？一是在官府看来，当务之急是科举教育重于寺观教化；二是士大夫们普遍崇尚风水术而贬斥宗教文化。在这种政治文化理念下，对于赣南建筑所产生的直接效果是：宗教建筑与风水建筑及其文化形成彼消此长的过程。那么，这种理念的形成又基于什么原因呢？一是内乱。明代中期以来赣南大地王化乏力、盗寇震荡，王阳明总结为"风俗不美，乱由所兴"，"破山中贼易，破心中贼难"。于是有上引之"倡学兹土，至今士品为他邑冠"，就是说比别的府县更重视科举教育。二是外压。与赣南紧邻的是有"隔河两宰相，五里三状元"之誉的庐陵和名冠全国具有"才子之乡"之称的临川，其中仅吉安一县或临川一区，历代进士数目都比赣南18县（市区）的总和都多。在这种"内乱外压"的情势下，赣南的统治阶层和士绅们也开始为之焦虑、沉思：我们已经很重视教育了，可是怎么"乃举制科者，往往逊色他邑……"，结果，统一的认识和采取的措施是：在风水术的指引下改变现状。于是，出现由政府倡导或士绅牵头建风水塔，甚至籍没其他建庙和迷信活动资金用于建塔。如于都蛮英塔的建造便是"以所辟淫祠易之"，"邑之有龙舟会也，以尚鬼，然而侈且狂矣，吾亦乌能坐视夫厚储黩鬼之资以益狂，孰与移之葺塔[3]"。到了清代更甚，士大夫们惑于风水学说，将赣州的慈云寺塔和安远的无为寺塔，这两座与风水一点关系也没有的佛

---

① 详见（明）杨守勤《新建儒学碑记》，清同治十二年版《赣州府志》卷二十三《经政志·学校》。

② （明）董天锡：《嘉靖赣州府志》志六《学校·府学》，原本藏宁波天一阁，1962年上海古籍书店《天一阁藏明代方志选刊》影印。

③ （明）李涞：《蛮英塔记》，清同治版《赣州府志》卷十六《舆地志·寺观》，赣州地区志编纂委员会，1987年。

塔，也牵扯风水学的解释①。当然，赣南风水术的昌盛，还可能与赣南本土的基底文化——古代楚、越巫术文化有密切关系。如后来风水文化中附着的较多的迷信色彩，便是与巫文化结合后而形成的神秘文化。

综上管见，窃以为探讨赣南的风水建筑不宜扯得太远。至于形势派风水祖师爷唐代的杨筠松，其人其事尚经不起史学的考证。如杨筠松为自己或为曾、廖两姓选中兴国三僚开基立业的传说，在三僚家族的宣扬下，传播甚广。按方志记载：杨筠松乃断发云游天下的专业风水术师，居无定所，若以其道行和名望，早在唐末，选个比三僚村自然环境好、后来子孙应该较发达的地方不是难事。但后来事实证明，风水大师们为别人苦苦追求的官运、财运，他们自己世居此地的子孙们却都不算显著。对此，其后人解嘲的解释是，当年选中此地的目的就是使子子孙孙能延续其业，不是为官、为财！显系狡辩，故疑为明清时，曾、廖二姓术师为专执其业而托尔。

其实，风水术的本质或者说基本原理是有其科学性的，只是相关传道者为了自己生存发展的需要，附加了诸多民间神秘文化来保护行业，即使阳宅或阴宅选址的实际结果悖于一般风水理论，它也能跳出具体案例语境，改从诸如阴阳平衡论、五行相生相克法则、天地人合一观等高深理论角度来诠释，总会找到一个利于风水解释的理由。实在不行，还有"一福二命三风水"之说，使之成为一种能纵横捭阖自圆其说的诡辩理论。

赣南客家民居是赣南建筑的又一特色。尽管近年来由于受新农村建设、土坯房改造、城镇化加速等影响，传统民居毁坏很快、很多，但仍是赣南古建筑中保存数量最大、特色最鲜明的一个类型。因此，本书对之有较深入具体的研究，在此，只是还想强调一下：为什么？或者探讨一下是否有什么规律可循？

民居建筑是文化的综合体现，是居者基于对政治、军事、经济，乃至具体到宗教观、审美观、价值观等方方面面文化认识的反映和表现。文化，在一定时空和经济社会范围内是会相互影响的，这种影响在古代主要是靠交通线路来完成的，其中水路又重于陆路。一般而言，在古代社会，江河下游地区的经济文化较上游地区更发达，因此，上游的文化往往受下游的影响较大。如在赣南，整个范围内基本上都流行"厅屋组合式"民

---

① 清同治《赣州府志》卷十六《舆地志·寺观》，赣州地区志编纂委员会，1987年。

居，而相邻的吉安（赣江水系）、抚州（抚河水系）两市却主要流行"天井式"民居，至于大山之外、水系全异的闽粤湘交界地区的民居，风格差异则更大。终究其因，是源于赣南的"两河文化"。赣南虽然地处万山之中，彼此貌似阻隔封闭，其实还有千川相连，最后汇集到章、贡两江中，因此，"厅屋组合式"民居的根在章江和贡江两岸。当然，赣南的"两河文化"还有更早、更远的渊源关系。

再求证几个现象说明。赣县白鹭村鹭溪河直接注入赣江，因此，表现在民居上，无论是平面布局、结构形式，还是选材用料、装饰装修，都趋向吉泰盆地的民居风格特征。南康、上犹、崇义三县常能看到一种大门上开设一大横披窗的做法，姑称之为"门头大窗"式民居，它主要流行于沿赣江—章江水陆古驿道两侧，下游到吉泰盆地赣江两岸，上游穷尽至湖南汝城、广东仁化一带。寻乌南部紧靠梅州市，河流也是流入梅州的梅江，因此，这一地区整个文化习俗都近梅而远赣，表现在民居上则流行围拢屋。当然，同属某一水系的文化，因特定小环境等原因，也存在一些特例和有大同小异之分。如桃江上游的"三南"一带流行围屋民居；章水上游的大余县流行"城堡"式村落。大余载入志书的城堡有九座，史称"一府九城"，这还不包括现尚存的左拨"曹氏城"。其治所也独特于他县，为"双城制"，隔章水以横浦桥连接两城。

三 本书特点

缘起与条件。2013年笔者出版了《赣南传统建筑与文化》一书，并得到诸多赞誉和好评，一时颇有踌躇满志之态。但感到此书毕竟只是本个人文集，与书名还不能名副其实，于是萌发了写一本真正能反映赣南传统建筑与文化全貌的专著。并且，觉得自己写此书具备较有利条件：一是掌握的基础资料最齐全。不仅已撰写过大量有关赣南传统建筑的专门论文或论著，而且拥有赣南2007—2012年全国第三次文物普查的成果资料。二是掌握的专业基础知识较扎实。笔者几乎毕生从事中国古建筑的研究和保护工作，主要成果和业绩都体现在这一专业上，了解这一冷僻专业的门道。于是，说干就干，构思编目、拉搭框架、搜集资料。

定位与取舍。一旦深入，便感到赣南地大物博，前人因为生产生活的需要，营建了各种各样的建构筑物，遗存到现在的类型也十分丰富，虽然想全面介绍赣南的古建筑，但也不可能不分彼此、面面俱到，因此，如何定位与取舍便成为一个方针路线的问题。笔者是个文物工作者，所学专业又是文物考古，构思此书自然会打上职业、专业上的烙印。一是厚今薄古的理念。笔者是那个时代教育出来的人，记得范文澜先生说过，历史研究必须厚今薄古，因此，在取舍上重视现在尚存的古建筑，对已灭失的赣南古建筑只作文章结构性的一笔带过。二是古为今用的理念。笔者热衷于古建筑的研究与保护，目的就是要传承它、呵护它，并让它为现实服务，因此，在定位上更重视写那些历史文化价值较高的建筑类型。三是保护为主的理念。作为一个终生都从事文物保护的人来说，看到的永远是文物保护的轻重缓急和价值的大小，因此，在体例上每种建筑类型中都列举了代表性个案介绍。四是推陈出新的理念。赣南建筑文化很丰富，有的已被大部分人所了解，有的观点被前人反复说过。因此，在详略上更重视写那些尚不被人注意或了解的古建筑，写那些虽然已被很多人所关注和了解，但尚属知其然而不知其所以然的古建筑，以及笔者的新观点。

思路与目标。一是以平时长期工作积累的古建筑资料和第三次全国文物普查资料为线索，将现存古建筑进行科学分类；二是以历史学、建筑学为研究方法，对各类型建筑：考其源流和本质、述其文化背景和特色，析其设计意匠和功能，并对重要的建筑进行实测，对各类型建筑中最具代表性的建筑进行案例分析和专业记录。力求其真实性和完整性，以成存世之作，使之成为一本具备图、文、照表现形式，融学术性、知识性和鉴赏性、收藏性于一体的专著。

价值与意义。文化是人类生活的总和，而建筑是所有文化中最重要的载体。随着城镇化、新农村建设进程的加速以及钢筋水泥、框架结构等新材料、新技术日新月异的发展，中国传统建筑日益式微，每天的消失量触目惊心，古建筑势必成为不可再生的文物资源。赣南，由于独特的历史地理情况和现代经济发展的相对滞后，到现在还保存下较为丰富和完整的古代建筑及其承载的历史文化。但以往的研究都只限于一些局部类型或单体建筑的研究，如客家民居，围屋、古塔等，到目前止，还没有人从历史学和建筑学角度对赣南整个生态区域内的建筑进行全面的、科学的调查研究，全国其他地方也较为少见类似的综合学术研究。因此，对它进行系统地梳理研究和前瞻性的探索，将有利于对它们的保护和增强对其进行跨学科综合研究的学术价值，这符合当前我国传统文化保护和利用的国策，同时，对发展古建筑、古村落旅游均有重要的现实意义。

难点与效益。本书的重点与难点是：现场建筑测绘和制图，以及对有关历史文化的田野调查核实上。本书预期社会效益：对从事历史、建筑、文化、民俗等方面研究的学者具有借鉴作用；同时，可供当地文物、旅游、住建、规划、方志等政府部门决策和应用，还可满足普及传统文化知识，供一般读者典藏欣赏的需要。

第二章　古城、古街、古村落

　　古城、古街、古村落都是人口相对集中、历史文化信息量相对大的聚落，也是物质文化遗产和非物质文化遗产传承的复合体，就保护的效果而言，它比孤立的单栋独院文物保护形式更具有实际意义和可操作性。但以赣南地域之广、历史之久、古代聚落之多，仅用区区一个章节来表述，实难取舍和涵盖。因此，受篇幅所限，本节所述的古城、古街、古村落，原则上只限于已列入了政府公布保护的历史文化名城、名街和名村。

一　古城

　　赣州市现辖的 18 县（市、区）除今赣县治所为 1969 年自现章贡区治所迁出新建外，其他 17 县（市、区）都是清代以前建的县，可谓都是古城。然时至今日，因历史变迁，城市建设发展的需要，大部分古城已破坏殆尽。目前，赣南古城风骨尚存的仅有赣州（古赣县，今章贡区）、会昌、定南三城。另，石城县保存下两座城门约 600 米的城墙和一条古街巷；大余县保存下一座城门，约 400 米的城墙；龙南县保存下一座城门，约 300 米临江城墙和一条古街；宁都县保存下约 500 米的临江城墙；全南县保存下一座城门。这些可谓尚存一些古城风影，其他县则难觅古城的遗迹了。

（一）赣州古城

　　赣州老城在没有建城之前，其实只是块低矮的河套丘陵，其总的地形大致：西北高东南低，南北尖东西平。这从现在地形和赣州城厢民谣"三山五岭八景台，十个铜钱买得来"这句话也可领悟出来。"三山"为笔峰山、东胜山和夜光山，分别位于今老城东南的小南门、东胜山路坡顶和赣江路西侧荷包塘北边；"五岭"为田螺岭、百（白）家岭、金圭岭、狮（慈）姑岭和桂家岭，分别位于今老城西北的郁孤台、章贡路北侧的百家岭、新赣南路西侧，以及老城东南部海会路东侧的慈姑岭和桂家岭，但现在的夜光山、金圭岭和桂家岭已难以想象当年这里是山岭地形了；而"八景台"，即为有八处形成景观的台地，台者，孤而高悬谓之台，如郁孤台、拜将台、凤凰台之属。

图 2-1-1　赣州城区地形

现赣州老城按明嘉靖《赣州府志·地理》记载的原话是："晋永和五年（349）太守高琰始筑城于章贡二水间，即今郡治。"之后毁于东晋义熙七年（411）的卢循、徐道覆起义军，县城被迫迁移至水东的七里镇一带，南朝梁承圣元年（552），陈霸先驻赣时，县城再次迁回章贡二水间。至此，历经南北朝和隋唐约 500 年的兴毁建设，最终锁定这个位置做赣州城，为叙述方便，此姑称之为"唐城"；唐末五代卢光稠乘乱起兵，割据赣州 30 余年，其间将原唐城往东南拓展延伸，形成了后来赣州老城的基本规模。清同治《赣州府志·舆地志》是这样说的："唐末卢光稠斥其东西南三隅，凿址为隍三面阻水。"后再经北宋对城市街巷和水系等的进一步梳理完善，历经南宋和元明清，其格局基本没有出现大变，此便是现代学者所称的"宋城"。1994 年，赣州老城被国务院公布为第三批中国历史文化名城。此外，还有一座赣州市区的人都知道但并不怎么清楚的"皇城"。现在我们就先来说说皇城。

1. 皇城、唐城和宋城

皇城，是一座城中之城，史称子城、内城，赣州人自诩为"皇城"，是古代赣（南康、虔）州（郡、军、府）衙署治所，其意义相当于北京城的紫禁城。皇城区域大致南界郁孤台、皇城遗址（今军门楼），北到射箭坪（今赣七中操场），西止古城墙，东接原九华阁路、东溪寺一线，核心区域为原赣州市公安局及其宿舍占地，是赣州建城以来的政治中心，也是赣州宋城文化的发祥地和核心区域之一，其政治中心地位一直延续到20世纪末赣州地委搬迁到今新城区。

根据史料点滴记载和考古遗存分析，我们现在所能知的皇城规模和功能，最晚在卢光稠割据赣州时便已形成。而对皇城有较明确记载的是明清时期。如明嘉靖《赣州府志》卷六《公署》记载：（府署）"在城北隅，世传郭璞卜筑地。周四百十有五丈，广九十丈，袤逾广四十丈。国朝洪武丙午知府陈璧奉诏即晋唐宋元故址拓建，成化乙己知府李璲拆而新之，正德甲戌冬知府邢珣增修。"注意：文中特别说明了是"奉诏，在晋、唐、宋、元故址上拓建的"，也就是说，皇城在建城之初时便定位于此，而清代又承明制。清同治《赣州府志》卷八《舆地志·官廨》则载：督学考院（府署）"在城北隅，旧呼为王城，以卢光稠使宅名也。节使撤而州治焉。宋太守赵抃、曾慥相继葺理，至明万历中间遭毁者三，太守徐应奎重建，……，前此闽藩有迁卜之议，讹王城为皇城，知府戴国光至不敢入，就居民舍。荐历三任，逮张尔翻始详请改复府治。康熙二十九年，府治改巡道署，遂以府治为试院"。

解读这段文献，我们可以作如下诠释：一是，隋代林士弘据虔时曾居此称王，唐末卢光稠割据赣州时以此为宅第，后人视他为王，故呼为"王城"；二是，赣州话"皇""王"读音不分，故将"王城"称作"皇城"；三是，到清初戴国光来任赣州知府时，因慑于文字狱背景，不敢擅入叫作"王城"或"皇城"的府署中去办公和居住，就住在一般民居中，如此将就经历三任，直到康熙二十九年（1690），府衙治所搬迁到位于今新赣南路清水塘附近旧巡道署中办公，原府衙成为试院，至此皇城作为政治中心的地位开始出现第一次南移，此况一直延续到清末民国。

民国时，行政公署先是设在米汁巷3号，继搬迁到新赣南路，但蒋经国主赣时，住所又设在花园塘1号，属皇城范围内。新中国成立后，赣州行署设在新赣南路原民国行政公署内，赣州地委则长时间设在章贡路古赣县县衙内直到 2000 年。

　　皇城是赣州建城以来的政治、文化中心，也是现存宋城文化和历史文物古迹最集中的区域。

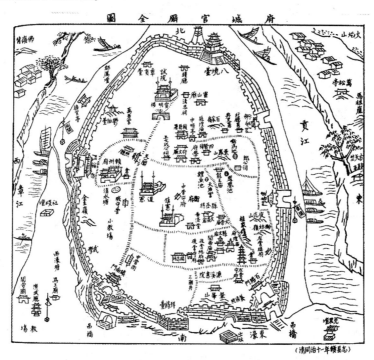

图 2-1-2　府城官廨全景

　　根据赣州地方志记载，皇城所在地，自建城以来不仅是赣州的最高行政治所地，而且还是赣县县衙（章贡路原地委大院内）所在地。同时，大批的文化设施也相随在周边。查阅相关史料，自宋以降，历史上至少还兴毁或存续建有章贡台、七松亭、思贤楼、燕喜堂、月华楼、迎薰堂、戏彩堂、白鹊楼、皂盖楼、翠玉楼、挹翠楼，袞衣茸藟堂、爱莲书院、濂溪堂、阳明书院、万寿宫、府武庙、城隍庙、痘娘宫、四贤坊（已重建）等建筑，至今该地尚存有郁孤台、皇城遗址、军门楼城墙残段（2013 年原址修复）、广东会馆、射箭坪遗址、蒋经国旧居等文物保护单位，是最能集中体现有"宋城赣州"和国家级"历史文化名城"之称的重要区域。

　　唐城，是座土城，但它实际上是先后两个土城。一个是高琰始建于"章贡二水间"后毁于卢循、徐道覆起义军的土城，姑称之为"高琰土

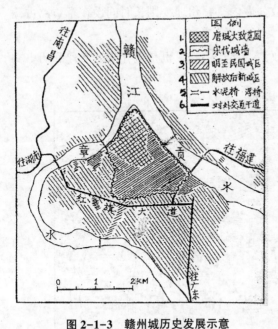

图 2-1-3　赣州城历史发展示意

资料来源：高松凡：《赣州城市历史地理初探》插图。

城"。根据吴运江博士的观点：这个土城的位置，基本上就是上述"皇城"的范围①。另一个即南朝梁承圣元年（552），从七里镇一带迁回"章贡二水间"重建的土城，吴运江先生认为是陈霸先据赣时所建，故称之为"陈霸先土城"。其大致区位约当于今大公路、环城路以北，东界则舍弃了今中山路、濂溪路等沿江低洼地段，而是取今百家岭、标准钟、和平路一线地势较高地段为址，占地约 1 平方公里。因此，现在我们所谓的唐城，其实是指后面这个。

整个唐城地势高亢，最北端地势是唐城的最高点，也是后来宋城乃至现代赣州城的最高点，因此成为历代衙署的所在地，其下限一直延续到 2000 年赣州地委搬迁。衙署位此是坐北朝南，居高临下管控全城，其前面由一条东西向的大道（即宋代的横街，今之西津路、章贡路）和一条南北向的大道（即宋代的阳街，清代的州前大街今之建国路、文清路）相交构成的十字街。东西向的大道两端连通章贡两江水道，而南北向的大道则由衙署直通正南门，并将城区分成东、西两区。

唐城的意义，结束了此前赣城选址游移不定的状况（此前城址先后在水西约今之世纪大桥南岸，水东的虎岗、七里镇和现址之间变换），确立了延续至今 1500 年不变的赣州城址，奠定了后来宋城和现代赣州城向南发展的基础。

古代建城择址是件很重要的大事，很多古城址的选定都有类似"相土尝水、象天法地"的记载，就像现代重要建设选址要进行周密的规划

----

① 吴运江：《赣州古城发展及空间形态演变研究》，博士学位论文，2016 年。

设计一样。赣州唐城选址也是经过反复比较利弊和实践运用的结果，最后于南朝梁承圣元年稳定于章、贡二水之间。那么它有哪些有利条件呢？此根据吴庆洲先生《中国古城营建与仿生象物》①一书，归纳三点意思转录于下。

一是有章、贡二水及其支流终年都有舟楫之利。二水汇合处既是章、贡两条水运路线的汇合点，又是赣江干道在赣南的分歧点。通往广东的大庾岭道和沿贡江通往福建的东西大道汇合于此，此处又是大批货物从陆路改为水路的转换点。赣州城址处于这样一个水陆交通枢纽的位置，对城市的发展是极为有利的。

二是有军事防御和控制之利。从微观来讲，赣州城三面环水，以天然江河为池，易守难攻，利于军事防御。从宏观而论，环城四向有险可凭：西恃湘赣边的诸广山（入城郊余脉为通天岩），东依闽赣边之武夷山（入城郊余脉为狮子岩、马祖岩），南凭粤赣边九连山、大庾岭（入城郊余脉为崆峒山），北边是雩山山脉横断形成天然屏障。故史书载："南抚百越、北望中州，据五岭之要会，扼赣闽粤湘之要冲，素称江湖枢键，岭峤咽喉。"因此，历史上有"铁赣州"之称。在此建城，不仅利于军事防御，还利于控制章、贡、赣三江流域方阔的盆地和丘陵。

三是有城市向南扩展之利。古城位于章、贡两江交汇之间的高亢地带，南边有广阔的平地可作为城市扩展用地。

宋城，是座砖城，也可简称之为"卢城"或"孔城"。因这座城是唐末五代卢光稠割据赣州期间，将原唐城往东拓展到贡江边，往南大致延伸至红旗大道北侧而成的。又因"卢城"仍是座土城，加上东扩纳入城区的滨江低洼地带，原皆为贡江渚沼之地，每年都会被洪水浸泡。到北宋嘉祐年间（1056—1063）孔宗翰任知州时，鉴于"贡水直趋东北偶，城屡冲决"和"岁水啮城"，于是"伐石为址，冶铁锢之，遂蠲水患"②，即改用砖石砌城，至少到北宋熙宁二年（1069）整个城墙已全改为砖城了③，故名。宋城，东邻贡江，西靠环城路、章江，占地约 3.05 平方公里，状如不规则三角形。此顺带说点看法：从科学的城区平面图看，无论

---

① 吴庆洲：《中国古城营建与仿生象物》第五节"龟城赣州营建的历史与文化"，中国建筑工业出版社 2013 年版，第 233 页。

② 明嘉靖《赣州府志》卷之《沿革》和卷七《秩官》。

③ 根据现存城墙底部多见"熙宁二年"铭文城砖。

是唐城还是宋城，形状都不像"龟形"，可见，清代同治年间所绘的"赣州府城街市全图"像个乌龟形，可能是为了迎合具有吉祥之意的龟城说，而龟城之说，不独赣州仅有，全国古城中不胜枚举，其故事和形状之传神，有过之而无不及。

宋代是赣州历史上政治、经济、文化最辉煌的时期，并因此形成了我们今天值得自豪的"宋城文化"。主要成就体现在：

一是取得了诸多令后人瞩目的建设成果。如率先全国范围内改土城为砖城（普遍使用砖城几乎都是自明代以后）；梳理并拓建福寿沟和水窗；奠定赣州古城的"六街"和其他次要街巷；为缓解进出城的交通，兴建了东、南、西门三座浮桥。

二是留下了众多文化景观。如八境台等"宋八景"、城墙、慈云寺塔、夜话亭、通天岩、马祖岩、七里窑址等，现在赣州的主要景观差不多都是宋代创建的。

三是汇聚了大批历史精英人物及其文学作品。如赵抃、周敦颐、刘彝和文天祥（赣州史称"四贤"）、孔宗翰、苏东坡、辛弃疾、洪迈等，赣州历史上唯独两个有名的文人雅士：阳孝本、曾文清也是宋代的。

四是经济和人口都达到了历史的高峰。根据吴运江博士论文《赣州古城发展及空间形态演变研究》中之"北宋熙宁十年全国 285 个州军级城市在城商税等级统计表"统计，虔州（不包括南安军所属四县数字）在熙宁十年（1077）的商税排名：全省第一，全国排第 18 名。关于人口，根据有关学者的研究，唐天宝十四年（755），赣南 6 县共有 34647户，275410 口。南宋宝庆年间①（1225—1227），赣州府约有人口 70 万，如包括南安府四县，则约有 100 万，此后一路下滑，一直到清代乾隆年间才回升并超过这个人口数。

可以说，就宋代赣州所取得的成就而言，若以其综合实力以及在当时全国的影响力和知名度比较的话，到目前为止（2013 年 12 月 12 日，《第一财经周刊》公布了 2013 年中国最新城市排名，赣州位居三线城市第 46

---

① 谢重光：《客家源流新探》（"表四：唐、宋、元三代赣南、闽西、粤东户口变迁表"主客共计 321356 户，639394 口。福建教育出版社 1995 年版，第 45 页）；谢庐明：《唐宋以来赣南人口源流发展与客家民系的形成》（黄钰钊主编的文集《客从何来》，广东经济出版社 1998 年版，第 231 页。）一文"宋元时期赣南地区的人口变迁"表则为："321236 户，估计 1606680口"。

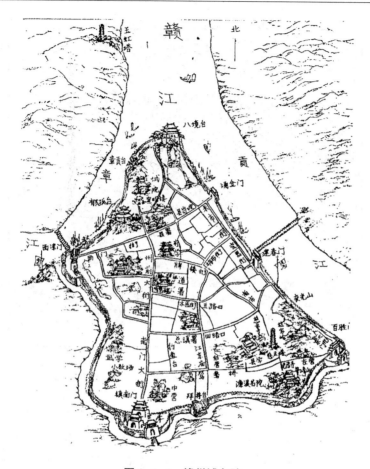

图 2-1-4 赣州城名胜

资料来源：谢凝高《赣州古城的景观特点》论文插图，《赣州城市规划文集》1982 年 3 月

名），赣州历史上还没有哪个时期超越过宋代。

元明清三朝，赣州城的基本格局和形态没有大的改变。根据方志记载，只有局部城池的加固修葺、街巷的梳理和建筑的兴毁变化。比较重要的变化是：清咸丰四年（1854）至九年（1859），为抵御太平军，在赣州东门、西门、南门、小南门和八境台等军事要地增设炮城，现只保存下八境台、西门两个较完整的炮城和东门半个炮城。

自汉初到南北朝，赣州城历经多次迁徙比较，最后定位于章、贡两江交汇之间的高亢地带，这肯定是深思熟虑的结果。如其南边有广阔的盆地，既可作为城市自给自足的生活保障，又可作为城市防控用地和扩展用地，因此，政治、文化中心和城市拓展都是自北而南，从最北端和最高处

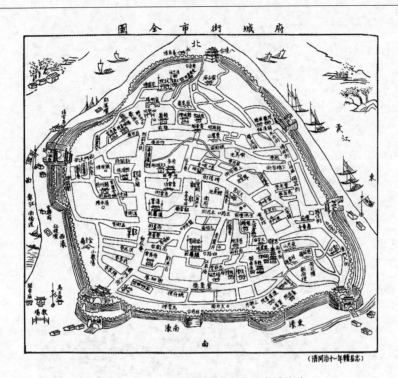

图 2-1-5　清代同治年间绘制的府城街市

约 0.1 平方公里的皇城（即高琰土城，或属军镇性质①），到约 1 平方公里的隋唐土城（可称作"山城"），再到约 3 平方公里的砖石宋城（可称作"江城"），发展到南宋初年三座浮桥建成（可算是"跨江之城"），再发展至 1988 年建成的 18 平方公里、2012 年建成的 80 平方公里、2016 年（南康区纳入）建成的 148 平方公里，到 2030 年将建成的 300 平方公里的现代化赣州中心城区②，百年间城区向南拓展了 100 倍，不由不叹服古人选城址的高瞻远瞩。

2. 城墙与护濠

赣州古城原周长约 7300 多米，1958 年扩城修路时，拆去东门经南门至西门段约 3650 米，现存城墙主要为西北部和东北部西津门至东河大桥段的 3660 米，因防洪所需未被拆除（全部濒临章江、贡江）；南部城墙

———————

① 吴运江博士的观点。详见《赣州古城发展及空间形态演变研究》一文。

② 详见《赣州都市区总体规划（2015—2030 年）》和《赣州市城市总体规划纲要》（2016—2030 年）。

仅存拜将台（弩台）相连的一段 52 米。城墙高度一般为 5—7 米，最低在涌金门一带，高 4 米；最高在西北一带，高 11 米多。因赣州城西北高东南低，故西北段城墙至新北门，城墙高程相差 4—5 米。从八镜台至东河大桥段，约 2000 米的城墙保持 6—7 米高，为洪水经常浸淹区。城墙原贯串有城门 13 座，即东门（百胜门）、南门（镇南门）、西门（西津门）、北门（朝天门）、涌金门、建春门、小南门（兴贤门）。现存 4 门（西、北、建春和涌金门），但除西津门保留民国原貌外，其余建春、涌金和北门三门均为 20 世纪 90 年代以后修复。总结现存赣州古城墙有如下特点。

一是持续有维修和发挥防洪作用，至今仍是赣州城的防洪屏障。赣州城区的水患多因贡江，近千年城墙屡次维修，据同治《赣州府志》记载，元后期至清末较大规模的维修就达 33 次，其中水灾坏城占五分之四，东段古城墙维修最为频繁。

新中国成立后，现存城墙因仍有防洪和文物保护的需要，自 1988 年始至 2005 年，先后对东段（临贡江的八境台到东河大桥，全长约 2000 米）和西段（临章江的八境台到西津门，全长约 1660 米）城墙采取两种不同的修葺方法。

其中，东段城墙分别启动于 1988 年和 2000 年，由移民办和水利部门主持，分两期完成，总投资 1200 万元，自筹800 万元。一期是自八境台至涌金门段城墙。做法是：保持城墙夯土夹心不动的情况下，外包钢筋水泥保护层，城砖在

图 2-1-6　赣州东段城墙（龙年海摄）

拆除后归位，不够部分再用现代仿宋砖补砌，城墙相应增宽加高，并修复涌金门城楼。二期是自涌金门至东河大桥段城墙。做法是：将现存城墙就现状全部掩埋于外包钢筋水泥防洪层和外包仿宋砖内，并将墙城增高 1 米左右，同时修复垛墙、警铺（后因不好管理又拆除了）和建春门城楼。

图 2-1-7　赣州西段城墙

西段城墙的保护维修开始于 1994 年，一直到 2002 年，全部由市博物馆主持实施，先后分六期完成，总投资约 370 万元，自筹约 100 万元。

整个城墙的维修，西段因地势较高，水患兵祸影响较少，保留下较多自宋以来历代维修的基本风貌，文物价值也较高，故维修时完全按照"不改变文物原状"的原则进行，因此具有文物的真实性、历史的可读性等特征；而东段城墙因防洪需要，基本上改变了文物的原貌，当然这也是经上级文物主管部门批准的。当时对这段城墙的规划定位是以防护为主，首先要确保赣州市的防洪安全，其次为保护文物和与城市规划相协调，做到防洪、古城墙保护、城市建设三结合。

二是仍保留了许多军事设施。赣州古城除城墙、城门外，城墙上现存马面、警铺、拜将台、炮城等军事设施。如八境台炮城平面呈扇形，分上下两层，有藏兵洞 18 个。因清咸丰五年（1855），时太平军石达开部自湖北入江西，4—6 月三次攻城，由巡守汪报闰、赣守杨豫成紧急增建。而西门炮城则呈外园、内梯形，有藏兵洞 2 个，城门洞 2 个，警铺 2 个，炮眼 5 个，是清咸丰四年（1854）巡道周玉衡为抵御太平军而建。这些都为研究军事防御提供了实物资料。

三是保留下宋城墙和宋以来 100 多种铭文砖。现存赣州古城墙建自宋代，后经宋、元、明、清和民国历代构筑修葺，墙体上留下了各时代修葺时的铭文砖数以千计。现据李海根先生等的研究成果①，已经调查收集的铭文砖达 521 种，其中宋 46 种、元 2 种、明 39 种、清 42 种、民国 3 种，纪年砖 12 种，纪地砖 14 种，其他还有纪地砖、纪事砖和不确定年代的铭文砖。这里面最早的铭文砖为宋熙宁二年（1069）。我国现存古城墙以

---

①　参见赣南地方历史文化研究室《赣州古城铭文城砖简介》一文，《南方文物》赣南专辑 2001 年第 4 期。

明、清为多，宋城极少，而有众多历代铭文砖者更为罕见，其文物价值更是不言而喻的。

图 2-1-8　赣州古城墙北宋"熙宁二年"和南宋"绍熙二年"铭文砖

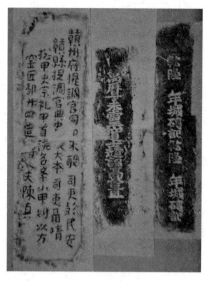

图 2-1-9　赣州古城墙明清铭文砖

赣州老城三面环水，南面是又宽又深的护城河。据明嘉靖《赣州府志》载："延袤十里有百武，广十有四丈。"清同治《赣州府志》则载，西门至南门"有濠计长五百五十二丈，阔十三丈，又自南门至百胜门计三百八十五丈。深五尺有奇，阔十四丈"，合计长约 3900 米，宽约 43 米。护城河深浅不一，据填埋时测得的濠深为 3.3—5.3 米，壕塘底至城墙基高差 10—12 米，而此段城墙据查高 11—12 米。

1958 年拆除城墙时开始填埋城濠，但填埋城濠较集中和彻底的时间，是 20 世纪 80—90 年代中期这十多年里，原来基本延续的护城壕塘被不断填埋建房，现已完全没有踪影了，唯有从"下濠塘"这类的地名中，尚能理解到这里原是护城濠地带。

3. 福寿沟与水塘

福寿沟，是赣州旧城两条地下排水道的总称，即"福沟"和"寿沟"。因其路线走向"纵横纡折，或伏或见，形似古篆'福寿'二字"①，

----

① （清）黄德溥等修：《赣县志》卷四十九之四《文征》之《修福寿二沟记》，民国 20 年重印本，台北成文出版社。

故名。

　　"福寿沟"具体创建年代不详，但知道它至少在北宋已基本形成或完善。有关此内容最早的记载是："刘彝，字执中，师胡瑗，善治水，擢进士，熙宁中以判运知虔州，著《正俗方》……城东北濒江，作水窗，视水消长而启闭之，水患遂自息。择彝为都水丞。"① 但"福寿沟"三字见诸史书，则是明代晚期："福寿二沟，在府城。昔人所穿，以疏城内之水也。不知创自何代，或云郡守刘彝所作，近是。阔二、三尺，深五、六尺，砌以砖，覆以石。纵横纤曲，条贯井然。东西南北诸水俱从涌金门出口，注于江。"② 福寿沟相关记载史书甚简，一直到清晚期同治年间重修福寿沟后，因知府魏瀛的《修福寿沟记》③、知县黄德溥的《修福寿二沟记》④、乡绅也是总工师刘峙的《福寿沟图说》⑤ 等记述，才较清楚些。

　　根据以上内容我们大概可推知，北宋熙宁年间（1068—1077），因赣州年年水患，民不堪其苦，于是朝廷派当时的水利专家刘彝任知州，任期内他主持规划建设了赣州城区的街道，并根据街道布局、地形特点，采取了分区排水的原则，建成了福沟和寿沟两个排水干道。大致说来，福沟受城东南之水，寿沟受城北之水。福沟之主沟长约 11.6 公里，集水面积约 2.3 平方公里；寿沟之主沟长约 1 公里，集水面积约 0.4 平方公里。服务总面积达 2.7 平方公里，仅城西南约 0.3 平方公里无下水道（因主要是军事驻扎区，非居民区）。主沟之外，又陆续修建了一些支沟，从而形成了古赣州城内"旁支斜出，纵横纤曲，条贯井然"的排水网络。

　　由于赣州城区三面临江，排水口直通章、贡二江，洪水期间，江水倒灌，造成水患。刘彝便根据水的力学原理，在出水口处建造"水窗十二，视水消长而启闭之，水患顿息"。这种水窗由四部分组成，即出水口处的外闸门和沟道，进水口处的内闸门和调节池，并与城内的池塘相连。平

---

　　① （明）董天锡等编：嘉靖十五年《嘉靖赣州府志》卷八《名宦·府》，原本藏宁波天一阁，1962 年上海古籍书店《天一阁藏明代方志选刊》影印。

　　② （明）余文龙修，谢诏纂：（天启元年）《赣州府志》卷二《舆地志·山川》，清顺治十七年重刻。

　　③ （清）同治十二年《赣州府志》卷之三，《舆地志·城池》，赣州地志办校注，1986 年。

　　④ （清）黄德溥等修：《赣县志》卷四十九之四《文徵》，民国 20 年重印本，台北成文出版社。

　　⑤ 同上。

时，雨、污水由下水道流经水窗排入江中；雨季或暴雨时，水量经城内坑塘调蓄停留。水窗制作巧妙，借水力自动启闭。外闸门门枢装在江水上游方向，利用水力使闸门自动启闭。即江水水位高于水窗水位时，借江水之力将闸门关闭，反之则靠水窗沟道水之力将闸门冲开。

宋代福寿沟为矩形断面，砖石结构，"广二三尺，深五六尺，砌以砖，覆以石"。以后在维修过程中，有的沟段改为砖拱结构，但仍有部分保留砖沟墙、条石盖板的结构形式。在现存的沟道中，最大的宽 1 米余，高 1.8 米，最小的宽、高各 0.6 米，与地方志书所载基本一致。

福寿沟及其相连的坑、塘、江、河体系，是我国古代杰出的城市下水道工程，在当时就是一项重大的发明与创举，也是中国现存古代城市排水防涝系统建设的历史文物孤例。同时，还是世界上现存最早并仍在延续使用的古代城市下水道，具有无可比拟的"唯一性"。它承载了各历史时期的丰富信息，是研究城市历史和防洪水利史、建筑技术史的活文物、活教材，在当前全国倡导建设"海绵城市"潮流中，具有显著的典范性意义。

水塘，是城市抗洪涝水潦的重要市政设施，在古代大部分南方城市中都预留有一定的积水区，而赣南古城便是这一做法的典型代表。如果说赣州的古城墙、老城区的古街巷、重要古建筑等构成了赣州老城的筋骨的话，那么环城的江河、濠池和城内的水塘、地下的福寿沟等组成的水系，则形成了赣州古城的血脉。

赣州老城内原有众多水塘，据赣州土生土长的谢宗瑶老人（1919 年出生）编著的《赣州城厢古街道》一书"赣州旧城区的池塘"一节中回忆：计找出 29 处共 84 口水塘。著名的和较大的如荷包塘、蕨菜塘、莲花塘、清水塘、铁柜塘、李五塘、狮子塘、花园塘、官塘、凤凰池、嘶马池、金鲫鱼池等，这些池塘主要位于城区一些低洼处，并且互相间或与布于城下的福寿沟有机地串联起来，使之成为活的水系。遇暴雨时，可调节雨水流量，减轻下水道溢流；若章、贡两江洪水逼城，城内雨洪无法外排时又可调蓄暂避涝灾。

水会给人带来灾害，利用得当更可造福人类。赣州老城处于水抱城、城抱水的水环境中，千年以来可以说成功做到了"用水之利而避水之害"。总结起来，城内的这些水塘起码起到了如下作用。

（1）供水。城市人口众多，每天都得消耗大量的生活用水，除生活用水外，作为城市还有一些手工作坊也需要大量用水。因此，供水是古城

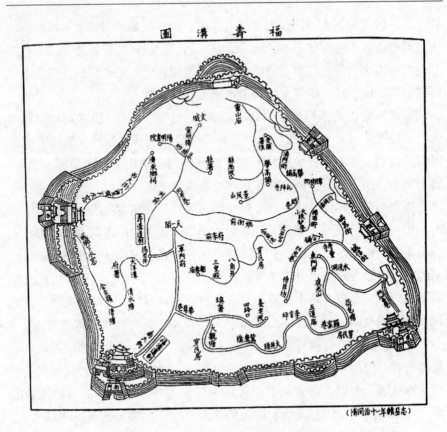

图 2-1-10　清代同治年间绘制的福寿沟

存在和发展的重要前提，这也是古城赣州历史上得以繁荣的重要保证。此外，这些水塘通过福寿沟与城外环城水系的沟通，又使整个水系成为一清洁的循环水系。

（2）排水调洪。赣州属亚热带季风性湿润气候，年降雨量在 1500 毫米左右，春夏常有暴雨，当暴雨形成洪灾、环城两江和护城河的水高于城区时，如排水不畅便会形成城内积雨成潦出现水患，这时城内众多与福寿沟相通的池塘，便充当起暂时收集和排除积水、调蓄城内积水的作用，等待洪水退去再通过城内水利系统将水排出，从而缓解了城内居民的水泡之苦。

（3）防火绿化。城内众多的水塘，一则可起隔离火源使火势不致蔓延的作用，二则还可以提供足够的消防用水，这在没有自来水和高压水龙的古代，无疑是非常重要的。同时，水又是造园绿化的必要条件，凡是园林多、绿化好的城市，都与城市水系统发达有关，这也是赣州自古以来官方和私家园林较多的原因。著名的有鬵园、涉园、卫园、寄畅园等。

图 2-1-11　福寿沟现状

资料来源：刘芳义：《赣州市城乡建设志》，1990 年刻印。

（4）改善城市环境。因城内这些水塘都较大，自我净化能力强，且水系是活动的，那时，又没有什么抽水马桶、化粪池，粪便都由城郊菜农进城来收购；也没有泡沫塑料制品和大量纸制品等一次性现代垃圾，因此，可以起到净化城市环境、去除城中污秽的作用。同时，水面还能滋润环境、利于草木生长、减少尘埃、润湿环境和净化空气的作用。在炎热的夏季，城市水体还可以降低临水街区温度，有调节和改善城市小气候的功用。可以想象，当年的赣州老城还应是座具有田园风光的生态城市，这从一些地名仍能体会出来。如上述的荷包塘（种荷）、蕨菜塘（塘边种蕨菜）、莲花塘（种莲子）、清水塘（养鱼）、藕塘（植藕）、花园塘（园林理水），还有钓鱼台（原在池塘边）等。

（5）灌圃养殖。过去城内人口密度没有现在大，因此，在水塘周边往往因水环境的需要会预留下或自然形成一些空地，市民则利用为菜圃。这些菜地可适当缓释遇战争或洪灾时的蔬菜供应不足的情况。而水塘水体又可植菱荷、养鱼虾，有一定经济效益。

（二）会昌古城

会昌古城，位于湘江、绵江和贡江三面环水的河套地区，选址与赣州古城很相似，都是三江交汇处，南为护濠。其东北旁绵江与湘江汇合为贡江绕北顺西而下，因湘、绵二水交汇合流成贡江，故有"贡江源头第一城"之称。

据《会昌县志》载，会昌古城墙，建于南宋绍兴年间，为县令黄钺始筑。当时的城墙可能为土城，"围二里五十步，高一丈五尺。三面阻水，南为濠"。到明代洪武二十二年（1389），守御所千户彭英增拓二百步，城辟四门，上建门楼，又另辟"小东门""小南门"，此城应为砖城。以后嘉靖、万历年间又加修葺。清顺治五年（1648）城楼兵焚，鼓楼警铺悉毁，七年修之。康熙十三年（1674）又建东西铳阁二座。此后又久雨涝灾，城墙时坏时修。到民国29年（1940），火毁清华门（俗称小南门），镇南门改名为南薰门，同时城墙加固修葺，高达两丈，增西南角和南边二座炮台。

新中国成立后，城楼、炮台、鼓楼、城垛逐次皆毁，又建环城大道，填平城濠，南城墙也部分拆除，城墙陆续损毁。至2007年，会昌古城墙保存下东街的"双清门"和北街的"临清门"二座城门，以及由东至西的城墙计约1030米，约占原古城墙总长的三分之二强。可分为西北、东南二段，从湘绵二水交汇处至西河大桥717.6米，东城门至小南门312.4米。2009年因防洪需要，经省文物局批准，已维修东段（小南门—步云桥）古城墙，全长221.9米。其余尚未进行维修。

同赣州城墙一样，会昌古城墙上也保存下大量的历史铭文砖。据会昌县博物馆对古城墙的调查，发现有铭文砖35种，基本上都在城墙内侧距墙基1.2米高以下墙面上，较为集中的地方有三处，其中最为集中、数量最多的一处在西门半片街一段，计有23种。另两处分别在东街双清门以南墙面和小南门西侧墙面上。铭文砖大小厚薄不一，其中"江西赣州府会昌县造""会昌提调官□□□"两种砖规格为"45×15×9"左右，为最大最厚。其他分别为"38×12×6""37×11×6""36×11""35×10""34×10"等。除"千户所"铭文城墙砖可以认定是明代的城墙砖外。其他铭

图 2-1-12　会昌东城门

图 2-1-13　会昌西段城墙

文尚有："司吏彭民安兼文司吏陈受轻""同知朱敏司吏彭民安/主簿□□司吏李子高右甲首中□观小甲宋名达□□昌达□□□□□""会昌县提调官县丞□□□□司吏□□作□□""甲郑朝右里□郑子原/建匠康□□造砖""射字号""教字号""乐字号""利字号""敦字号""御字号""书字号""礼字号""五星""考棚"等字铭。

　　会昌老城之所以能保存下来，原因也和赣州老城一样。因它位于湘江、绵江与贡江的汇合处，三水环绕，易遭洪水袭击，因此，除其军事防御功能外，城墙经常要面临的还是防洪抗洪之用，乃至现代文明崛起和城市拓展，南面古城墙逐渐拆毁，而其余三面临江的城墙因尚具防洪功能，而能保存至今。

会昌古城于 2004 年 5 月公布为县级文物保护单位，2006 年 12 月公布为省级文物保护单位。从会昌古城墙保存所占有的比例量来讲，比赣州古城还更多，还有其选址特点、保存下来的原因以及文化特性，几乎都与赣州古城一样，好像是赣州古城的影子，这在中国城市史中是不可多见的，具有很高的历史与文物研究价值。

（三）定南古城

定南古城位于老城镇墟上，因古城所在地名曰"莲塘"，新县城所在地名曰"下历"，故当地以"莲塘城"和"下历城"相区别。

莲塘城始建于明嘉靖四十五年（1563），初为土城，明隆庆三年（1569），改为砖石城，同年，正式履行定南县的职责。建城的原因是这一带匪盗作乱不断，于是在平息了赖清规领导的动乱后，割龙南、安远和信丰之地设定南县，因其地处江西最南端，扼江、广咽喉"岭表之所谓长治久安实赖其地"，故名定南。但由于定南县治偏于一隅，与广东和平县界仅一河之隔，不足 5 华里，而距离治下如大石堡（今鹅公、柱石

图 2-1-14　定南老城西门城门楼

等）、潭庆堡（今迳脑、龙头等）等乡都在 100 华里外，四乡百姓进城和官府办事都不方便。特别是县治长期在当地黄、廖两姓的巨绅势力范围内，县政被其操纵，为所欲为，终于在民国 15 年（1926）爆发以当地黄巨川为代表的黄氏巨绅与以县长赖天球为代表的当地廖氏及外乡势力的武装冲突，结果造成双方死伤 100 余人，房屋焚毁无数，县长赖天球被俘（旋释放），导致县城被迫迁到下历，即今县城所在地。

古城平面呈椭圆形，东西方向直径长于南北方向，周长为 2.5

公里，总面积约 50 万平方米。全城设有三门：东为迎阳门、南为丰埠门、西为平城门（后改为宝城门），现三座城门及部分城楼全部保存下来，并公布为县级文物保护单位。现存城墙残长约 1000 米，但整个老城的轮廓尚在，城墙的残址也基本保存。从现存城墙结构考察看，为砖土结构，墙心为泥土夯实，表面由青砖与桐油灰砌而成。青砖长 34 厘米，宽 16 厘米，厚 9 厘米，重达十余公斤。城墙截面为梯形，上小下大，上宽 7 米，底宽 9 米，城墙高 7.5 米。

现莲塘城内老的城市布局肌理还在，大街小巷四通八达，大多数道路还保留下古时的石板和河卵石路，城里尚保存有 20 余口水井和城隍庙、关帝庙、观音庙以及孔庙、教场遗址等公共建筑，此外，还有廖氏公祠、黄氏围屋、曾屋巷等代表性民居和历史街区。通过这些仍能感觉到当年车水马龙、经济发展、社会和谐的繁荣景象。

二　古街

赣南各县市区中，保存下的古街道还有不少，但在近 20 年城市化快速发展过程中，绝大部分都被改造得面目全非了，往往只留下古街巷之名，而从内容到形式都已改变。现除赣州老城因列入国家历史文化名城保存下一些历史街巷外，其他县市城区里保存较好的，可能算龙南老城的黄道山街了。它东濒桃江并有城门相通，街长约 300 米，宽六七米，骑楼街形式，至今仍主要经营传统手工艺如打称、打铁、篾器以及阴阳八字和道士服务等。因此，在本节里主要是介绍赣州的历史文化街区。

赣州是 1994 年公布为国家级历史文化名城的，按照有关条件要求和规定，作为历史文化名城，城区内不得少于三条历史文化街区，因此，1997 年赣州市人民政府便公布了中山路（包括濂溪路、赣江路）、南市街、灶儿巷为赣州市历史文化保护街区，2000 年撤地设市后，大赣州市人民政府对此又重新公布过，但在 2003 年前后旧城改造时，中山路历史文化街区基本拆毁。现根据 2010 年 8 月由江西省人民政府批准实施并公布的《赣州历史文化名城规划》，其中，历史文化街区的划定为：南市街、灶儿巷、姚衙前和郁孤台四处。2016 年市城建规划部门，又将老城区的新赣南路、慈姑岭两个古街区，划分为"历史风貌协调区"，其他的古街巷大部分面目全非，或者是有名无实，甚至完全消失，如果不说，根本就不知道。

（一）赣州老城街区布局与演变

　　赣州老城大致经历和包含了晋唐之两街（"丁"字街）、宋元之六街、明清之三十六街七十二巷和民国之骑楼商业街的历史印迹，虽然现在破坏较严重，但考究起来，其城市发展的脉络还是清晰可辨的，城市肌理和主要街道没有大的改变。

　　赣州古城的开发与发展大致是由西北向南和东南拓展的，也就是由高地向低洼地发展的。唐代以前以西北部的章江东侧沿岸、横街和阳街一带为城市发展的起点，形成最早的居民点和市场。横街，为今西津路、章贡路，即连通西津门和涌金门的东西大街；阳街，自北而南，即今建国路、文清路北段（后延伸到今文清路南段，清代称州前大街，能通南、北二门）二街相交而成丁字街。横街以北台地为宋以前的衙署区（即皇城区域）。阳街东西两侧为东市、西市，形成两个居民区。此为晋唐时期的"两街"。

　　五代卢光稠扩城后至宋代，城内又形成四条主要街道，即斜街、阴街、长街和剑街。斜街，为自府学前、牌楼街口（今阳明路、和平路）直至南市街，这样与原有的横、阳三街构成一个"大"字街区；阴街，为东西向街，即今之坛子前、灶儿巷、生佛坛前至木匠街（今南京路东段）一线；剑街，由米市街、樟树街至瓷器街构成，即今濂溪路、解放路和中山路交接带；长街，为东门大街，后又称百胜门大街，即今赣江路东段。而剑街和长街可连接涌金门、建春门、东门。这四条街加上原有的阳街和横街，便构成宋代著名的"六街"。这六条街都分别与城门相通接，故文天祥的石楼诗云"八境烟浓淡，六街人往来"，是为实指。

　　到明清时，由宋代的六条大街，慢慢演化成"三十六街、七十二巷"。著名的如东大街、诚信街、六合铺街、瓷器街、

图 2-2-1　赣州阳明路骑楼

南市街、五道庙街、马市街、南大街、尚书街、道署前街、木匠街、青云街、杂衣街、府前街、瓦市街、州前街、西大街、考棚街、米市街、樟树街、攀高铺街、世臣坊街、牌楼街、横街等以及夜光山巷、油滴巷、东门井巷、古观巷等七十二巷。

图 2-2-2 赣州大华兴街

图 2-2-3 赣州小华兴街

民国初年，赣州属于广东军阀的势力范围，文化颇受岭南文化影响。如广东人吴铁成（1888—1953）曾做过赣州市市长，1933年广东军阀余汉谋部李振球在此修马路，建骑楼商业步行街，当时赣州就有"小广州"之称。像赣州的北京路、东北路、阳明路、中山路、赣江路、东效路、建国路、西津路、章贡路、文清路（北段），在20世纪90年代之前均保留了民国时期的骑楼商业街形式，如今只有阳明路、解放路等尚有保存。这些骑楼街的建筑多为2—4层，其中不少建筑有西方近代古典复

图 2-2-4 赣州姚衙前

兴形式，如原中山路街景，颇有岭南风情。

图 2-2-5　赣州均井巷

赣州古城的布局和功能分区也很有讲究，在老城 3 平方公里内，西北台地历来便是衙署区，周围分布楼台亭阁，因留下众多历代名人题咏而成为名胜文化区，其中尤以辛弃疾《菩萨蛮》词"郁孤台下清江水，中间多少行人泪"所咏的郁孤台最为知名。

东部的剑街、长街与贡江平行，水运方便，是主要的商业区。章、贡江沿岸至清代已有大码头、二码头、三码头、四码头、煤炭码头、广东码头、福建码头等30多个商业码头。专业性街道如米市街、瓷器街、棉布街、纸巷、柴巷、烧饼巷等都和剑街、长街交会，并与众多码头、仓库相连。北部靠近涌金门的寸金巷，因商业繁荣，房地产价高，有寸土寸金之说。

南部地面开阔，是唯一陆地出口，无江河天险，只靠高墙深壕，故为军事驻防，历代州府军事指挥机关镇台、参署、兵营守备（左营、中营、后营、城守营、马营）、校场、拜将台（弩台）都在阴街之南。

晋唐时在城外的寿量寺、慈云寺、紫极宫、光孝寺，随着五代扩城而被圈入城内，形成城东南隅的宗教文化区。到宋代慈云寺塔，明代濂溪书院、武庙、夜话亭，清代文庙等相继建成，形成较西北衙署名胜区更为集中的文化区。这种布局至 20 世纪 50 年代才逐渐改变。

而老城的东南部则是居民集中区，如南市街地处城内古代繁华热闹的地段，与百胜门渡口、建春门浮桥、码头相近，紧靠沿江商业街，原多为历代大户居住。现存建筑大部分是清代至民国时修筑的民宅，厅堂高敞，装饰繁细，古风犹存。

（二）主要历史文化街区简介

1. 南市街

南市街历史街区位于市区东部，北接大公路、南至慈姑岭、厚德路与

新开海会路相汇，西到文
庙、武庙，东邻蕻菜塘，包
括主街南市街、豆芽井、蕻
菜塘、杨判巷、府隍庙背及
文庙、武庙、慈云寺塔等范
围内的几条街巷，大体呈鱼
骨状，占地约 7.89 公顷。
1994 年，国务院批准赣州
为第三批历史文化名城，
1997 年，赣州市人民政府
将南市街历史街区公布为历

图 2-2-6　赣州南市街

史文化保护街区，2000 年撤地设市后，大赣州市重新公布。

　　南市街街区格局形成于宋代，属宋代六街中之斜街的南段。经元、
明、清三代，街区布局形式一直沿续至今，是赣州老城保存至今具有代表
性的街区之一。此后，随着南市街交通地位的下降，商业文化逐渐衰落，
但功能与布局未有大的变化，至今仍保持着宋时街道的走向和宽度。街区
内现存建筑以清代为主，基本保持了历史风貌。其建筑形式主要为店铺、
作坊、客栈、民居等。建筑风格包括赣南客家建筑、赣中天井式建筑、徽
州马头墙建筑等系派，充分体现出城市文化的多元性，折射出昔日赣州城
的繁荣昌盛。

　　南市街主街原长 400 余米，2002 年前后因旧城改造增修海会路，将南
市街掐头去尾，现存残长约 300 米。现南市街主街的建筑风貌有个特点：东
边的差，西边的好，泾渭分明，习称"半边街"。有人解释这是由于西边街
风水好（朝东南）和东边街因民国初年发生过火灾所然。这种解释虽不尽
然，但南市街西边"风水"好却是事实，这不仅仅在朝向上的优势，而且
地理也大为有利。因南市街街区呈西高东低坡地状，街西侧的房屋排水防
涝和向阳通风等都好，街东房屋则显得卑湿闷气，因此，有钱人都选街西
建房。而"半边街"现象，古今街市却是司空见惯的，一边热闹一边冷清，
一边建筑优一边建筑劣，赣州文清路很长一段时间里就经历过此现象。

　　南市街代表性民居主要集中在街西侧，如南市街 30—34 号的黄氏兄
弟民居、6 号的"亦吾庐"商氏民居、10 号民居等，其共同特点是前低
后高、前堂后寝、前房后院（后部有高坡庭院或花园）或前店后贮。此

外还有特色民居如元善堂、东升居等。街东侧民居由于新修海会路和旧城区改造，大部分民居和环境风貌已遭破坏。

按《赣州历史文化名城保护规划》，南市街规划为古城文化艺术博览区。届时将南市街两侧的民居进行功能置换，设置民间艺术展示馆、民俗文化展示区等。同时，整治文庙周围环境，置换武庙、慈云寺塔的用地，恢复原来的功能，结合赣州的书院文化，形成礼学文化展示区；整治忠节营、府隍庙背地段的传统民居、街巷和院落，形成民居文化展示区。

2. 灶儿巷

灶儿巷历史街区位于市区东部，与南市街历史街区毗邻，邻近贡江和建春门，南至东门井、油滴巷沿街建筑边界，北至云峰巷、大华新巷传统建筑分布范围，东至梁屋巷东边界、寿量寺西边界，和平路东边界。面积：6.69 公顷，包括灶儿巷、六合铺、油滴巷、小坛前、东门井、梁屋巷、烧饼巷、老古巷，共 8 条街道，主街灶儿巷全长 227.3 米。与南市街同一批，由赣州市人民政府公布为历史文化保护街区。

灶儿巷明代时称作姜家巷，清初因巷内多住官府皂隶，故名"皂儿巷"，后谐音为"灶儿巷"。因靠近贡江码头，地属古代赣州城的繁华地段，又因这一带街巷密集，成为老赣州城最具代表性的街区之一。

灶儿巷街区格局，也是形成于宋代，属于宋代六街中阴街之东段，2003 年维修灶儿巷清基时，曾挖到明清时的卵石铺地、红条石甬道地面，以及在南段 1.5 米左右深处挖到地面排水沟，可见，后经元、明、清三代，街区走向形式和路面宽度基本没有变化。

图 2-2-7　赣州灶儿巷

灶儿巷现存建筑以清代为主，基本保持了历史风貌。其建筑形式有店铺、作坊、宾馆、客栈、钱庄、衙署、寺院、书院、民居等，建筑风格包括赣南客家建筑、赣中天井式建筑、徽州建筑以及西洋式建筑等系派，体现出城市建筑文化的多元性，折射出昔日赣州城的繁荣昌盛。其中代表性建筑有裕民银行（今董府酒店）、筠阳宾馆以及灶儿巷 1 号、16 号等。

2001 年，国家建设部和国家计委共拨款 200 万元，2002 年由市规划建设局和文化局牵头，市博物馆具体承办，将灶儿巷、梁屋巷街景进行全面维修。整修的主要内容有：公用管线全部下地，路面恢复卵石夹条石铺装，临街立面采用传统建筑材料和工艺进行修复，并分别在巷之两端增设石牌坊和砖门洞。修成后，受到专家、群众以及国家、省文化、文物部门主要领导人的充分肯定，并成为历史文化街区整治维修和改造的一种模式而被广为引用。

下一步按照《赣州历史文化名城保护规划》的意见，原有店铺建筑再利用，恢复部分有价值的老字号，整治街区环境，保留和鼓励部分居住功能的延续，使街区保持传统社区生活的真实性。使该区形成古城会馆、土特产品、餐饮区。如果说，南市街是以展示传统文化艺术为主的雅文化区的话，那么，灶儿巷则是展示传统生活和产品的俗文化区。

三　古村落

民居是综合文化的基础，村落则是一定时空社会的缩影。赣南客家村落的构成，除了民居外，一般都有祠堂（包括宗祠、分祠、房祠）。其他公共建筑则还有农作物加工用房、诸神庙（如娘娘庙、汉帝庙、社公庙、万寿宫，较小的佛堂、道观及其他当地神灵庙）、水口建筑（如真君庙、水府庙、水口塔、水口桥等）。如地处商道，村落中则还有客栈、商铺等相关建筑。还有一些文化底蕴较深厚的古村落，还会仿照古代城市构筑"八景""十景"文化，如宁都东龙村的"东龙十景"。

我国大概有 69 万个行政村，300 万—400 万个自然村。改革开放以后，特别是近 20 年来，由于经济生活和城镇化的快速发展，大部分传统村落都已经遭到彻底和不可逆转的破坏。因此，为更好地保护、继承和发展我国优秀建筑历史文化遗产，弘扬民族传统和地方特色，自 2003 年起，住建部和国家文物局便择优公布了首批中国历史文化名村，至 2014 年已公布 6 批总计 276 个。又自 2012 年起至 2016 年止，住建部、文化部、财政部还择优公布了 4 批中国传统村落，总计约 4150 个。江西省则自 2003 年至 2014 年总计公布了 5 批省级历史文化名村，总计 98 个，其中赣州市入选的中国历史文化名村有 3 处、中国传统村落 17 处、省级历史文化名村 16 处，以上总计涉及 30 个村落（详见表 2-1）。

表 2-1　　　　　赣州市历史文化名镇名村及中国传统村落统计

序号	设区市	镇（村）名称	历史文化名镇（村）		中国传统村落
			国家级	省级	
1		南康区坪市乡谭邦村	/	第五批	/
2		赣县白鹭乡白鹭村	第四批	第二批	第一批
3		赣县湖江乡夏府村	/	第三批	第二批
4		赣县大埠乡大坑村	/	第五批	第三批
5		兴国县梅窖镇三僚村	/	第三批	第二批
6		兴国县兴莲乡官田村	/	第五批	第二批
7		兴国县枫边乡山阳寨村	/	/	第四批
8		于都县马安乡上宝村	/	第一批	第三批
9		于都县葛坳乡澄江村	/	第五批	第三批
10		于都县岭背镇谢屋村	/	/	第三批
11		于都县段屋乡寒信村	/	/	第二批
12		于都岭背禾溪埠石溪圳村	/	/	第四批
13		于都县银坑镇平安村	/	/	第四批
14		大余县左拔镇云山村	/	/	第三批
15	赣州市	瑞金市叶坪乡洋溪村	/	/	第三批
16		崇义县聂都乡竹洞村	/	/	第四批
17		宁都县黄陂镇杨依村	/	/	第四批
18		宁都县田埠乡东龙村	第六批	第三批	第二批
19		石城县琴江镇沙墩河背村	/	/	第四批
20		石城县小松镇丹溪村	/	/	第四批
21		龙南县关西镇关西村	第五批	第一批	第一批
22		龙南县里仁镇新园村（栗园围）	/	第五批	第三批
23		龙南县杨村镇杨村村燕翼围	/	/	第一批
24		龙南县杨村镇乌石村	/	/	第四批
25		瑞金市九堡镇密溪村	/	第一批	第二批
26		寻乌县澄江镇周田村	/	第一批	/
27		安远县镇岗乡老围村	/	第一批	第一批
28		定南县天九镇九曲村	/	第三批	/
29		全南县龙源坝镇雅溪村	/	/	第四批
30		会昌县筠门岭镇羊角村（羊角水堡）	/	第五批	第三批

　注：截止时间：2016 年。

由于传统村落的形成，跟当地的自然环境与人文历史有关，而鉴于本书重点放在建筑上，各个传统村落深厚的历史文化只能一笔带过。因此，本书根据村落的外观特征，分为"自然式"和"围堡式"两大门类。前者主要是根据选址的自然位置来划分的，如濒水型、商道型、环田型、依山型、山坡型等；后者主要是根据其受到人为强制塑造的情形，如围墙型、城堡型等。但二者之间往往有互相包含或重叠的关系，"自然式"村落中肯定包含人文历史，"围堡式"村落也必定离不开当地的自然条件。"自然式"下的五种类型，也往往是复合型的。如"商道型"，也可能是濒水型或环田型、依山型、山坡型；"环田型"同时又兼有濒水、商道型的地位，这里只是取其最主要的特征而已。

（一）自然式

村落的选址，主要取决于是否有利于居民的生活和生产便利。能形成百年以上的传统村落，一般都是能因地制宜，较好地结合了自然条件和社会人文因素，经过长期自然淘汰和挑选的结果。根据赣南客家村落选址的一些特点，常见的主要有以下几类。

1. 濒水型

为取得良好的生活和生产用水，接近水源是村落选址中最常见的方式，因此，邻近溪流、江河、陂塘等活动的水源位置是村落的首选，不然，至少也应有容易取得地下水的地方。此外，靠近水源，还有交通便利，易与外界联络的考虑。表2-1中如赣县夏府村、赣县大坑村、宁都杨依村、于都寒信村等，均属此类。此以赣县白鹭村为典型案例介绍。

白鹭村，位于赣县北隅的白鹭乡，与兴国和万安接壤，距离赣州市区约55公里、兴国县城26公里。是白鹭乡政府所在地，现有650余户，人口2880人。据族谱载，白鹭村的开基人是南宋绍兴年间唐代书法家钟绍京第16代孙——钟舆。他当年放鸭从兴国来到此地时天色已晚，便露宿河边。夜梦见白鹭栖息于此，受其点化而居该地，故村名"白鹭"。

白鹭村依山傍水，沿着鹭溪水呈月牙形分布，占地约5万平方米，全村98%以上的都是钟氏宗亲。白鹭村的兴旺，主要是因钟氏村民从事木竹生意和相关行业，他们富裕起来见了世面后，于是开始重视兴办教育。因此清代早、中期，钟氏家族涌现了大批读书人，不少人取得了功名，出任地方官。由于权、钱、势俱备，钟氏家族便纷纷投资大兴土木，一片片

图 2-3-1　赣县白鹭村

图 2-3-2　白鹭民居的庭院

青砖大瓦房，祠宇屋栋一时如雨后春笋般地立起，钟氏也是在此期间达到鼎盛，于是，形成了今天古街道、古民居比较集中的白鹭古村。据民国 3 年（1913）修纂的《钟氏族谱》记载，白鹭村当时具有一定规模的堂屋、祠宇就有 69 座。街道祠宇和民居建筑形成了白鹭村的"天一池、二义仓、三元宫、四逸堂、五福第、六角亭、七姑庙、八角井、九成堂、十字街"等 10 处街坊景观，成为赣县的一方名村。

（1）空间布局和主要文化遗产

白鹭村的地势北高南低，北是树木郁葱的后龙山，南面是大片农田，农田前面的鹭溪河绕村南而去。村内的排水系统由三条排水沟构成，它们自北向南通连鹭溪，将污水排入河内。三条沟构成完整的排水系统，合理解决了村内的排水问题。

白鹭村有四条主要街道，极似一横置的"丰"字，街道大致呈南北向和东北至西南走向。南北走向，长约 1 公里，宽约 0.5 公里。村落东边因依山环境，优雅僻静，宜于读书，因此将族校设在这里；在村之西、北部，主要设置庙宇，如福神庙、仙娘阁、三元宫等；而村内核心位置则多设总祠或分祠，不设庙宇。村内开凿有二三十处公用水井，水井造型雅致，钩杆提水，井水清澈甘冽。

村内商业市场集中在东头十字街中心的空坪上，店铺大多在这里，沿着主街道两旁是梳式民居分布。屋栋之间的界隙形成有宽有窄的小巷，互相通连，构成白鹭村错综复杂的街巷网络，村内街道皆用卵石铺砌呈龟背形。总之，村庄的发展和布局因地制宜，因势设计，在追求风水佳景的同时，也周到地考虑到生活功能的便利。

据不完全统计，白鹭村现存有明清时期祠堂（包括宗祠、分祠和祀居祠）、庙宇、民居近 200 栋，古街 4 条，古巷 3 条，古祠堂遗址 8 处，其中省级文保单位 4 处：佩玉堂、兴复堂、恢烈公祠、王太夫人祠；省保待批保护单位 6 处：福神庙、书箴堂、兰善堂、拱祥堂、鼎福堂、书升堂；县级文保单位 5 处：保善堂、世昌堂、洪宇堂、绣花楼、文庆堂。上述文保单位中又以恢烈公祠最为著名，它是村落中所处位置最好也是最大最具代表性的民居，占地约 2637 平方米，系乾隆年间布政司理钟愈昌所建，因其有三子，所以建有前、中、后三栋。前栋称"葆中堂"，中栋为"友益堂"，后栋于清咸丰年间为太平天国石达开残部损毁。前栋后因归属第三子崇俨所有，崇俨号"敬亭"，曾任职知府，因此又名"太守敬公祠"。

（2）村落与民居的特色特点

白鹭村，是赣南现存古村落中民居品质最好、最多和最集中的。建筑主要为砖木结构，防火山墙硬山顶；也有少量土木结构，悬山顶。其平面布局多为三开间，二进或三进，前低后高，四周封闭，取"步步高"和"四水归堂"之意。基本形式虽与赣南民居大同小异，但在做工和装饰上更为精细，这主要表现在门面或门楼装饰上。其门楼的平面形式有"一"字和"八"字形两种，立面则有门罩式、四柱三间牌楼式（此最为多见），体现门面装饰则有灰雕（以王太夫人祠最具代表）、砖雕（如培峰祖祠）、木雕（如洪宇堂的如意斗拱门楼），而且"三雕"艺术的量也较多。内部装修方面，恢烈公祠的花窗，还有一特色的是采用云母片作为装饰和采光之用，这几乎是绝无仅有之作。

白鹭村的民居还有一点特别之处，是其构架形式存在较多"穿逗式"，即所谓"墙倒屋不倒"的承重形式。而这点与赣南民居的主流形式：墙体皆承重，即所谓"搁栅墙上"的做法是不同的。前者显然是受赣中地区民居形式的影响（赣江水系），后者则纯粹是客家民居形式（章江、贡江水系）。

白鹭村是座体现风水精神而建的传统村落。它依山面水而建，村南是龙岗、村北是玉屏山（人为打造的"后龙山"，是赣南上述 30 座上榜古村落中，保存最好的风水林），烟峦翠阜，叠嶂绵延形成弧状拱卫着村庄。五条山脚伸至村后，古代勘舆家称其为"五龙山形"。鹭溪水九曲连环，下游河畔有二座山岭，一称"狮蹲"，一谓"象跃"，把住水口，留住来龙，形成灵山秀水风水极佳之地。

村落建筑功能分区明确。如水口建桥建庙，村东建学馆，村西北建庙宇，村南建住宅，村中建祠堂。而村中"冲煞"较强的位置，墙壁上则嵌"泰山石敢当"浮雕，以避凶求吉。民居大门大多面向东南或东北，民居的厨房、厕所、库房基本上脱离主体建筑，而又相互关联。有的民居因位置关系，特僻一条巷道，作为大门通道来取得大门的东南朝向。宗祠前坪决不建屋，以确保大空间和风水方位。村中街巷与建筑之间的许多狭窄通道，形成了调节气温的小气候，这种梳式建筑布局即使在炎热的夏天，街道上也是凉风习习，屋内阴凉舒适。

2. 商道型

商道是财富汇聚之道，因此，此类型的古村落，建筑质量往往都比较高，文化沉淀比较厚，景致观赏性也较好，现保存下来的大多数传统村落都属此类型。古代交通主要是靠水路船筏载运和陆路人畜挑驮，由于水陆资源的功能和运输工具载量的不同，水路节点往往易形成较大的聚落，如城镇；陆路则易沿线形成一个个较小的村落，如村庄。就客家地区的陆路交通（古驿道）线而言，由于山路多，气候闷热，一般以30公里为一日路程，也就是说，两个重要的歇息节点之间往往容易形成较大的村落。表2-1中如于都澄江村、赣县夏府村、寻乌周田村等，均属此类。此以宁都东龙村为典型案例介绍。

东龙村，位于宁都县田埠乡，东距宁都县城约45公里，西距石城县城约20公里。整个东龙行政村占地约15平方公里，据2013年数字，下辖18个村民小组，有390户、1890人，计有11个自然村落散布在东龙盆地中，形成一个相对集中的大村落。村落四周高山怀抱，是个相对封闭的丘陵盆地，海拔在500米以上，而周边村庄都在200米以下，因此被学者誉为高山盆地。盆地四出路口狭长，并在隘口山顶设置石寨。

东龙村古代经济以农耕为主、以商贸为辅，同时，也是个以血缘宗亲为纽带的李姓聚居为主的单姓聚落。据族谱记载，自宋乾德五年（967）李氏开基始祖李翊俊迁徙至止谋生，后遂成李氏一姓繁衍生活之地。由于东龙位于宁都通往石城乃至福建的主干道和重要节点上，明清时期，村中常常百余人长年在外从事各种商业活动。至明代晚期，东龙村一度成为一个拥有 800 户、5000 人的大村落，明代陈际泰记为："万瓦参差，如大都会"；到清乾隆年间又进入一个繁盛期，成为过往客商交往活动的集散地，清代著名散文家本村人氏李腾蛟称："田塘秀错，户口云连"；民国 3 年（1914）廖鼎芬称其："生其地者，名臣巨富，代不乏人，为一邑冠"。后逐渐衰落，村中人家大都流离搬迁。如今下祠仍留居东龙村的只有八基本房，上祠现留居的只剩 7 户 50 余人，仅占上祠李氏总人口的 1%。

图 2-3-3 宁都东龙村远景

图 2-3-4 宁都田埠东龙村近景

（1）空间布局和主要文化遗产

东龙村的自然空间地理格局，为一块群山环抱的椭圆形盆地，建村选址以位于东北边的东龙岭和南桥岭作为后龙山，通过其余脉向内延伸形成五座山梁，称为"五马归槽"，中又分出诸多小山梁，于是，形成东有"龙山"、南有"凤山"、西有"狮山"、北有"象山"说法的风水宝地村落。其地诸峰环峙，山清水秀，中为盆地。盆地中阡陌纵横，清溪曲流，千顷良田如茵，百口水塘似镜，田畴山水相映如画，驿道曲折环迴通幽。

东龙村现保存下的主要建构筑文化遗产有：民居近百栋，大小祠堂 48 座，相拥杂布于盆地间；书院学馆 3 处；庙宇 3 座；店铺、义仓若干；水塘尚存十余口（原有 130 口，今多连成片）；水口塔、桥和庙各 1 座；

寨堡 4 座，分别位于村落四方山顶；隘口 7 处。并有"东龙十景"即"龙岗古隘、巽峰插天、虎嶂乔峦、七星环塜、虹桥锁水、凌霄胜阁、双涧抱村、玉栋擎云、永东古寺、塔映湖心"等人文景观。其中代表性古建筑或文物建筑计有："李氏下祠（明代，现为待批省级文保单位）、东里一望（待批省级文保单位）、慎斋翁祠、湖心塔、玉虹桥、玉皇宫（以上四座均为县级文保单位）、李氏上祠、凌霄胜阁、君绪祖祠、育斋翁祠、位上祖祠、俊人祖祠、隆任翁祠、升闻翁祠、季文翁祠、鳅鱼寨、龙岗古隘古驿道等。"

（2）村落与民居的特色特点

东龙村的民居品质和特点并不十分突出，只是赣南北部地区常见的那种客家民居和祠堂，不过较一般村落更显集中和富豪些而已。如：以砖木结构为主，也有少部分是土木结构。外观主要是四柱三间牌坊式门面、五岳朝天式山墙，外封闭，内采光，中轴线对称布局，以两进三堂式为典型，大多选择多进多堂和对称式横屋布局。装饰好、材质高、空间大的房屋，主要为庙宇、祠堂、厅堂、门楼等处。但这些都不是东龙村的亮点，它的主要亮点是：作为一个历史聚落，该有的元素都有了，而且一般村落没有的它也有了，它几乎就是中国传统社会的一个缩影，具有真实性和完整性的意义。

例如：东龙村有其独特的防御设施。它利用盆地四周的高山作为村落的城墙，在四个主要路口的山顶设置寨堡，如同城墙之有谯楼，这在别地十分少见。其次是有"东龙十景"。古代都市有"八景""十景"文化不足为奇，但鲜见一个村落也有此等配置。再是有成套的风水建筑。东龙村在西边水口流出处依次建有风水桥（玉虹桥）、风水庙（现名宝塔寺）和风水塔（湖心塔），在水口处或建庙，或建塔，或建桥较为常见，而三者都建则罕见。而其余诸如古村落的交通便利、教育发达、农商经济繁荣、自然环境优美、民居建筑精致、名人辈出（如明末清初文学家"易堂九子"之一——李腾蛟）等，这些共有的大路货也自具备。当然，就这些每一个单项来讲，也许不见得比别处著名，但将这些单项设施和文化元素聚集在一个聚落中的，则为赣南现存古村落中仅见，而且可以说在全省其他地区也十分罕见。

3. 环田型

客家人生活的区域，最为常见的是丘陵盆地，盆地有大有小，往往大的盆地，村庄便位于田畴中间，小的盆地，村庄则一般环周边山坡而建。其目的就是近田，以便于耕作和管理。表2-1中如瑞金洋溪村、于都谢屋村、于都上宝村等，均属此类。此以瑞金镇密溪村为典型案例介绍。

密溪村，因当地有密村和密水而得名，又因全村皆姓罗，故又名罗屋。坐落在瑞金市区西北方向约40公里的九堡镇凤凰山下，距九堡镇约12公里，有公路通达。

图2-3-5 瑞金密溪村

密溪村早在隋唐时期就有王、宋二姓聚居，到南宋时罗氏先人由宁都大布辗转至此开基，渐渐繁衍成居住环境和生活习俗与理念皆自成一体的罗氏单姓宗族村落。至今（2010年），全村已有罗姓村民近600户、3000余人。全村罗姓人口占总人数的99.4%，仅有王、钟、谭4户外姓人家。

据密溪罗氏六修族谱记载，密溪罗氏始祖"念四郎"（罗密峰）本为兴国白石人，其曾祖父"真三郎"本由宁都大布迁往兴国定居，因宋咸淳年间"念四郎父子"往来于瑞金、宁都经商，途经九堡密溪，"见密溪山水明秀，遂家于是。"此时，正是密溪土著王、宋两姓衰败之际，到了元朝初年，二姓的田产已全部卖给罗氏，至此，罗氏始在密溪站稳脚跟，繁衍生息。

密溪村历史上的繁荣时期，是在明、清两代，直接原因也是因地处交通要道上。密溪位于宁都与瑞金两县交界的丘陵盆地，这跟东龙村位于宁都与石城两县交界山区盆地几乎一样，都是两县和两省（江西、福建）古驿道上的一个节点，同时，其保存下来的原因也是一样的，都是近代交通发展起来后渐遭废弃，成为发展相对缓慢的边远落后的地方。其实，前述的白鹭古村与后面的周田古村，基本上也都相似。

（1）空间布局和主要古建筑

密溪村屋宇多为坐北朝南，面对南边的水口，"依山造屋，傍水结村"而成。风水家言为"狗形岗",合称"风吹罗带形",有"背山面水,负阴抱阳"之势。四座"风水塔"依东、南、西、北四个方向建在远处山顶上,犹如四道屏障,紧护着密溪村。

密溪现存近百幢民居和祠堂,多为清代所建。建筑形式无非是庭院深深、青砖黛瓦、山墙叠影,跟东龙村的一样,就品质和特色而言不算突出,客观地讲,也不如赣县白鹭村的民居与祠堂好。本村最好或最有代表性的民居当数祠堂(包括部分"居祀合一"式祠堂),现尚存20余座,其中著名的有所谓"七祠立村"的七座祠堂,即应宗公祠、密峰金铎公祠、石泉公祠、应文翁祠、淳夫翁祠、东塘公祠和怀东公祠,而前五座祠位于村落的核心地带,也就是"风吹罗带形"的中段一字排开,皆坐北朝南,故村民概称之为"五祠朝南"。此外还有一些较有代表性或质量较好的祠堂,如皋泽公祠、觐光鼎臣合祠、达上公祠、尚仁翁祠、揖松堂、柱臣公祠、侣乔公祠、纪默公祠等十几处,这些民居或祠堂一般占地面积都有三四百平方米,有大小不一的厅堂、私宅,主要为砖木结构。其中的"揖松堂"和"尚仁翁祠"可作为本村民居主要的代表。

此外,保存下的其他古建筑尚有:两座牌坊三座塔(原有四塔),一条石阶古驿道。两牌坊一座为"尚义坊",始建于明,重建于清康熙十七年(1678),为两柱一楼,全木结构;别一坊为"节孝坊",建于清乾隆十三年(1748),为四柱三间三楼,青石结构。三座塔为坤塔"凝秀峰"。建于清雍正元年(1723),为五层六面楼阁式塔,空洞式砖结构,现保存较好,为县级文物保护单位;第二座塔为辛塔"萃霞塔"。建于清乾隆三年(1738),因早年遭雷击,现只残存三层塔身,据访原状应与坤塔相似;第三塔为巽塔"文明峰"。建于清乾隆四十二年(1777),也为五层六面楼阁式塔,空洞式砖结构,现塔顶残失,塔体有裂缝。现无存的那座塔为"丁塔",建于清乾隆元年(1736),因是三合土结构,故较早倒塌,现村民基本没见过。以上四塔均属风水塔性质。

(2) 村落与民居的特色特点

密溪村是个环村皆峰的小盆地:环村十数里,层峦叠嶂,深谷幽奥,气象峥嵘,形成一道道天然屏障,环护村落四周,无一明显缺口。正如《密溪记》云:"自外入者,行至峡,几认不得路,若《桃花源》然",可见其村落形胜。整个村落民居以"风吹罗带形",中段一字排开的罗氏"五祠"为核心向四周展开,前低后高。列于"五祠"前的是口大水塘,塘中预设有石墩，以备临时架构戏台，供族人敬祖或有喜庆之事时观赏表演之用。

村落外部环境最具特色的就是环村而建的四座风水塔，这在赣南，乃至全省、全国也是十分罕见的。同时，也产生一个问题：一个不足千户的山间弹丸小村，有多大的人文气场，孰用营筑四峰来彰显，是否有些割鸡用牛刀之嫌？从相关资料来看，这做法显然是跟风瑞金城区四周建四塔的模式。

密溪村与瑞金城的形胜很相似，都是四周环山的盆地聚落，只不过大小差异而已。明万历年间，瑞金知县堵奎临为祝愿瑞金县的人运和财运兴隆，首倡并首捐建两座风水塔，一座为辛位"龙珠塔"，位于县西南五里的赤珠岭（今瑞金市革命烈士纪念馆侧），为整个聚落盆地总出水口位置，属水口塔性质，以执掌全县财运的意思；一座为巽位"龙峰塔"，位于城东南面的山顶上，象征全县的人运，属文风塔性质。但是，两塔建成后，数十年来"财运""人运"也没有出现预想的改观，即《丙丁二峰记》①云"于邑卒无所补"，"仅以南雍博士终"。到清代雍正年间时，经请教本地风水大师，究其原因是"火星不高，三阳不备之所致"。于是，在县城南面的"丙位"（南偏东15°）、"丁位"（南偏西15°）两方位上分别建"鹏图塔"和"凤鸣塔"。风水师杨方渔、赖太素对此解释说："午位乎南，而丙丁附之，离卦也，离为火，火为文明之象。""火星不高官不显，曰'太阳正火当星马，丙柳丁张更无价'，且丙丁合巽为三阳，三阳既发，山川之秀而催六秀之官。所谓大征临御，南极呈祥者也。二峰既建，怀奇负异之士当接踵而起，又何必苍苍然四神八将具备为哉。"但据笔者查阅方志，此后瑞金也只出了两个进士而已，跟补建二塔前出的进士数是一样的。

现瑞金四塔保存完整，当然，塔的质量和高度均胜于密溪四塔，尽管如此，密溪村的贤达，敢于效法县城的建筑规划，也足见其丰厚的文化和财资底蕴。

4. 依山型

也可称为"依山临田型"。这是种介乎"环田型"与"山坡型"之间的村落类型，其所处自然环境，较"环田型"盆地要小，比"山坡型"盆地又更大。与"山坡型"比的主要区别是，后靠着山、前连着田。这

① 知县马士奇《丙丁二峰记》。《瑞金县志》卷十一《艺文志》清道光二年版。

种类型的村落在赣南客家村落中最为常见，传统村落表中如：兴国三僚村、龙南关西村和乌石村、石城沙塅河背村、定南九曲村、安远老围村等均属此类。此以于都澄江村作为典型案例介绍。

澄江村因驻地澄江圩得名，位于于都县葛坳乡北部，分别与宁都、瑞金县接壤，有陆路古驿道穿村而过，是古代通往宁都、瑞金、于都的节点，距于都县城约56公里，距赣州市区120公里。

村落坐西向东，依山临田，属四面环山的丘陵地形。村后为后龙山，称"龙山冈"，山上青林翠竹、古木幽深。村前为一望空阔的田野，周边山体环抱，自西北、东北方向两条小溪在村前汇合向南流淌，形成一个盆地。村内一条村道自北向南穿村而过，北边与319国道相通，南边通向本地集市及周边村庄，数条石街巷道相互连通。村域总面积约6.50平方公里，现有耕地面积为1809.9亩，辖15个村民小组，总户数619户，人口3034人。2014年被江西省人民政府公布为江西省第五批省级历史文化名村，同年被列入第三批中国传统村落名录。

澄江村为谭氏单姓村落，据《雩都澄江谭氏四修族谱》记载，开基祖为生于北宋咸平五年（1002）的谭文景。谭文景为谭文谟第九世孙，

图2-3-6-1　澄江村北门匾首题

而谭文谟又是谭全播之子，因娶刘江东之女刘氏为妻因而得到刘江东传授堪舆秘笈，而后自行卜居于潭埠，但刘江东前往勘察后因觉得不甚理想，便为女婿谭文谟寻得澄江这块风水宝地，后因故离开此地。谭文景出生于宁都矴柴岗，曾官任都指挥使出镇汉阳，后辞官归故里，因亦习得先祖谭文谟延传下来的堪舆秘旨精华，故当回到澄江仔细勘察后，觉得它确是一块非常难得的风水宝地，便回迁澄江祖地开基发展，遂成为今澄江谭姓之始祖。

（1）空间布局和主要古建筑

澄江村依山而建，后龙山由北向南延伸，树林茂密，古树参天，有的

图2-3-6-2　澄江村北门石匾

图2-3-6-3　澄江村南门石匾

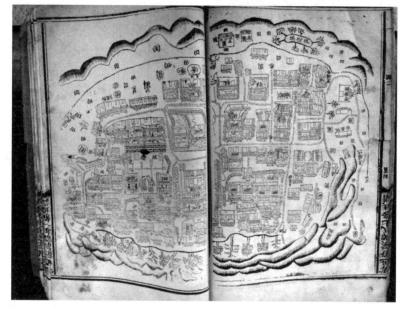
图2-3-6-4　于都《谭氏族谱》澄江村

图2-3-6-5　于都澄江村东门残墙

图 2-3-6-6　于都澄江村总平面图

资料来源：雅克设计公司《澄江传统村落保护发展规划》。

树龄数百年，整个地势像宽敞的太师椅坐落在村后。风水家言属五虎下山形，村落砂护、案朝齐备、堂局宽阔明朗，良田百顷。东面朝山也是群山环绕，七八个山头像百宝箱整齐排列。村北，远山高耸入云，山峰秀丽。近处田连阡陌，来水由左流入澄溪河，过明堂后向左九曲而去。村南三四百米处，后龙山与朝山环抱交汇，形成有似城廓般紧密护卫。四周山体完整，青翠滋润，风藏气聚，四季如春，选址充分体现了传统堪舆文化之精秘。

澄江建村以来，人口不断增加，经济日益发展，至今尚保存下古祠堂 24 处，古寺庙 2 座，古街集市 1 处，古戏台 1 座，进士第 1 处，古石狮 1 对。其中，谭氏宗祠（文景祠）、雪窗祠、渊泉祠、文渊祠、云窗祠、仲常私屋、相明祠等古建筑已公布为县级文物保护单位。这些保存较好的古祠堂、古民居大多建于清代，少量明代，主要沿澄江街、巷而建。外观形式基本上都是青砖黛瓦、砖木结构，防火山墙硬山顶。装饰也很讲究，雕刻、彩绘、门柱楹联历历可见，并含有石雕、木雕、砖雕等"三雕"艺术。街、巷及部分院落地面铺装为河卵石，工艺考究，密实有序，大部分保存较好。

澄江村因地处三县交界的古驿道节点上，村民外出营商或为官的也较多，因此较为富裕。为防盗贼侵扰，村落原建有砖构围墙，设有北、东、南三座入村门楼，但新中国成立前后村落围墙陆续被人为拆除，现尚存围墙残墙和墙基 300 多米，三座村围门楼，现仅存东门骨架。相传原有四门，而且门匾皆为文天祥所题，后只留下"北门"题匾为原物，现与后补配的南门门匾，于 20 世纪 80 年代第二次全国文物普查时，由县博物馆将收藏。其中"北门"的落款铭文，前为："皇宋淳祐三年眷友生文天祥为澄江谭氏族立""明天启五年冬月谭积、旺等重修"；后为："民国二年癸丑岁五月吉日合族首事让僎、锤（？）等重修""大清雍正七年己酉岁十月吉日谭光遴、字殿选捐已重修""大清道光三年十一月吉日谭谨机、周德捐已"。

文天祥为何独为其题写门匾？相传是因父亲文革斋曾受谭文景曾孙谭子清之请，聘为谭氏子弟的塾师，少年文天祥便辗转追随父亲与谭氏子弟一同读书，度过了一段美好的时光。后来成名，有感于当年受到谭氏家族的善待和恩情，便想将澄江围建成一座小城，让百姓过上更加安宁、幸福的生活。只是因时局变换，政务倥偬，城没围成，只建好了四座城门。

此事经查阅《雩都澄江谭氏四修族谱》，其谱序中有"吉州文革斋先生为谭氏塾师，携文山（文天祥字）来学，有子清甫辈，殷勤治之。厥文山公官显宦，遂于澄江建四门，题谱序，以报其昔日厚遇之意……"的记载。谱中还有落款为"宋淳祐三年龙集癸卯春三月望日，眷友生吉郡文天祥拜撰"的《雩都澄江谭氏始修族谱序》，文天祥在序中也谈道："予友雩邑谭君叔奇，手其家谱遇示予序，余先府君以儒业，尝设帐于叔奇之叔子清家塾。余乃读至其家。辱叔奇之父叔辈怡怡愉愉，深嘉爱之，固相甚悉。自后以余宦京都，与子清甫辈阔别十余载，而其人亦不作矣。今叔奇谒祈文，奚容辞……"以此看来，似确有其事。但核查文天祥的生卒年代，宋淳祐三年（1243），文天祥方六岁，是否年号记述有误？事尚存疑。

澄江历史悠久，村落格局、整体环境和风貌保存基本完整，除保存大量精美的祠堂、民居、庙宇等古建筑之外，保存下的非物质文化也很丰富。代表性的有：半班戏、茶篮灯、唢呐《公婆吹》（国家级非物质文化遗产）等，此外，澄江村还是中央红军红三军团第八军第四师第二团驻地，至今尚留下五处红军标语漫画。

（2）村落与建筑的特色特点

澄江村落的选址符合中国传统村落选址的理想模式，即"枕山、环水、面屏"思想。澄江村处于群山环绕的盆地之中，与周边其他自然村相比，澄江所在地面积更为广阔，这也为澄江逐渐成为周边区域规模最大的一支提供了得天独厚的地理优势。澄江村不仅在空间山水格局上具有独特价值，同时"山—水—田—居"的景观风貌也凸显了传统村落在宏观整体环境上的特色。这种传统的村落居住于农业生产与生态景观三者之间的关系十分和谐，村民就近耕种，利用现有水系灌溉，这种利用周边农田耕作发展的传统生产方式依然延续。

澄江村虽然至今保存下众多的祠堂、民居等古建筑，但残损、破败严重，尤其是村落肌理改造、现代建筑插花也较严重。因此，古村落的保存风貌和古建筑的保护质量都不是赣南最好的。但它是座千年古村，历史文化积淀深厚，尤其是它跟赣南许多历史名人有关。如谭全播，他是卢光稠霸业的主谋和继承者；刘江东，外号刘七碗，一代风水宗师，名重一时，于都葛坳上脑（旧志书载为"上牢"）人，清《钦定古今图书集成·堪舆部》和《雩都县志》均有载"杨筠松避黄巢之乱来虔州，江东与同邑曾文辿师之，得其术。江东不著文字仅留口诀，执简握要，其子孙传之"；文天祥，更不必多说，反映了其少年时期的一段历史。此外，据民国2年《澄江谭氏族谱》载，到了明代，还涉及明初开国元勋、军事家、政治家、文学家刘基，即刘伯温。他是澄江谭举宽的表侄婿，曾向他求学堪舆术，于是收之为徒，并将其先祖所留的堪舆正宗之观龙查脉及点穴之法尽授予刘基。

澄江村在文化理念上，主要还是崇尚传统的耕读传家，但它也重视商作。澄江村位于于都、宁都、瑞金三县交界之要冲，古驿道直通三县，地理位置十分重要，人员往来频繁，边界贸易繁荣。早在宋朝就在离村庄东南300多米的水口处建起了悦来市（今称澄江圩），占地10000多平方米，建有数十家店铺，并建有圩棚、戏台、财神庙、迴澜寺（现仍保存），圩坪还种了七星樟树（现仍有2株、树龄数百年），也可算是三县边区贸易集市。每逢圩日，赶集之人多达数千，十分繁荣，这也是至今能看到众多精美古建筑的原因。因此，它是一座具代表性的、集农业生产、儒家文化和经商跑单于一体的综合传统村落。就村庄类型来说，又属多重复合类型，既是依山型典型代表，也含有环田型、临水型和商道型等多种传统客家村落的特点，而且还属"防御式"之"围墙型"村落类型性质。

5. 山坡型

这种村落环境大致同上述"环田型"和"依山型"丘陵地形，只是盆地都相对都较小或成狭长型，四周山高水激，可供耕地有限，选址时主要基于保护耕地考虑，多选在属二级台地的山坡上。同时，地势高敞，也有利于回避南方因多雨而引起的潮湿和地质灾害。与其他几种类型比较,这类传统村落的布局往往较疏散,村落纵深较短,单体建筑的体量也较小些,但采光、通风、朝向优于前者。表2-1中如兴国官田村、寻乌周田村、全南县陂头镇瑶族村等,均属此类。此以寻乌周田村为典型案例介绍。

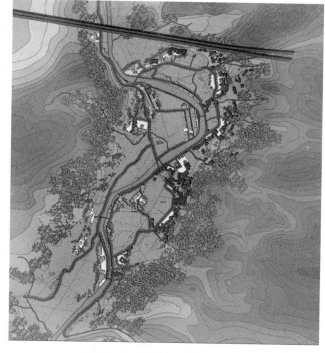

图2-3-7 兴国官田村总平面图

资料来源:赣州城规院《官田传统村落保护发展规划》。

周田村,因村周是山、中间是田故名。位于寻乌县澄江镇,地处江西、福建、广东三省交界处的古驿道节点中,是一个有五百多年历史的王氏古村落。据王氏族谱记载:周田的开村祖为明万历年间(1573—1620)的王梯,现尚存其依山而建的老屋。

周田因位处古驿道上,既是官方通往闽广的交通大道,也是内地与闽

图2-3-8 寻乌澄江周田村鸟瞰(黄洋摄)

图 2-3-9　寻乌周田两进三堂两横式民居（黄洋摄）

广的"盐米之路"，无论是陆路还是水路，距前后两个交通节点都是 30 公里左右（古代脚夫大致一天的路程）。内地的粮油等农产品经此流向闽广沿海，闽广的盐蛤等海产品经此运往内地。当年经周田的古驿道路线有以下几条：一是赣粤线，寻乌澄江至平远下坝，会昌筠门岭至平远下坝；二是赣闽线，寻乌澄江至武平县民主乡；三是寻乌县内线，澄江至罗塘。因此，商贸活动是本村古代经济的脊梁，从事经商和挑夫、马夫、艄夫成为本村村民的主要谋生之道，这便是今天所能见到的周田历史文化名村的原动力。

（1）空间布局和主要文化遗产

周田村四周为山，中间是狭长的古驿道和农田，民居基本上都是依山而建，主要为砖木结构，也有部分为块石或土、木结构，层高为二层，外观大多为青砖清水墙，坡屋顶盖小青瓦，矩形布局，占地面积多在 1000—4000 平方米。平面布置一般是以大厅为中轴线左右对称，形成二进或三进的多堂多横屋组合式民居。主体建筑之前，一般还有个围合的大院和门楼，围墙之外通常还有门坪、池塘、水井等。当地风俗非常重视风水，建房选址一般都要请风水先生察看地形，对屋后山脉、屋前水系、风向、道路都必须综合考虑。大厅或门楼的朝向更是至关重要。建造开基、落脚、出水（竣工）、过伙（乔迁）都要请地理先生根据男女主人的生辰八字算出一个好日子来，要精确到几日几时。

周田村的主要文化遗产：现约有保存较好的厅屋组合式民居 15 栋，另有学堂、茶亭、店楼上客栈、社母下药栈、仙师神庙等。其代表性建筑有：松树下民居，建于清嘉庆元年（1796），主要特点是门楼气势雄伟，砖雕工艺精湛，占地面积约 2500 平方米，被誉为"周田十八座大屋"之首；松山排民居，建于清乾隆戊子年（1768），由王周崧建造，据说是王周崧专门存放贵重财产的房屋，占地面积大约 1000 平方米；下田塘湾民居，建于清嘉庆十九年（1814），占地面积约 4000 平方米，是周田民居中占地面积最大、布局最合理、建筑艺术价值最高、题词人的级别最高的民居。葛庭崇茶亭（又称"毋忘亭"），始建于清道光二十年（1840）；此外还有新壁背客栈，是该村历史最长、规模最大、位置最好的古代客栈。

（2）村落与民居的特色特点

周田民居的建筑艺术价值很高，就单体民居比较而言，是赣南传统村落中保存状况最好的，只不过不像别处那么集中成片而已。其设计工整、讲究，功能合理、实用，木雕、砖雕、石雕、灰雕艺术俱全，工艺精湛，所雕人物故事、花鸟山水栩栩如生。这从寻乌县流传的俗语："项山的糯，三标的货，周田的屋，长企的谷。"也可见其建筑在周边地区的地位和影响力。

周田民居的平面布局非常规整。最多见的是"一进两堂两横"式民居，前必有围墙合院、水塘，后大多植有风水林，前低后高，四周围合，形式变化不大，有变化也只是进深方向增减"一进"或面阔方向增加"横屋"而已，但尺度有大小之分。不像上述白鹭、东龙和密溪等村民居，虽然也是此类型民居，但由于村落受密集布局和地形约束，平面布局多受影响，没有这里的规范、完整和清爽。因此，周田民居可作为赣南客家民居中"厅屋组合式民居"的典型代表。

周田民居大多在其门匾上有绝对纪年落款。这是赣南其他地方的民居中较少见的，可为赣南此类民居的断代起到标型器的作用。

周田村是 2003 年江西省公布的首批省级历史文化名村，但时至今日，由于近十年来没有得到有效的管控，村中新式砖混楼房遍地"插花"，填补了原疏朗中空的田园村落，各式现代洋楼房几乎淹没了原来的传统村落，历史与自然环境破坏较为严重，而且较难挽回，令人惋惜和遗憾！

（二）围堡式

以赣南等为主的客家人聚居区，因所居多为山深林茂的穷乡僻壤之地，远离政治统治中心，自宋代以来，中央集权从来没有真正稳定地、深入地"王化"到所有村落，社会长期处于"治"和"乱"之间，这种情形一直延续至清代。故史书上记载赣南，常见"群盗肆虐""赣寇纷纷""盗贼渊薮"等概述（详见概论部分之"史地特征"）。足以说明这地区的乱象。因此，面对这种生存和发展环境的需要，许多村落便不得不选择了环村构筑围墙或城墙，于是，形成客家地区常见的防御性村庄，其中又以赣南较具代表性。

围堡式村落可能在南宋便出现。为区别于赣南的围屋民居，学者们常称之为"村围"，这是一种将整个村庄都包围在内的设防性村落。围堡与当地围屋的主要区别是：后者往往是由某一财主策划出资、统一布局设计而建，围内居民都是他一人的后裔。因此，构筑较精工、整体性能好。围堡则往往是先有一个同宗（也有不同宗姓的）的自然村，后因共同安全的需要，而由村民捐资出力做起的环村之围。因此，围堡一般占地面积大，平面多呈不规则形，大的围堡村落常常也按东西南北设四门，村门形式一般都仿城门样式，门顶有炮楼和相关防卫功能设施。

从对赣南此类防御性村庄的考察情况看，这类村落明显表现出从早期山寨发展而来的痕迹。于都、兴国、宁都、瑞金等交界地区盛行围堡村落的地方，恰好是古代多山寨的地方。"三南"明清时，遍行围屋和村围，同时也广见山寨，也明显有由"山寨"过渡到"围居"的演进痕迹。为整理赣南的防御性民居和村落，在此将山寨、围堡、围屋的发展演变关系，大致分析如下。

1. 山寨，流行于唐至清代。始为纯军事性质的设施，或"山大王"盘居的营寨。后因防寇保安的需要，被民间普遍引用为临时性防卫建筑。寇至上山，寇去回村。

2. 围堡，流行于宋至清代。随着群居的扩大、人口的增多。特别是此期间由于大量移民的迁入和客家形成、发展的社会背景。一方面民匪、官匪矛盾加剧，另一方面宗族矛盾又激烈起来。鉴于强暴势力袭击村落时，因要弃村上山，往往造成躲避不及，或即使保得人身安全，也难保房屋财产安全的情况。因此，便出现了就村设防的围堡。围堡设东西南北门和若干炮楼的做法，显然借鉴了古代的城堡。从山寨到围堡村落，是村民集体防御思想的一个飞跃，自卫建筑上的一大进步。

3. 围屋，流行于明清（主要是清）两代。它是山寨、围堡这类自卫性民间建筑进一步完善的产物，是围堡防御的浓缩。它从聚落性防卫，转变为家庭性防卫，使防御功能在软件和硬件上都得到大大加强。这种转变过程，建立在家庭经济收入增大、建筑技术提高的基础上。

4. 山寨向村围、围屋的演变，发展不平衡。围堡和围屋虽然主要流行于明清时代，但可能南宋时便出现围墙型村落；山寨虽然盛行于明代以前，但清后期的太平天国运动，使赣南许多一贯以为较安全的地方，而没有建围堡村庄或围屋民居，增建了许多为防"长毛"的山寨，使赣南的山寨、围堡村、围屋并存发展，"围"始终没有完全取代"寨"。山寨向围堡村转变时有先有后，也就使一些地方山寨向围屋过渡时，有的直接、有的间接。如寻乌县南部"炮台"民居，它平时闲置，当有匪警时，附近民居中的村民才会避居炮台中。又如龙南县武当乡的坝上村，它是先建有围堡（今尚见断断续续的围墙），后因村里兴建起五六座围屋，村围堡也就逐渐瓦解，而被围屋取代。

现根据赣南围堡式村落的防御构造形式的不同，将之分为围墙型和城堡型两种。

1. 围墙型

围墙型村落早于城堡型村落出现，在赣南较为多见，它与后者的主要区别是：前者叫"围墙"，后者叫"城墙"。围墙随村落地形走势而建，墙厚较薄如同民房承重墙，高约 2 米。为节省时间或经费，围墙往往连缀村边的民居外墙而建。围墙的建筑材料主要为砖石，有的局部也用土坯。这类"村围"与香港、深圳一带流行的"围村"性质相类似。如大多是氏族同姓村落，形制较大，具有防御功能。但"围村"建筑是经过统一规划的，其平面形状、炮楼位置，围内的房舍形式、街巷走向、空间处理等，都有一定的规律和讲究，这一点又类似赣南的围屋。

围墙型村围，过去分布较广，赣南所有的 18 个县市几乎都存在过。其中较集中分布在于南片的龙南、定南、全南三县和北片的宁都、于都、兴国三县交界地区，后因战火和人为所毁，急速减少。如 20 世纪 30 年代，国共两党在赣南大地上那场激烈的角逐。那时村围被统称为"土围子"，始初土围子大多为国军的"铲共团"和"靖卫团"占据，它们犹如一颗颗钉子，钉在苏维埃化了的土地上。红军对此大为烦恼，称之为"白色据点"。为了使红色根据地连成片，当时红军决心拔除这些据点，于是，展开了一场场殊死的"土围仔"攻防战。这里仅以于都县马安乡的"上宝围"为例。

图 2-3-10　于都岭背燕西谢氏土围
（龙年海摄）

图 2-3-11　于都马安上宝村

　　马安乡位于于都、兴国两县接合处。上宝围是周围众多村围中最坚固者之一。其围墙局部厚达 2 米，周环约 3 米宽的溪流。当时围内吸纳了四乡众多的逃亡土豪地主，他们依托上宝围坚厚的墙体，出资建起一支步枪武装的靖卫团。1931 年秋，红三军九师奉命攻打上宝围。红军采用四面围攻、坑道爆破、夜战、围困战等办法，均未奏效。靖卫团依靠有利的围堡防卫

图 2-3-12　兴国社富乡东韶村
明万历四年村围

设施，抵御住了红军长达四个月的强攻硬打。直至围内土豪与民团之间矛盾加剧，疫病蔓延，防守疲惫，方于同年 12 月 26 日凌晨攻陷。当时在苏维埃共和国的机关报——《红色中华》1932 年 1 月 13 日第四版，对此有着重报道，称："缴枪六十余支、活捉土豪六十二名，击毙靖匪团总一名，团丁 12 名。"时围内有一名幸免于难的绅士钟良焕，后也将此事经过写成《上宝围失陷记》，载入民国 32 年《宝溪钟氏八修族谱》中。"土围子"遂以其坚固的防御效果而留名史册，以致 40 年后的"文革"期间，尚流行将受打击挨批斗者的顽强，形容为"顽固得像土围仔"。

兴国社富乡东韶村是座定格在明晚期至清前期的围墙式古村，现在仍保存长约200米的明清围墙。整个村落依山临田，为"前镜后屏"式布局（后面是茂密的风水林，前面是大水塘）。现村落核心部分保存较完整，村中建筑及其文化精髓大部分是清三代时期的，建筑品质较高，尤其可贵的是各时期建筑大都有镶嵌红石碑记的风俗，这为我们研究赣南明清传统村落和民居提供了不可多得的重要实物资料。

图 2-3-13-1 "名宦世裔"村围门额

（洪武二十年立，康熙五十七年重修）

图 2-3-13-2 "屏山叠翠"门额

（康熙末乙冬吉）

图 2-3-13-3 大清同治八年

重修围墙铭文

图 2-3-13-4 明万历四年

丙子建筑铭文

图 2-3-13-5　围墙修建铭砖
（明万历四年丙子冬）

图 2-3-13-6　雍正十一年基界铭文

图 2-3-13-7　雍正十一年建祠铭记

图 2-3-13-8　民国 36 年
地基铭文

　　现在因为要便于农民的生活、生产，围墙均逐渐拆除，如表 2-1 中的于都上宝村（围墙苏区时红军拆除）、于都澄江村、于都谢屋村等原来都有围墙，东韶村虽保存下部分围墙，但整个村落已衰败几近荒芜，基本上没人居住了。如今保存完整的围墙型村落只剩下龙南关西的老围和里仁的栗园围了。此以龙南新园村（栗园围）为典型案例介绍。

　　栗园围，位于龙南县里仁乡新园村栗园围村，距县城约 10 公里，有公路从其村围北门口经过。栗园围，又称"栗树园围"，其得名因过去这

里是一片栗树林（今村外
河堤边，尚保存有一大片栗
树林）。又因相传是按阴阳
八卦的布局而建造的，故又
称"八卦围"。

栗园围占地约 68 亩，
4.5 万余平方米。系李氏宗
族聚落。村四周用片石砌筑
围墙，周长约 789 米，高约
6 米。围东、西、南、北
门，但并非严格方位，号称

图 2-3-14　东韶村雍正十一年祠堂

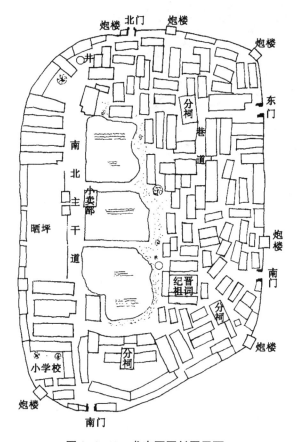

图 2-3-15　龙南栗园村围平面

而已。除北门名副其实朝北开外，村围东面设有东门和南门两门，正南面所设的门却是西门。而西面宽广的墙体上则没有辟门。据访问，原因是在围外东南面有一条自东往西方向流淌的小河（即濂江），如果在西面开门的话，不利于村民固守财气（意为村民的财气会随流而去），故而在东面迎流方向则开设二门，以利于财源进村。

图 2-3-16　龙南里仁栗园围

据 1996 年访问围民李邦桂先生（退休前为龙南中学教师，当时正在着手编修族谱）时介绍：村围准确建造年代，已无从查考。因这一支李氏的族谱，全部毁于 60 年代的"文化大革命"。现仅凭记忆和傍支族谱推论：李氏在此居住迄今已有 26 代。创基者为李大纪、李大缙兄弟俩，系自本乡横岭下迁此定居。其父六世祖——李景辉，字汝明，生于明宣德甲寅四月（1434），殁于成化丙申四月（1476），先后娶廖氏、谢氏，生六子八女，其中两子无后。长子大纶和三子大缤，系老屋围的开基祖（距栗园围三华里，也是一座村围），次子和四子，即大纪和大缙，故村内的总祠叫"纪缙祖祠"。

（1）空间布局和主要文化遗产

从平面上看，栗园围南北长、东西短，村民偏居于东边。围内有一条主干道，自北门往西门（略往西侧），纵贯南北。干道东侧是接连的三口水塘和主要民居区。水塘总占地约 2000 平方米，纪缙祖祠面塘而建，位于围内核心和最好的地位。水塘之东便是民居，主要建筑布局以"一祠三厅"为核心，即纪缙祖祠，梨树下厅厦（支祠性质），枕榱厅厦、新焰下厅厦。另有小学一所，靠北面共建有 8 处民宅区，共有房屋 400 余间，围民自称共有八八六十四条小巷。干道西侧是一大块晒场，当然也是村民们集会以及休闲的娱乐场所。此外，自东门和南门进村，也各有一条用河

卵石铺砌的，1米多
宽的小径，委婉延伸
至村中央。

栗园围于2008
年龙南县公布为第二
批文物保护单位，列
入2014年公布的第
三批中国传统村落名
录。现在村围里，最
早、最好、最具代表
性的建筑，要数"纪
缙祖祠"，因它是族
人共同出资营建的公

图2-3-17 龙南里仁栗园围鸟瞰（刘敏、黄洋摄）

共建筑，又能保证一贯的维修，但不知其具体创建时间。祠堂为三开间带
门廊三进府第式，厅堂高敞，砖木结构，两山构筑起伏的封火山墙。厅内
有七对方形石制堂柱，堂柱上共刻有十副阴文对联。祠堂的檐柱用两挑或
三桃出檐，挑头皆用斗拱装饰。从其斗拱通体皆镂刻，以及图案繁复的彩
画和梁枋装饰等情况看，似是清代前期的做法。

（2）村落与民居的特色特点

栗园围有明显的居住和渔耕功能分区布局，根据李邦桂先生回忆说：
围内以前没有这么多房子，他小时候，围内还有可以放牛的草坪和许多块
菜地。水塘也不像现在这么大，是20世纪50年代建立农业合作社时，将
十余口小池塘合并挖成的。现围内各处尚由几个老地名指称，如位于西门
的居民点，叫"梨树下"；位于东门的居民点，叫"上灶"；位于南门的
居民点，叫"下灶"；上下灶的居民点，又合称"老屋下"；位于北门的
居民点，则称"新屋下"。可见它是先有几个小屋场，后因共同的利益或
者说为安全的需要，才砌墙围合在一起的。也就是说，建村在前，建围在
后。这种按功能分区布局的村围，较为少见、但很合理，因它有利于围民
的生活、生产和防卫。如水塘具有的消防、清洁等作用；围内大面积预留
内部空间，为封闭式聚居的村民提供了发展、集合和舒适等余地，符合这
种类型村落的实际需要。

栗园围是赣南现存村围中保存最完整者，虽不属赣南村围中防卫设施

最坚固完善的，却是居住环境最理想的。但 1996 年调查时，围内尚有190 余住户、1100 人，而目前有 20 余户，不足百人。

　　2. 城堡型

　　城堡型村落较少，而且都建于明代中晚期。如大余县便有"一府九城"之说，是说大余县做过府城，计建有九座城池。查地方志，除位于县城的南安府城（章江北）、水南城（章江南）、庾将军城和新田城（今青龙镇二塘村）属官府所建外，其余如凤凰城（今青龙镇元龙村）、杨梅城（今池江镇杨梅村）、小溪城（今池江镇小溪村）、九所城（今池江镇九水村）、峰山里城（今新城镇）等皆属民建城堡型村落，建筑年代基本上都在明正德至嘉靖年间（1506—1566），大都在明嘉靖三十五年（1556）至嘉靖四十四年（1565）。这种类型的村落大多跟官军或官府有关，可分为"官建"和"民建"两种性质。详见下表。

赣南明代正德、嘉靖城堡式聚落一揽表①

名称	地点	年代	记　述	备　注
峰山城	大余新城镇圩上	正德年间	因"……民素善弩，明正德十一年，都御史王守仁选为弩手，从征徭寇，事宁，民恐报复，诉恳筑城。"后来，王阳明将官府的小溪驿站也移到城内，并上报："小溪旧驿，屡被贼患，移置峰山城内，委果相应；如蒙乞敕该部查议，相应俯从所请"。嘉靖六年，王阳明有事两广，驻兵新城时，作诗《过峰山城》并序曰："此城予巡抚时所筑，峰山弩手其始，盖优恤之，以俟调发，其后渐苦于送迎之役，故诗及之。"后毁于乡治墟镇建设，现尚存东门及部分街道肌里。	引自清同治七年版《南安府志·城池》和吴光、钱明编校和《王阳明全集》上册之《移置驿传疏》第299页。
营前蔡氏城	上犹营前。旧名"太傅营"，约今营前文庙附近。	正德年间	"明正德间，村头里贡生蔡元宝等，因地接郴桂，山深林密，易于藏奸，建议请设城池，因筑外城。嘉靖三十一年，贼李文彪流劫入境，知县吴镐复令生员蔡朝伩等重筑内城，浚濠池，砌马路。今城中俱蔡姓居住，城垣遇有坍塌，系蔡姓公祠及有力之家自行捐修。"明知县龙文光的《营前蔡氏城记》也载："正德间，生祖岁贡元宝等因地近郴桂，山深林密，易以藏奸，建议军门行县设立城池。后纠得银六千在奇，建筑外城。"现地面遗存已难觅。	引自清光绪十二年《南安府志补正》卷二《城池》和《上犹县志》卷29《艺文志》

---

　　①　表中涉及大余城堡的部分现状资料，引自大余县博物馆王海兵编的《南安九城》。

名称	地点	年代	记　述	备　注
谭邦城	南康区坪市乡	明正德十二年	据《谭氏族谱》载，是因谭邦村人氏谭乔彻，追随王守仁平定桶冈、横水等地山贼，有功不仕，王守仁奏请明武宗恩赐谭邦立城。于是谭氏族众捐资建造了这所城堡。如《谭氏重修族谱源流叙》载："……乔彻以武略佐王文成公平桶冈贼，有功不仕，奏封威武将军，於谭邦立城一堵以报之，族众捐资修造，至今犹存。"《乔彻公传》则载："……与其荣于身，孰若无忧心……是以王公匾旌'威镇蛮夷'，奏请立为谭邦一姓干城，保子孙而不殆。"谭邦城，南北长约200米，东西宽约200米，占地面积约4公顷。历经战乱的毁坏，现仅存南门和3段城墙，总长约150米，最高处约4.2米。城内人口489人，皆为谭氏族人。	详见清乾隆十二年《万安南康龙泉谭氏合修族谱》之《谭氏重修族谱源流叙》中之《恩荣簪缨图二》、《谭氏族谱世系图》、《乔彻公传》等篇目
羊角水堡城	会昌筠门岭镇羊角水村	嘉靖二十三年	原为明成化十九年官府所设的驻军提备所，后衰败。明嘉靖二十三年，因防盗寇的需要，经周边村民所请"群聚来诉，愿自出力筑城为卫，而官董其成"始建城墙，扩至周围三百丈，高三十尺，城辟东、南、西三门。整个城堡占地约6万余平米，现城墙保存基本完整。城内原有"铜卜殷罗胡董彭，朱马仲蔡曹余何，徐李郭蓝"等十八姓居住并共守城堡，今尚住有300多户、1200多人，但均为周姓。现城堡列入全国重点文物保护单位和中国传统村落，目前正在进行全面保护维修。	详见清同治十二年《赣州府志·城池·新建羊角水堡城记》赣州地志办校注，1986年版。另，详见明谈恺《虔台志续志》
小溪城	大余池江镇新江村	嘉靖三十五年	因原有驿站而筑。"小溪驿在焉。嘉靖三十五年乡民建。"原城堡规模周长约1160米，面积7.2万平方米，设东、南、西、北四门，城门高5米，宽2米，墙厚0.7米。各城门分居刘、吴、张、王、余等姓氏，其中刘姓居东门，吴姓居南门，张与王姓居西门，于姓居北门。民国22年（1933）被粤军余汉谋部拆毁，取砖修补县城城池。	引自清同治七年版《南安府志·城池》
围里城堡	大余左拔镇云山村	明嘉靖四十三年	城堡呈不规则圆形，用生土筑成，现存长约400余米，高3.6米、厚1.8米厚。原辟有东南西北四个大门楼，现仅存北门（平阳第）和南门。城内由500余间民房、一个家族总祠和四个分祠堂组成。房屋多数为砖木结构，硬山顶青瓦房。有水井2眼、主巷道一条，横巷道8条，巷道皆为鹅卵石铺成，整个城堡占地面积约6600平米。据《曹氏族谱》：明正德四年（1509年）曹允信开始在此建祠堂，后人口繁衍又设立了分祠堂，规模也不断扩大。明嘉靖年间，为了防贼寇侵扰保护宗族亲，曹氏宗族又在建筑群外建筑土筑围墙。谱中《大余云山曹家围居址图记》也载："中甲有土围，明朝创造，以防御寇。数百年于今为烈。后因名曰'曹家围'内建祠宇者二，大宗祠居中，系允信祠、敦叙堂。"	相关史实详见民国11年版《曹氏初修族谱》

名称	地点	年代	记　述	备　注
新田城	大余青龙镇二塘村青川	嘉靖四十四年	因有驿道及舟楫之便，由村民捐资而建。原城堡规模："周长一百一十七丈，东、西二门内有官铺"民国22年被粤军余汉谋部拆毁，取砖修补县城城池，现仅存约几十米长残城	引自清同治七年版《南安府志·城池》
凤凰城	大余青龙镇元龙村	嘉靖四十四年	为防流寇侵扰而建。因"近凤凰山，故名。嘉靖四十四年乡民建。"城堡规模：设东、南、西、北四门，总面积约六万平方米，居住有蓝、朱、叶等姓氏。民国22年被粤军余汉谋部拆毁，取砖修补县城城池。	引自清同治七年版《南安府志·城池》
杨梅城	大余池江镇杨梅村	嘉靖四十四年	《南安府志·城池》载："嘉靖四十四年乡民建。"另据《王氏族谱》载，城为王氏家族筹建，城内居民均为王氏"一本堂""敦本堂"两祠裔孙，并称是因"阳明王夫子抚绥过化，族人士请题城名'杨梅'，捐筑"。原城堡占地约7万平方米，设有东西南北四门，墙高4米不等，墙厚2.16米。现尚保存约700米长城墙和部分护城河，城内约存近半古民居、宗祠和巷道肌里。但皆残损严重。	引自清同治七年版《南安府志·城池》
九所城	大余池江镇坳上村城孜里	嘉靖四十四年	"原有屯军耕种其中，嘉靖四十四年屯军筑，今废。"	引自清同治七年《南安府志·城池》

　　官建者，一般因先是官方驻防点，如巡检司、所、营（县府派驻各要害地方以军事守备为主的设防机构）等，后因军民联防的需要，或后因裁撤原功能转变为民用，于是形成村落，最具典型意义的便是现尚保存基本完整的羊角水堡城。

　　民建者，构筑原因和目的，同上述"围墙型"村落，只是将围墙改为城墙。主要区别为：一是城墙比围墙要厚得多，一般都在1米以上，且城墙独立于民居之外，城墙上设有城垛、墁道、城楼，有的还有炮楼、马面；二是此类村落因其具有较强的割据性，因此，相传都是要经过官府同意后方可兴建的。如大余的曹氏城和南康的谭邦城，皆因族人当年曾追随王阳明征讨土寇，因怕贼寇报复，经请示官府特批同意后，才敢效仿官府城池构筑村落外围。清同治《南安府志》卷四"城池"有记载的是峰山城："在小溪（今池江）北十五里，民素善弩。明正德十一年，都御史王守仁选为弩手从征徭寇，事宁，民恐报复，诉恳筑城。"据此，则似有出处。

　　这类城墙做法和建筑材料基本上同官府城池，只是规模、材质、做工等有所逊色，除了常见的砖石砌筑外皮、内夯黏土的城墙外，也有像左拔曹氏城那样采用最原始的生土夯筑的城墙。这种类型的村落，目前在赣南保存下有地面形态的也就四五座，即会昌的羊角水堡城、大余的左拔曹氏城、新城杨梅城和池江的九所城、南康的唐邦城，但保存都不完整。此以会昌羊角水堡村为典型案例介绍。

图 2-3-18 大余左拔曹氏村
围鸟瞰（谭奇摄）

图 2-3-19 左拔《曹氏族谱》
曹氏围平面

图 2-3-20 左拔曹氏村围内主干道

羊角水堡，位于会昌县东南 70 公里的筠门岭镇羊角村，距筠门岭镇约 10 公里。因地处闽、粤、赣三省交界，是通往"惠之龙川，潮之程乡（梅州）、饶平"之孔道，又是"东连汀之武平、永定之交冲，赣之门户也，'一隅之地而遥制千里'"，素有"三省通衢"之称，故明清以来一直成为屯兵防守的军事要塞。

村庄紧邻湘江，三面环水，一面靠山，海拔高度 232 米，民谣称："羊角水堡水弯弯，双狮滚球在西山，左狮右象把水口，魁星点斗在东山"，地势险峻，易守难攻。村西北面紧靠"汉仙岩"国家级风景名胜景区，气

图 2-3-21　南康谭邦城总平面图

资料来源：赣州城规院
《唐邦古城历史文化名村保护规划》。

势壮观，景色美丽，有高速和国道可到均门岭镇，交通很方便。由于地理位置特殊，明清时为了"弭盗"和"榷税"的需要，于明成化十九年（1483）官府在羊角村设羊角水堡提备所（后改"守备所"清代称"都司"，长官称"把总"）驻军防守。明嘉靖二十三年（1544）始建城墙，周围三百丈，高三十尺，城辟东（通湘门）、南（向阳门）、西（镇远门）三门。后经清朝、民国历代兴毁修治，现存城墙仍是在明代城墙的基础上保存下来的。羊角水堡驻兵明代都在 300 人以上，最多时万历初年达 500 余人，清代大部分时间都在 200 人左右。

羊角水堡属羊角行政村，全村（2014）共有 1780 人，其中 300 多户、1200 多人住在堡里，均为周姓，整个

城堡占地 6 万余平方米。目前堡内共有 10 座祠堂建筑，除一处为原蓝氏祠堂外，其余 9 座均为周氏祠堂。相传羊角水堡内原有"铜卜殷罗胡董彭，朱马仲蔡曹余何，徐李郭蓝"等十八姓居住和共守城堡，建筑城墙时，蓝姓（畲族）居民所占比例还很大。清初

图 2-3-22　南康谭邦城城

时，周姓迁入堡内，这时正当城堡的防御功能逐渐减弱时期，居民更加注

图2-3-23 会昌筠门岭羊角水堡城鸟瞰（刘敏摄）

重地方经济的发展与家族的繁衍，此时堡内的周氏家族主要从事撑船运输、商贸等行业，家族不断壮大，而其他姓氏家族则逐渐被挤压外迁。最后只剩下周、蓝两姓，但到20世纪60年代，最后一户蓝姓人家也搬到寻乌县了。于是，整个聚落由多姓家族"军民共戍"的城堡，逐渐演化成现在的

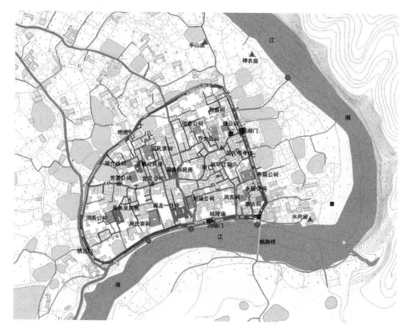

图2-3-24 羊角水堡现状总图

资料来源：国文琰：《羊角水堡保护规划》。

单姓宗族村落。

（1）空间布局和主要文化遗产

羊角水堡由城墙和祠堂构成了村庄的主体，其平面略呈三角形，城墙

随地势弯曲延伸，城堡西南、东北、东南角均为两弧，周长约 1092 米。城墙外侧为古驿道，宽 2 米。城墙墙高 2.84 米，底宽 4.34 米，顶宽 3.65 米，城墙形制为夯土墙芯，外包砌条砖。堡内一横一纵的鹅卵石巷道划分片区，同时巷道连接四个大门。各片区分布有各支祠堂，各支祠下簇拥各村民聚居生活。

羊角水堡城，于 2004 年 5 月 10 日公布为县级文物保护单位，2006 年 12 月公布为省保，2013 年 6 月，国务院将羊角水堡城及相关建筑公布为全国重点文物保护单位。现存主要文化遗产有：城墙（含东、南、西城门）、城隍庙、周氏宗祠、周龙一民居、周家建民居、蓝氏节孝坊、蓝氏祠堂、纲公祠、芳公祠、绍福祠、码头（四处：周氏宗祠外，南门外，鹅胸桥左侧，东门外湘江西岸）、古街道（如东街、添丁街等）、古路面（以上为国保单位）、炮楼遗址、永敬祠、绍福祠、湖南祠、世能祠、瑞香公祠、节文厅祠、寿眉公祠、周涛俗民居、芳叢公民居、周美泉民居添丁亭、水府庙、神农庙、平山庙、土地庙、古驿道、古教场、古排水沟、古桥、古树等。

（2）村落与民居的特色特点

羊角水堡村民居大致：各类祠堂建筑基本为砖木结构、硬山顶，其中最具代表性的是周氏宗祠，同时也是本村建筑中工艺和等级最高的，使用了如意斗拱、大门枕抱鼓石等工艺；各类民居则基本上为土木结构，悬山顶。比较而言，就村落建筑品质而言仅属中下，没有太多可言之处。但若以整个村落格局、整体环境和风貌保存完整性来比较，却是赣南古村落中保存最好的，尤其可贵的是"插花"洋民居最少。它集军事、农耕、商作、民族、宗教、民居、民俗等历史文化内涵为一体，是一处内容丰富和多层次历史文化特点的古村落。

羊角水堡属于明代内地卫所下的基层防卫（提备所、营、堡、司）组织，虽然级别较低，却是明代军事系统内不可或缺的一环，而且这一级别的现存实例很少。因此，羊角水堡城成为明代这一类型的典型代表。同时，它还体现了这一地区军事制度由卫所制向营兵制转化、由以国家主导演变为以地方为主和依靠社会力量的过程，所以它还是明清两代内地军事系统沿革演变的有力史实见证。

赣南于明中期盛行建城堡，自羊角水堡这类官建城堡式村落建成后，各地纷纷效仿。著名的有同为建于明嘉靖二十三年（1544）的黄乡司城

（后与灭叶楷建寻乌县有关）、建于明嘉靖四十四年的大余新田司城、建于明嘉靖四十五年的下历司城（与灭赖清规有关，民国15年定南县迁此）和高砂土城（明隆庆三年成为定南县治所）等，以上除高砂土城因升为县治而保存至今外，余皆损

图 2-3-25　大余池江杨梅城村围（龙年海摄）

毁，只存地名。同时，还有纯乡民自建的类似城堡，著名的如建于明正德十一年的大余峰山城、建于明正德年间的南康谭邦城（现尚存）、建于明嘉靖三十五年的小溪城、建于明嘉靖四十三年大余围里城（现尚存）、建于明嘉靖四十四年的大余杨梅城（现尚存）和凤凰城等。以上无论是官建、民建城堡，还是保存下来的城堡，没有一座比之早、比之完整。因此，羊角水堡还是一处选址别具匠心、规制完备、建筑集中，保持着较好整体意象和独特山村景观的寨堡式军事防御古村落。

羊角水堡村，还是赣南集中连片单体国保单位数量最多的一个村落。

第三章　民居、祠堂、水阁楼

民居，是人类最基本的建筑类型；祠堂，是民居的圣殿；水阁楼，是居民的希望和保护神。此三者，皆为百姓自己出资并按照自己意念而建的民间建筑，相对于官式建筑而言，具有数量众多、地方色彩鲜明、形式活泼多样等特点。

一　民居

我国是一个历史悠久、民族众多和幅员辽阔的国家，在几千年的历史文化进程中积累了丰富多彩的民居建筑的经验，人们为了获得比较理想的栖息环境，以丰富的心理效应和超凡的审美意境，结合当地自然、气候和人文、社会，因地制宜，用最简便的手法创造了各地宜人的居住环境，赣南民居便是形成我国众多民居类型的其中之一。

现存赣南客家民居大致可分为两种类型，即"厅屋组合式"民居（也有的学者①将之统称为江西"天井"式民居）和"围堡防御式"民居。其分布形势："组合式"呈由东北向西南发展逐渐减弱的状况；"防御式"则呈由西南向东北发展逐渐减弱的态势。其建造年代，据现有资料最早的可达明代晚期。

（一）"厅屋组合式" 民居

赣南客家人一般称堂为"厅"或"厅厦"，堂专指祠堂；称一栋房子为"屋"，一间房子为"房"，厅，是房屋的中心；称位于轴线上、门向正朝的房屋为"正屋"；称位于轴线两边、门向侧朝的房屋为"横屋"。客家民居从最普通的"四扇三间"到"九厅十八井"的客家大屋，都是

---

① 详见黄浩《江西天井式民居》，江西城乡建设环境保护厅，1990 年；黄浩《江西民居》，中国建筑工业出版社 2008 年版。

由众多的"厅"和"房"或"正屋"和"横屋"组合而成的。因此，笔者撰文称之为"厅屋组合式民居"①。

这种民居在江西的分布，主要集中于赣南地区，其中又以东北部的宁都、兴国、石城、于都等县为盛，也最具代表性。同时，沿湘赣边的罗霄山脉延伸到赣西北相关县域也有分布。如吉安市的遂川、万安、泰和、井冈山、永新等县，萍乡市的莲花县，宜春市的铜鼓县和九江市的修水县等，都有典型客家民居分布，但均非当地主流民居形式。

客家大多是聚族而居的形态，其民居文化的精髓，主要来自古代中原的府第式、庭院式建筑组群。从其最简单的一明两暗三间过，发展到两厅两横、三厅两横，直至九进十八厅那样的大房子，均体现出主次分明，均衡布局的特征，无论房屋发展到多大规模，始终是以正厅为中轴，以祖堂为核心，向前逐步延伸，向左右对称发展，正屋、正厅的体量规模、装饰档次，各横屋和次厅均不能逾越。因此，客家民居具有传承性和随机组合扩展性的特点。

1. 普通民居

普通民居，主要指占地在 700 平方米以下的民居。它包括：四扇三间、六扇五间、一进两厅式和一进两厅两横式。此外，在城镇、山区由于受地形或经济的影响，还存在一些前店后寝式和板壁式的普通民居。前者也可称作"前店后库"，即临街设店面，店后住家并兼作货物仓库，此类民居大多为砖木结构或板壁木结构。如赣州市原建国路、阳明路、中山路等很多门前做成鱼鳞片板墙、骑楼式廊道；后者为纯木结构民居，多在山区，有的依山而建做成吊脚楼形式。典型如石城岩岭村的木头房民居，还有全木结构的宗祠，露于室外的木板房粮仓等。

（1）四扇三间

四扇三间，又称"四扇三植""三间过"。即一明两暗的三间房，明间为厅，次间为室，厨房、厕所、家畜栏舍等一般依傍搭建披屋或另建简舍。这种房屋是赣南地区乃至大部分客家地区最常见和最简单的民居，它的历史至少可溯源到汉代，《汉书·晁错传》"家有一堂两内"，张晏注

---

① 详见万幼楠《赣南客家民居素描——兼谈闽粤赣边客家民居的源流关系及其成因》，《南方文物》1995 年第 1 期；《中国传统民居与文化》第四集，中国建筑工业出版社 1996 年版；又，万幼楠《欲说九井十八厅》，《福建工程学院学报》2004 年第 1 期；及《赣南传统建筑与文化》，江西人民出版社 2013 年版。

图 3-1-1 于都里仁"四扇三间"土坯房

图 3-1-2 兴国官田"六扇五间土坯房"

"二内，二房也"，反映出赣南民居的文化传承关系。

"四扇三间"同时也可做成"六扇五间"，即两边各增加一间房，因此又叫"五间过"，同为赣南客家民居中最基本的民居形式。这两种简单的民居形式，是形成后文将说到的"九井十八厅""百间大屋"，乃至像赣南围屋、闽西土楼、粤东围拢屋这样的大型客家民居建筑中最基本的组合单元。换句话说，客家民居中再大的房屋，都是从"四扇三间"和"六扇五间"这两种基本样式演化而来的。

（2）两厅两横

两厅两横，是在"四扇三间"或"六扇五间"的基础上，再增加一栋类似的正屋，形成前后两栋形式，之间隔一横向天井，并通过腋廊（或称廊庑、花厅）将前后两栋组合在一起。民间称此为"上三下三"或"上五下五"式样。两排房因是平行而建，因此，明间便成了上厅和下厅，上下厅也合称"正厅"。下厅次间为厢房，上厅次间为正房。按习俗，房屋规格：上厅宽度为 1.08 丈（须加宽时便加 9 寸的倍数），长度为 1.45 丈或 1.8 丈和 2.4 丈。下厅宽度须比上厅宽度少 9 寸。次间宽度多为 9 尺或 1.08 丈。又，上排房一般要比下排房高出 5 寸左右。这样便构成了一幢封闭式的由两个单元组合成的"正屋"，通称"一进两厅式"。

在此基础上，房屋需要扩大或本来规模就大的，便在正屋两侧扩建"横屋"，横屋的进深与正屋等齐或前部凸出两间，平面成倒"凹"字形。

正屋与横屋间留一走衢，称"巷"或"私厅""塞口"，走衢前后对开小门，巷中相应留竖向天井，以采光、排水。横屋各房间门均朝巷道开。正屋从腋廊处开门通往巷。这样便以正屋的正厅为中轴线，加上两侧的巷和横屋，构成了一幢通称为"两厅两横"或"一进两厅两横"式房屋。

典型案例介绍：

（1）兴国县兴莲乡官田村陈有斌宅。建于1920年，坐东朝西，砖木结构，两层，悬山顶，通高6.4米。总平面形状呈"凹"字形，通面阔28.28米，通进深22.81平方米，建筑占地645平方米，为"两厅两横"式布局。正屋由前厅、后厅、天井及左右厢房组成；两侧各为一排对称的横

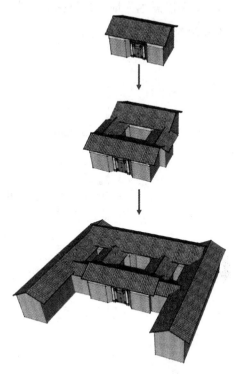

图3-1-3　两堂两横式民居立体演变

屋，面朝堂屋，相对分布，面阔六间。左右横屋的第一间与第二间之间有一过道，横屋与正屋之间分设前后两过厅和天井。墙体皆承重，有青砖墙、土坯墙、卵石墙三种，其中外墙面为清水墙。地面做法：前廊为青砖墁地，其余为三合土地面，天井及台明正面阶沿为花岗岩条石墁砌，东、南、北面阶沿以及前院地面为卵石装砌。室内木作皆作红黑相间桐油漆，上架以棕红色为地，黑漆括边装

图3-1-4　兴国官田"一进两堂两横"式民居

饰，下架以黑色为地，红漆括边装饰。整座民居依山而建，前有门坪，后有风水林。

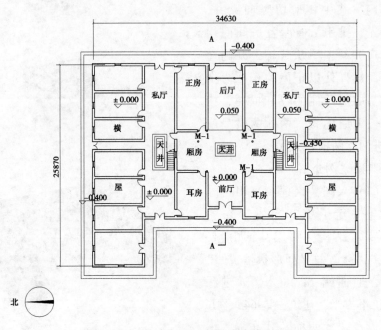

图 3-1-5-1 瑞金云石山邱氏民居平面图

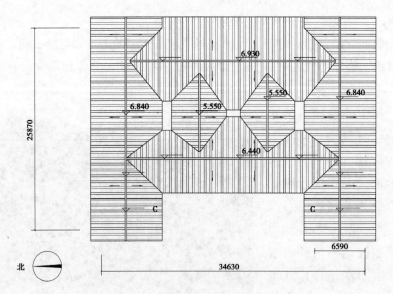

图 3-1-5-2 瑞金云石山邱氏民居屋面图

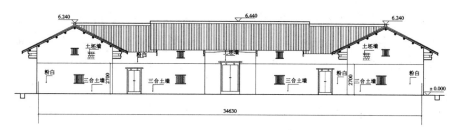

图 3-1-5-3 瑞金云石山邱氏民居正立面

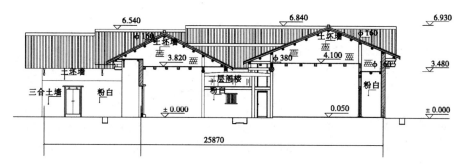

图 3-1-5-4 瑞金云石山邱氏民居 A-A 剖面图

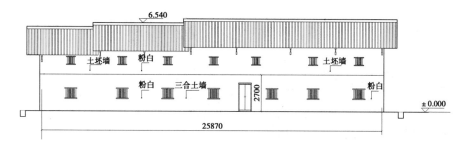

图 3-1-5-5 瑞金云石山邱氏民居侧立面图

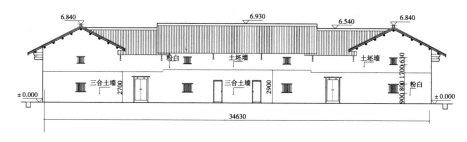

图 3-1-5-6 瑞金云石山邱氏民居背立面图

（2）瑞金云石乡田心村梁氏侣玉公祠。属梁姓居祀祠性质的民居，即建筑当心间上下厅堂为公共祖堂，两边房屋为梁姓裔孙居住。建于清末民初，坐东北朝西南，土木结构，悬山顶，平面为"一进两厅两横"式呈"凹"字形布局，通面阔七间34.63米，通进深25.87米，建筑占地764.18平方米，块石墙基、低层三合土墙、二层土坯砖墙，墙体皆承重，梁架搁栅墙上。厅堂三合土墁地，余为素土地面。使用攒边式板门和直棂窗，装饰很简单，也不见使用油漆。整个民居依山坡而建，门前为三合土晒坪，坪前是一口半月形水塘，屋后缓坡利用为后龙山和风水林。

图3-1-6　瑞金云石山邱氏
"一进两堂两横"民居

图3-1-7　石城秋溪民居

图3-1-8　寻乌澄江周田村民居
（黄洋摄）

2. 大屋民居

大屋，是沿用村民对当地大户人家民居的称呼。比较而言，赣南客家多称"九厅十八井"或"九井十八厅"；赣西北客家多称"某某大屋"。若以数字来区分，大致组群房屋占地面积700平方米以上的，便可称作大屋民居。

客家大屋民居是一种建筑组群，主要由房室、厅堂、廊庑、天井、院坪、门屋、横屋、围拢屋、厨房、水塘等建筑单体组成。大屋民居平面布局，大多因地制宜，有矩形、马蹄形、不规则形以及"凹"字形、"川"字形、"丰"字形等。主要可分"九厅十八井"式和"围拢屋"式。前者流行整个客家聚居地区，后者主要流行于广东梅州地区。

（1）九厅十八井

九厅十八井，意为有九个厅堂十八个天井。也有的称"九井十八厅""百间大屋"。在闽西、粤东北地区这种客家大屋，除有上称外，还有"十厅九井""九井十三厅"等称谓，是客家人津津乐道并引为荣尚的一种大屋民居。

图 3-1-9　于都宽田管氏民居

"九厅十八井"或"九井十八厅"，都是在"两厅两横"或"两厅四横"这种中级单元组合民居的基础上，在正屋之前隔以天井、腋廊，再建一栋三间或五间式正屋，使原来的前栋和前厅变为中栋和中厅，新建的这栋称为前栋和前厅，同时再将两侧的

图 3-1-10　石城木兰陈联村围合式民居

巷和横屋向前推齐。这样由三栋正屋和两排横屋组成的房屋，便称"三厅两横"式或"两进三厅两横"式，也可在横屋外侧对称继续增加类似的巷和横屋，这可相应称为"三厅四横、六横"……多者如于都禾丰大坵村尚存曾氏"一进两厅八横"的实例，于是便形成了"九厅十八井"或"九井十八厅"这样的大屋民居。

九厅十八井、九井十八厅这样的大房子，是客家民居中最具代表性的形式之一，说法不一，但都从进深和面阔方面反映了其规模，是客家人建房追求的一种较高境界。一般两厅两横式以上的民居，屋前往往有因取土做砖而形成的水塘和禾坪，这水塘、禾坪既是居民洗涤、凉晒物件的场

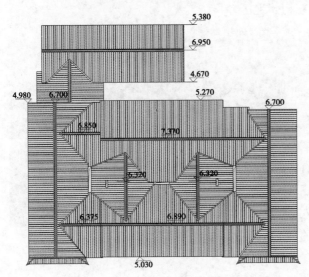

图 3-1-11-1　于都小溪左坑村钟宅俯视图

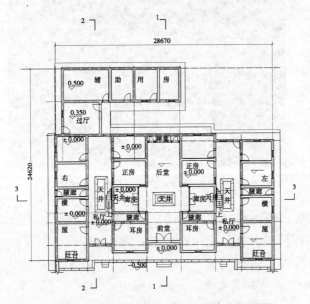

图 3-1-11-2　于都小溪左坑村钟宅平面图

所，又自然成了其继续朝前发展的势力范围。大致以两厅、三厅两横式房屋为基本单位组合，向前和向左右不断扩建，可直至数十百间大屋，因此，民间又多有"百间大屋"之称，如宁都东龙李氏的百间大屋。

从大量的调研报告或测绘数据来看，无论是称作"九井十八厅"的大屋，还是叫作"九厅十八井"的大屋，并没有完全拘泥其准确的"井"和"厅"的数字，大多是概言其大的意思。如关西新围中的那组核心建筑也称"九井十八厅"，但实际上是"十四井十八厅"，于都桥头乡朱屋村的谢氏"九井十八厅"，实际上是 15个天井 12 个厅堂，又如福建上杭县的宝善楼，有"九厅十八井，穿心走马楼"之说，而实际上是 12 个厅、9 个天井。当然，也有少量是恰如其数者，如南康县凤岗村的董氏祖屋，是一座名副其实的九井十八厅房屋。

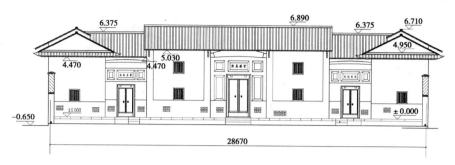

图 3-1-11-3　于都小溪左坑村钟宅正立面图

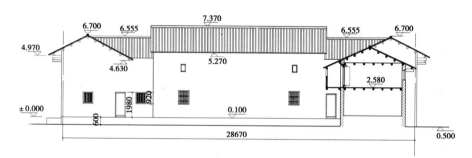

图 3-1-11-4　于都小溪左坑村钟宅背立面图

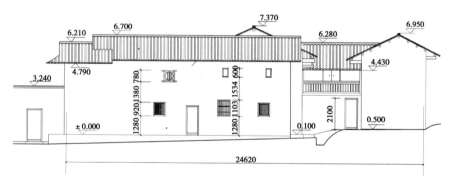

图 3-1-11-5　于都小溪左坑村钟宅左侧立面图

典型案例介绍:

于都县桥头乡朱屋村谢伟姿祠。当地俗称谢氏"九井十八厅"。是栋砖木及土木混合结构、硬山和悬山顶结合的"三厅三横式"客家大屋。建于清乾隆乙巳年（1785），坐北向南。主要构成单体为坪前泮池、内外院、门楼、左右抄手门廊、牌楼、中三堂，两条左横屋和一条右横屋等建筑。通面阔 51.92 米，通进深 40.61 米。总占地面积约 4606.3 平方米，其中建筑占地面积为 2125.05 平方米。三堂部分前厅、中厅明间采用抬梁

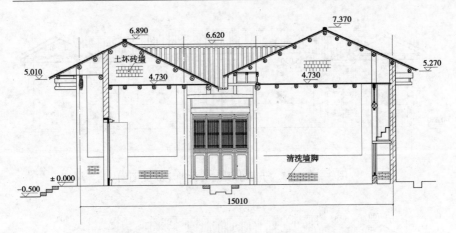

图 3-1-11-6　于都小溪左坑村钟宅 1-1 剖面图

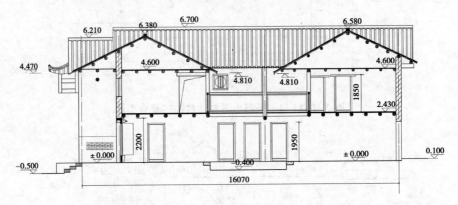

图 3-1-11-7　于都小溪左坑村钟宅 2-2 剖面图

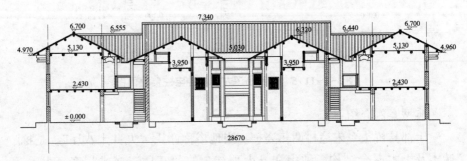

图 3-1-11-8　于都小溪左坑村钟宅 3-3 剖面图

与穿斗混合结构，横屋廊巷部分采用穿斗式构架，其余均为墙体承重，楼
楞及桁条直接搁置在墙体上。墙体大多是墙裙以下为三合土上部为土坯砖
墙，墙脚为自然块卵石墙，中轴线的祖祠厅堂墙体侧为青砖墙和三合土夯

图 3-1-12　会昌洞头村一进两堂四横民居

图 3-1-13　于都禾丰大坵"一进两堂八横"式民居

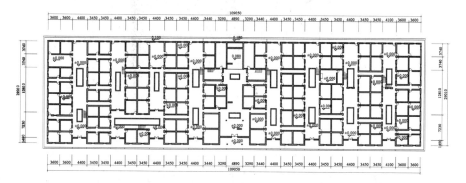

图 3-1-14　禾丰大坵民居平面图

图 3-1-15　禾丰大圫民居正立面图

图 3-1-16　禾丰大圫民居剖面图

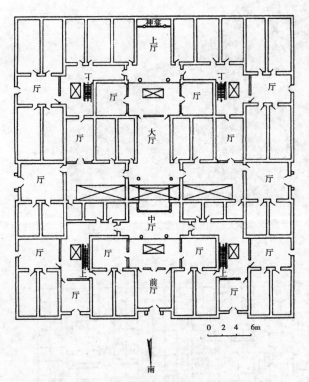

图 3-1-17　南康凤岗董氏九井十八厅民居

筑墙。青砖墙为清水做法，土坯砖墙为黄泥稻草打底，白石灰粉面。三堂地面均为青砖地面，其他地面均为素土地面。

（2）围拢屋

围拢屋，有的也写成"围垅屋""围龙屋"，是因房屋的后面有一圈或几圈初月形围屋半环抱，故名。主要流行于广东梅州、兴宁等地，是粤东客家聚居地区常见的一种大屋民居。寻乌县因紧邻梅州、兴宁，历史上受梅州文化辐射较大，因此，在赣南，围拢屋主要流行于寻乌县，其他县较为少见。

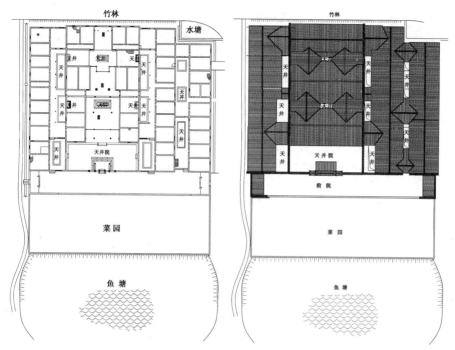

图 3-1-18-1　于都桥头乡朱屋村谢氏　　　　图 3-1-18-2　于都桥头乡朱屋村谢氏
"两进三厅三横"民居平面图　　　　　　　"两进三厅三横"民居屋顶平面图

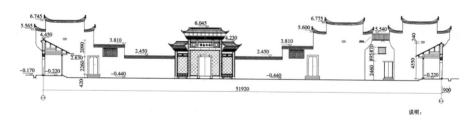

图 3-1-18-3　于都桥头乡朱屋村谢氏"两进三厅三横"民居正立面图

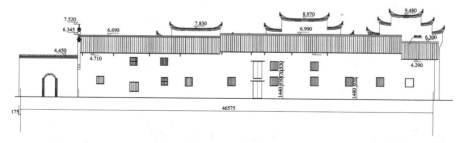

图 3-1-18-4　于都桥头乡朱屋村谢氏"两进三厅三横"民居侧立面图

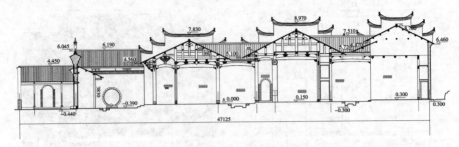

图 3-1-18-5　于都桥头乡朱屋村谢氏"两进三厅三横"民居剖面图

　　平面特征：围拢屋一般顺山坡而建，前低后高。较完整的围拢屋，其建筑总平面占地如同现代田径场，后面是依山而植的风水林，前面是一片田园。主要建筑（自前往后）由半月形围墙、水塘、照壁、禾坪、厅屋、化胎、围拢屋等构成。其中，厅屋一般由"两厅两横式"或"三厅两横式"客家大屋组合而成。厅屋前的禾坪，也叫晒坪，为长方形，是住户的主要室外活动空间。禾坪两侧一般会用围墙围起并设门屋进出，从而使整个围拢屋形成一个全闭合的内部空间。化胎，又称"花头"，位于厅屋的正屋之后，是一处高而隆起的院坪，表面多铺卵块石，以利于排水，此处也作为晾晒物品和室外活动空间。化胎的意思是客家人根据风水家言：为孕育万物承受天地之气的地方。外周半环形的围拢屋，多作杂间使用，围拢屋顶端正中那间房子叫作"龙厅"，比其他围屋间稍大些。围拢屋视前部横屋的多少，有一围、两围乃至三围之分，一般在初建时多为一围，与其相对应的是"两厅两横"，后随着财力和人口的增大，厅屋向两边拓展为"四横""六横"时，后面的围拢屋也就相应变为两围、三围。

图 3-1-19　会昌筠门岭芙蓉寨围拢屋远景

　　典型案例介绍：

　　（1）会昌县筠门岭圩镇朱氏围拢屋。小地名叫"芙蓉寨"，距会昌县城 45 公里，有 206 国道和高速及省道

可通达。筠门岭是明
清时期赣闽粤三省的
一个重要边贸集镇，
也是历史上江西通往
粤东潮汕、梅州以及
闽西的主要通道。

围拢屋依山势缓
坡而建，坐北朝南，
悬山顶，粉墙黛瓦，
高一至两层不等。砖
和土木混合结构，大

图3-1-20 芙蓉寨围拢屋化胎与横屋节点

致位于中轴线上的厅堂以砖木结构为主，核心正栋屋的次间、稍间以及周
边两条围拢屋为土木结构。平面布局为"一进两厅两围拢、前排倒座一
门楼"形式，共有216间房屋，占地约2500平方米。围内过道和台阶皆
用河卵石或条石砌成，建筑工艺装饰一般。整个建筑群若"太师圈椅"
状，气势恢宏，采光、通风、防御、防涝俱佳。

其建筑年代，有的依据族谱资料朱氏迁入时间，遂臆测为明宣德年
间。但据筠门岭鸭公寨《紫阳朱氏族谱》载，朱氏于明代宣德年间
（1426—1435），从武平何坑迁入筠门岭芙蓉寨开基，并未提及此时建围
拢屋之事。从建筑形制情况看，应为清代中期所建，民国期间有过维修。
中央苏区时期，粤赣军区第三分区曾经驻扎在围拢屋内，当时邓小平担任
中共会寻安中心县委书记兼三分区政委。朱氏围拢屋集民居、祠堂、防御
于一体，是赣闽粤边区客家民居中的典型代表形式之一。其选址和建筑形
式，具有强调防御功能的特点，某种程度上反映了这一地区当时动荡的社
会背景情况。

（2）寻乌县晨光镇金星村角背围拢屋。距县城约22.5公里，现有
776乡道与484县道相连，直通寻乌县城，交通较为便利。据族谱资料显
示，角背围拢屋始建于清顺治年间（1644—1661），后经历过一些重建重
修，现状除了部分近现代的材料增建和维修的局部房屋外，余房屋均为清
代建筑。

围拢屋坐西朝东，坡屋顶，以砖木结构为主，高两层。建筑平面布局
为"两进三厅两厢两杠、三围拢一门楼"形式，建筑总占地面积约4170

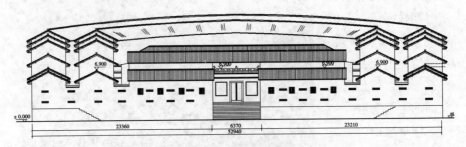

图 3-1-21-1　会昌门岭芙蓉寨围拢屋立面图

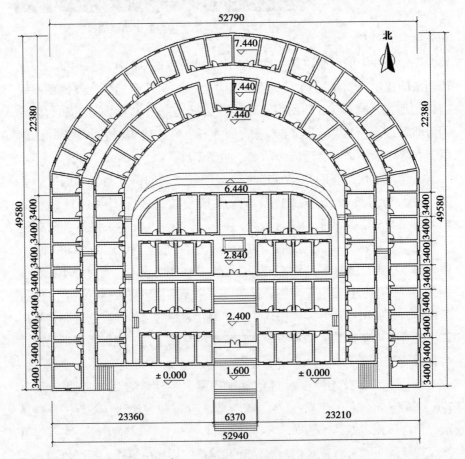

图 3-1-21-2　会昌门岭芙蓉寨围拢屋平面图

平方米。居中正栋屋，由前、中、后三栋构成，面阔皆三间。前栋明间入口为门厅；中栋明间为主厅，是族民婚丧喜庆的集会地；后栋明间为祖厅

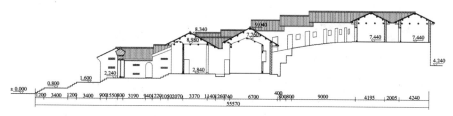

图3-1-21-3 会昌门岭芙蓉寨围拢屋剖面图

（享堂），设有供祖宗牌位的神龛。前、中、后三栋正屋之间各有一个天井，正栋屋的两侧和后面，由三条围拢屋（约当于大屋民居的"横屋"）呈弓背形环抱，各条围拢屋之间，均设有一条宽为0.9米的通廊。这部分平面布局，隐含赣南"三堂六横式"民居的建筑特点和文化特色，如果除掉后面的弓形围屋，其实就是一处"三堂六横式"客家大屋民居。屋前为门坪，门坪两侧为门屋进入口，门坪前面是两口具有象征意义的水塘，一口呈"月牙"形，一口呈"红日"形，皆用块石垒砌驳岸。

图3-1-22 寻乌角背围拢屋近景

图3-1-23 寻乌角背围拢屋远景

角背围拢屋是赣南最具代表性的围拢屋民居之一，也是现保存最大、工艺最好的一座围拢屋。2012年8月，公布为县级文物保护单位，现为待批省级文物保护单位。

（二）"围堡防御式"民居

受自然地理和经济社会的影响，我国防御性民居较为多见。如东北有炮台民居，西北有寨堡民居，川康有碉房民居，华南有碉楼民居等。客家地区则有闽西南的土楼民居、闽中的土堡民居、粤东北的四点金等。而江西客家的防御性民居基本上见于赣南，主要有围屋民居、炮台民居和城堡式民居（城堡式民居，已在古村落一节中介绍了）。

1. 围屋①

"围屋"是种有坚固防御的设防性民居，但从其平面的基本元素来看，仍未跳出"厅屋组合式"民居的范畴。它的主要特点是：聚族而居，四面围合封闭，外墙中设有炮楼、枪眼等防御设施，围内设有水井、粮柴库、水池等防围困设施和设备。围屋民居，因其外墙既是每间房屋的外墙，又充当整座围屋的围墙，又因部分围屋的大门门额上题有诸如西昌围、庆衍围、龙光围等铭文，故名，但当地人统称为"围""围子"或"水围"。最常见的称谓主要有某某"老围""新围""田心围"和"水围"四种。

图 3-1-24-1　龙南汶龙乡
　　　　　　耀三围炮楼

图 3-1-24-2　龙南桃江龙光围炮楼

---

① 相关论述详见万幼楠《赣南围屋研究》，黑龙江人民出版社 2006 年版，第 12 页。

图 3-1-24-3　龙南杨村乌石围叠堡

图 3-1-24-4　龙南汶龙耀三围悬堡

图 3-1-24-5　全南龙源坝墩子
头土围悬堡

图 3-1-24-6　龙南关西新围炮角

图 3-1-24-7　全南县龙源坝围悬堡

图 3-1-24-8　全南雅溪石围火角

　　围屋的类型从平面形式分，主要有"国"字形围和"口"字形围两种。此外，也有少量圆形、半圆形的，即福建土楼形式和广东围拢屋形式以及不规则形的围屋形式。

　　围屋民居主要分布在龙南、定南、全南（习称"三南"）以及寻乌、安远、信丰的南部，大致恰好分布在江西南端嵌入粤东北的那部分版图。

另在石城、瑞金、于都等县也有零星围屋发现。此外，类似的赣式围屋，在粤东北地区的和平、连平、始兴、南雄、龙川、五华等县和粤南地区的深圳、九龙等市县也有流行，也散见于广西陆川、贵港、博白县等客家聚居地区。

从社会学田野调查情况看，分布有这种设防性民居的地方，均是明清时期社会动荡、移民繁盛之地。除龙南外，一般围屋多见于上述地区的省界、县界和村界的村落中。而且建筑年代较集中于清代中晚期，尤其是清咸丰年间。根据 2011 年第三次全国文物普查资料统计，赣南现存有形（除了遗址）的围屋 372 座。其中又以龙南围屋最具代表性，也最为集中，现尚存 219 座。

（1）"国"字形围

"国"字形围，是赣南围屋的主流形式，也是赣南诸多围屋形式中数量最多、流行最广的一种围屋类型。"国"字形围是相对于"口"字形围而言，表示方形围屋中还有一幢主体民宅，以区别方形围屋中没有民宅的"口"字形围。

平面特征：占地一般都在 1000 平方米以上，普遍较"口"字形围大。四面围合并有坚厚的外墙，外墙上附设有枪眼、望孔、炮楼等防御设施。围内核心必有一幢带祖祠的民居，祖堂、大厅、前厅等主要公共建筑必位于围屋的中轴线上。四周围屋与内核民居之间的空间，以"街"或"巷""坪"名之。此外，围内必有水井，有的还在围门内侧设有"社公"神龛。还有部分较大的

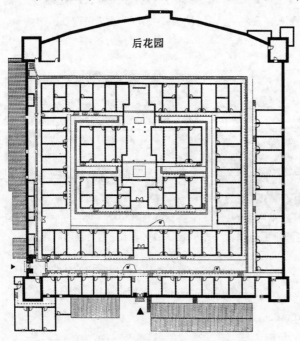

图 3-1-25　全南乌桕坝乡墩叙围平面图

"国"字围，在围外再建一重围屋，如同"口"字形围扩展而来的"回"字形围情形，如安远县镇岗的盘安围和全南县乌柏坝的江东围和墩叙围等。这种围还有一个变异特例，就是在"国"字围外再建一重圆形的围屋，平面如同一外圆内方的古钱币，故俗称为"铜钱围"，如安远三百山镇恒豫围。

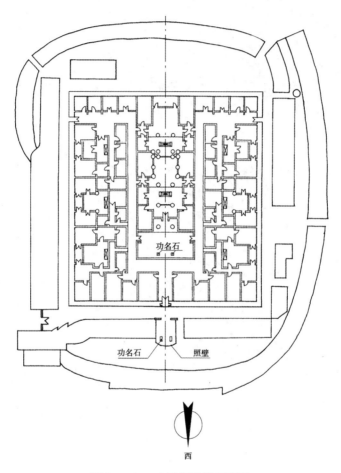

图 3-1-26　安远恒豫围平面图

　　立面特征：层高一般为两三层，为警戒或打击进入围屋墙根和瓦面上的敌人，四角一般还建有高出一层并朝外凸出 1 米左右的炮楼，有的炮楼为了彻底消灭死角还在角堡上再悬挑一抹角单体碉堡。围屋外立面首层不设窗，顶层设有枪眼或内大外小的炮口、望孔。屋顶形式基本上都是外硬山、内悬山，只有定南县少数生土墙围屋为大悬山形式。围内的那幢客家

图 3-1-27　定南历市明远第围

图 3-1-28　定南县历市虎形围

民居（或客家大屋）一般都是高两层，悬山顶，轴线上或公共建筑一般为单层或上部做成阁楼形式，其他皆同当地客家大屋民居样式。

构造特征：基本上都是砖石和土木混合结构，其四周加厚加实的围屋防御外墙体，同时又是每一间围屋的外墙，这种外墙主要是起防御和封闭的作用，并不承载屋架的重量，屋架和梁架的重量皆由普通隔断墙承载，这点正好与福建土楼做法相反。围屋建筑材料都是就地取材，以土、杉木、石灰、块石、卵石和青砖为大宗，其中，定南县围屋外墙多为生土夯筑而成，做法类闽西土楼；全南县的则多以自然块、卵石为主，而龙南和安远县的围屋则兼而有之。但为节省优质建材计，又都是采用"金包银"。

典型案例介绍：

①龙南县关西镇关西村新围。距镇上约 1 公里，与关西老围遥相对望。该围建于清嘉庆年间（1796—1821），是赣南典型围屋中的精品，无论建筑规模还是细部构造，都卓然超群，现为全国重点文物保护单位。长 94.75 米，宽 83.36 米，围屋高两层约 7 米，四角炮楼又高出一层。外部檐口皆用砖叠涩封檐，墙体的下部用三合土（即石灰、沙石、黄泥）版

筑，为了提高其硬结度，相传土中还掺入了漏水糖、糯米汁，因此至今坚固如初，高5米，厚0.9米。上部墙体是用28厘米长的水磨砖砌成，厚35厘米。相传新围创建人徐老四当时要求工人日磨青砖六口，其中一人磨了十口，徐老四认为他性急图快做不好事，便解雇了他。

新围设东西两门，东门进轿，西门入马。平面为典型的"国"字形围。面积近万平方米，南北有一条主轴线和两条次轴线，概称为"三栋四围五栋九井十八厅"。三进三列并排，主轴线上是祠堂，水磨方砖铺地，梁架为露明造，镂刻雀替，雕刻柱

图3-1-29-1 龙南关西新围

础，门窗所用棂格变化颇多，有水纹，一码三箭，以及拐纹棂和雕花棂的不同组合形。其他次轴线上的两层楼房屋亦为青砖铺地，装修也较四周围屋房间高级。祠堂前是块大门坪，青砖铺道，正对祠堂门是一堵大影壁，并向两边延伸成隔断墙，墙后是戏台、花园，马厩，轿夫房。祠堂门前有一对俊秀的石狮，门坪两端门楼是通往围屋房和围门的出入口。四周围屋顶层，设有隐通廊，外墙设有枪眼，四角炮楼上还设有斗状炮孔。

此外，在西门外另辟有2000余平方米的园林式花园，名曰"小花洲"。内有梅花书院、楼台亭阁，并挖出980平方米的湖泊，湖中设岛，用两座小桥连接，岛上有假山、石塔等供人游乐、休闲和读书。

图3-1-29-2 龙南关西新围俯瞰（刘敏、黄洋摄）

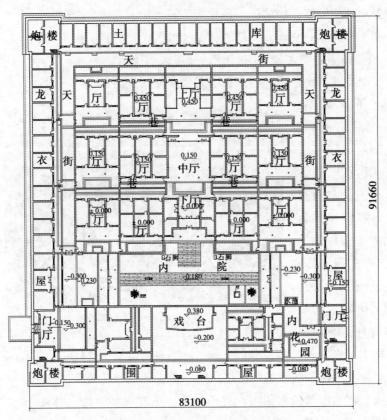

图 3-1-29-3　龙南关西新围平面

图 3-1-29-4　龙南关西新围瓦面上的三角毒钉

相传是徐老四专为其苏州爱妾张氏所建，现园内建筑物基本上已毁。

②安远县镇岗乡老围村东生围。俗称"老围"。大概始建于清道光年间，建成于咸丰年间（1851—1862），它与其家族派生的磐安围、尊三围以及附近的蔚廷围、德星围互为犄角，共同构成

了一个具有割据性质的围屋民居村落，是赣南"国"字形围中占地最大、住人最多的围屋之一，现为全国重点文物保护单位。

东生围主要由两大围合建筑组成，一是围屋主体建筑部分，即四周围屋、四角有炮楼围合起来的那部分建筑，占地 6891.2 平方米。它大致又由三部分组成：一是四面高三层的四排围屋建筑；二是高两层的核心建筑，即以厅堂为中轴线的"两进三厅四横"建筑；三是在核心建筑与后排围屋之间的两排两层高的正房建筑。这三部分建筑空间，总共恰有 200 间房子（民间称 199 间半），它是围屋居民的居住区和主要生活区。另一部分是围屋的附属建筑，即主体建筑前面成弧线围合起来的那部分建筑，主要是门楼、杂间、牛栏、猪圈、厕所、门坪和池塘。占地约 3872 平方米。两大部分加起来，总占地面积约 10763.2 平方米。

围屋创建人为陈朗廷，生于乾隆甲辰（1784）六月殁于同治壬申（1872）五月。陈朗廷为庆昌长子，有两个弟弟，六个儿子。其中三弟陈蔚廷，在东生围的东北面，建有一座生土围，俗称"蔚廷围"，他的六个儿子中，除次子早夭外，三子先彩和六子先任，又分别在东生围的西南和西北面建磐安围和尊三围。这样留居东生围的便有：长子、四子和五子的后裔。后尊三围在 1933 年的国共争战中被击毁，其幸免于难者也移居东生围内。

③龙南县汶龙乡石莲村耀三围。据本村《王氏族谱》载，围屋的创建人系王大禄的三个儿子：王成耀、王顶耀、王昌耀共建，故名"耀三围"。三兄弟因挖钨砂积攒了钱于民国丁巳年（1917）兴建围屋，前后十年建成。该围从平面上看，既非严格意义上"国"字形围，也不是完整意义上的"冂"字形围，构制显得更为

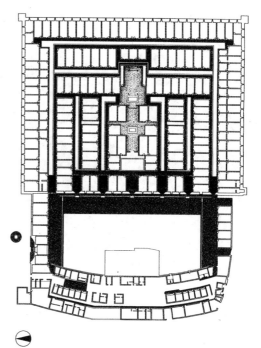

图 3-1-30-1 安远县东生围平面图

图 3-1-30-2　安远镇岗东生围后排围屋

图 3-1-30-3　安远镇岗东生围鸟瞰

安全、实用，特别是炮楼的设计。

　　赣南的围屋经过了一个广泛吸取、兼容并蓄的自由创发阶段，而后逐渐转向方形、四角建炮楼这个基本平面设计上来，最后是循着防卫这个重点极端发展。自咸丰年间至民国初年，便是围屋以防御为重点发展的极端期。这时期由于清政府内外交困，各种矛盾更加尖锐，赣南这时间兴建的围屋约占总量的 60% 以上，而且防卫构筑设施，向更加易守难攻和完善化发展，其外观给人的感觉更为冷峻、森严。如龙南里仁的沙坝围，枪眼下移，密度加大，炮楼增高，墙体更坚固。而建于民国 2 年的安远孔田华三围，则在四角炮楼之间，再增设炮楼，以加强炮楼的密度。耀三围为了彻底消灭死角，便在炮楼上再抹角悬挑设一朝下攻击的小碉堡。耀三围是赣南有可靠纪年围屋中，最晚兴建的"国"字形围之一，此后赣南客家人基本上废弃了"围屋"这种民居形式。

　　（2）"口"字形围

　　"口"字形围，是现存赣南围屋诸多类型中，数量仅次于"国"字形围的一种围屋。"口"字形围是相对"国"字形围而言，表示方形围屋中有没有核心建筑，同时，它也是赣南围屋两种主要类型之一。

　　"口"字形围是种小家庭式防御类型，主要分布在龙南、定南、全南三县，粤赣其他地方也有零星发现。"口"字形围，主要流行于清晚期。客家人随着向山区开发的深入和匪患情况没有根本性好转的社会局面，为了生产生活方便以及构筑和防卫防守方便的需要，大型围屋自然会有些向小型化发展。从一些调查研究数据来看，围屋建筑年代

图 3-1-31　龙南里仁白围

的轨迹，表现出是由"国"字形围向"口"字形围发展的历史脉络。但也有特例，如龙南杨村燕翼围却是清早期的"口"字形围。

平面特征：方形，如"口"字布局，但一般为长方形，四周外墙厚实坚固并有设防设施，围内必有水井。围心没有民宅，成为一个大天井或内院、晒坪，但现在看到的这类围屋，很多被其后人增建占用，破坏了原平面布置。"口"字形围内虽然没有核心建筑，但也隐含客家规制的"三堂式"中轴布局，即入围门厅（下厅）、围心露天院（中厅）和正对围门的祖厅（上厅）。"口"字形围一般都小于"国"字形围，因此，当其后裔又有较大发展时，便会在"口"字形围外再套建一更大的"口"字围，于是衍生出"回"字形围，如龙南东江镇上左坑的象形围。

立面特征："口"字形围虽普遍小于"国"字形围，但层高又普遍高于"国"字形围，一般为三层至四层，四角炮楼又高出一层。其他特征如同"国"字形围。

图 3-1-32　全南雅溪石围内景（刘敏、黄洋摄）

图 3-1-33　全南雅溪石围鸟瞰（刘敏、黄洋摄）

构造特征："口"字形围除少了围心那部分建筑外，与"国"字形围没有区别。如外墙主要是以砖石材料为主，墙厚都在六七十厘米以上，并且采用俗称的"金包银"做法，即外皮三分之一的墙厚为砖石砌筑，内皮三分之二的墙厚为生土砌筑。

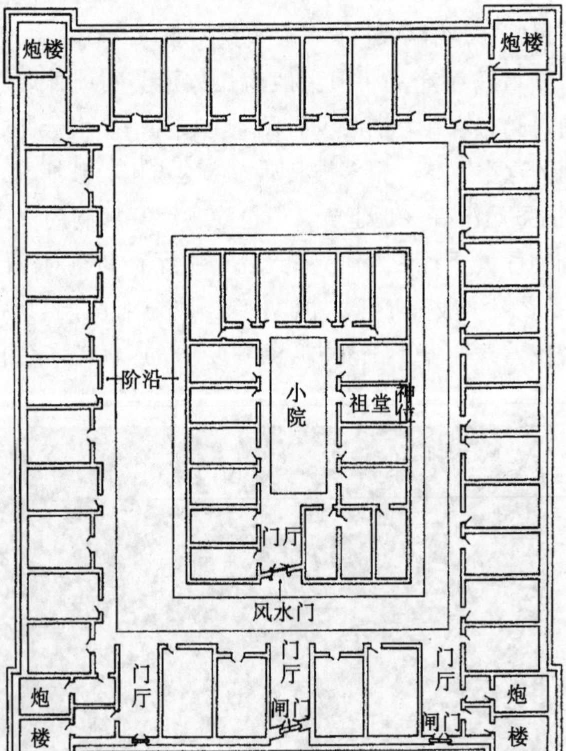

"口"字形围与"国"字形围比较：一是占地面积一般更小。如龙南里仁猫柜围（形容小如养猫之柜），面宽仅五间，占地不足400平方米。二是楼层更高，一般都在三到四层间，而"国"字形围则都在二、三层之间，因此，赣南围屋中，最小和最高的围屋都是"口"字形围。三是防御更为坚固完善。此类围屋因更小、更高又出现得较晚，因此，它有更充足的财力、经验和技术，可以建造出防

（图中标注：炮楼　炮楼　阶沿　小院　祖堂　神位　门厅　风水门　门厅　门厅　闸门　门厅　炮楼　闸门　炮楼）

0　2　6m

图 3-1-34　龙南东江乡三友村上半坑象形围平面图

御功能更坚固、周密和完善的围屋来。四是更适合于山区丘陵地带和普通经济收入家庭建造。受"逢山必有客，无客不住山"这样的山区地形和经济类型的制约，建"口"字形围比建"国"字形围，更有适用性和可流行性。

典型案例介绍：

①龙南县杨村镇老墟上燕翼围。俗称"高水围"。是赣南最雄伟、最坚固的围屋之一，现为全国重点文物保护单位。创建人为赖上拔，始建于清顺治七年（1650），落成于康熙十六年（1677）。总占地面积约1440平方米，高四层约15米。底层外墙厚1.6米，外墙外皮约50厘米用砖石砌筑，内皮墙体则用土坯砖，即"金包银"砌法，外墙约3米以下用巨条石垒成。

燕翼围对角设碉堡，与赣南常见的四角碉堡式样不同。围门朝西北，门头上饰有门罩式样，额匾上阴刻颜体"燕翼围"三字，围名取自《诗经·文王有声》"诒厥孙谋，以燕翼子"，传由道光年间龙南知县周玉衡题书。围门三重：第一重是包铁皮的板门，门顶上留有一个防火攻的漏水眼；第二重是紧急情况下使用的闸门；第三重是平时使用的便门。进门便是门厅，这是全围居民的唯一出入口，也是平常围民工余饭后聚会的公共场所，因此，两边都摆设有巨石块和长筒木以备坐。此习俗赣南围屋几乎都一样，何时造访围屋，门厅都有人，若是生人，他们就会"笑问客从何处来"。为了防止敌人的长困久围，燕翼围在底层和顶层四角，还设计了排污通道和传声筒，且相传在围内的禾坪中，还掘有两口暗井（窖藏），一口藏木炭，一口藏蕨粉，以备紧急情况下启用，可资三月食用。

燕翼围属于"口"字形围屋，围内院落中原有一口水井，后因围内人口日增，用房不足，便将水井填去，做上两排现所见的矮平房。围屋底层是人畜的主要活动区，二、三楼为卧室和贮藏间，内檐设有1米余宽可环行的木构内通廊，将各家各户串在一起。四楼是战备楼层，这一层的外立面檐墙上设有枪眼望孔，并且外墙体至此，只用外皮50厘米厚的砖墙至顶，内皮墙体即"金包银"属于"银"的那部分土坯墙体，至此截成一米宽的"外走马"（同闽南土楼的"隐通廊"做法），遇警时围民们便站在这条与楼层平齐和土墙上防卫应战。因此，四楼是闲置的，以利战时相互救援。

图 3-1-35-1　龙南杨村燕翼围鸟瞰　　　图 3-1-35-2　龙南杨村燕翼围远景

（刘敏、黄洋摄）

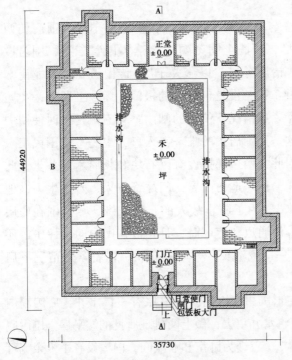

图 3-1-35-3　燕翼围一层平面图

②龙南县沙坝围。位于里仁乡沙坝村。沙坝围占地 400 余平方米，是一座袖珍围屋，建于清光绪年间，距县城约 10 公里，交通便利，是赣南围屋中代表性典型围屋之一。这座围屋在加强防卫上有三个特点：一是整座围屋墙体均用三合土夯筑，赣南围屋中整体用三合土筑墙的并不多见，关西新围也仅用于外部墙体的下段；二是每层都开设枪眼，而一般围屋仅在顶层有此设施；三是在易遭攻击的西面设计有地下防御室，也是围屋中仅见的。此外，受风水术的影响，围门斜开以应对文笔峰。沙坝围原为李氏家族所有，现经整治维修后收为国有，保存状况完好。

③全南县福星围。位于龙源坝乡雅凤村，俗称"土围"，因同村还有一座其后裔用石块做的"石围"。建成于清戊午年（1858），现为省级文

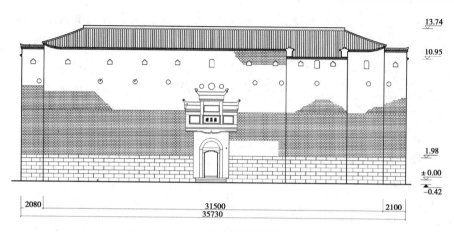

图 3-1-35-4　龙南杨村燕翼围正立面图

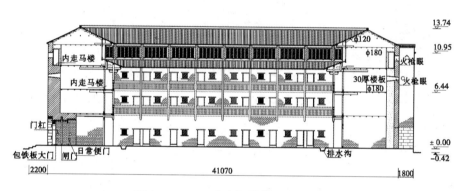

图 3-1-35-5　龙南杨村燕翼围剖面图

物保护单位。福星围坐北朝南，平面呈长方形，面阔 5 间 19.65 米，进深 6 间 28.7 米，占地面积 564 平方米，建筑面积约 1225 平方米。高三层 11.26 米，围屋外墙高 8.9 米，厚 0.5 米，其中 2.2 米以下墙体为自然块石砌成。南北有一条主轴线贯穿，依次为门厅、内院或天井（相当于三堂式建筑的"大厅"）和祖厅，隐含客家民居常见的那种"三堂式"建筑，两边房屋基本对称布局。土木结构，梁架搁栅墙上。其内走马廊的吊柱结构较有特色，上下柱之间没有榫卯关系，完全靠自重顶压和左右的栏杆支撑，故挑梁和吊柱用料都较粗大。顶层四角设有朝外抹角悬挑的炮楼，并设有外小内大成"斗"状观察孔或射击孔。围门有两重：均为厚达 10 厘米的实榻板门，系用三块硬杂木木板做成。门后自墙内设有直径 10 厘米的门杠。此外，在门顶上还设有防火攻的注水孔。室外铺地主要

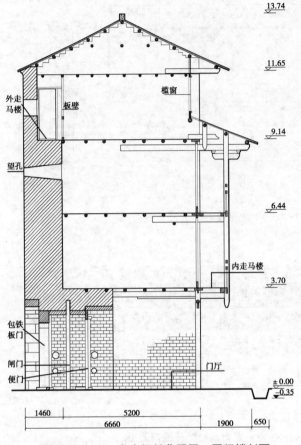

图 3-1-35-6　龙南杨村燕翼围　围门楼剖面

为卵石，室内按主次有青砖和素土之别。

2. 围拢屋式围屋

围拢屋式围屋，是赣南客家围屋中粤式围拢屋与赣式围屋相结合的一种类型，当地人将之与赣南常见的围屋一样统称为"围"或"围子"，为方便讨论考虑，姑称之为"围拢屋式围屋"。

这种围屋的性质同上，也是聚族而居，一般由某位男性祖先规划并建成或由后代持续拓展建成，围内所居成员都是其一人血脉裔孙（嫁入媳妇除外）。主要分布在龙南和寻乌两县，他县偶有散见。围拢屋式围屋在赣南围屋民居中，所占比例可能不到

图 3-1-36-1　里仁沙坝围

图 3-1-36-2　沙坝围内景

十分之一，现存 20 余处。但时间跨度大，从明代中晚期到民国初年均有，赣南围屋中几乎最早和最晚的围屋都有围拢屋式围屋。其中，明代到清初的都在龙南，而且还是赣南现存最早的围屋，清中期以后却绝少见。寻乌的围拢屋式围屋则基本上都是清中晚期以后的。

图 3-1-36-3　沙坝围顶视图

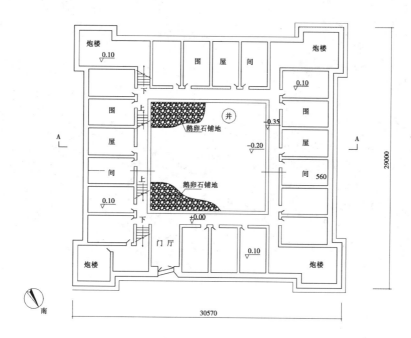

沙坝围平面图1:100

图 3-1-36-4　沙坝围平面图

平面特征：占地面积一般都较大，前低后高，前方直后圆弧，大门前

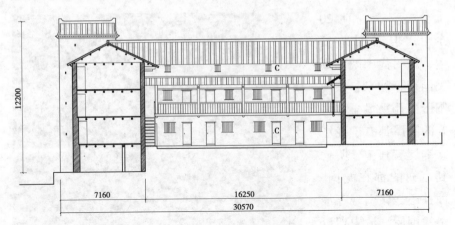

图 3-1-36-5　沙坝围剖面图

图 3-1-37　全南雅西土围内景

　　设有禾坪和半月形水塘。同粤式围拢屋一样，后面圆弧部分做成隆起的"化胎"以示吉祥；同赣式围屋一样，围内必设有水井，以抵御围困。外周至少有一条以上的围拢屋环绕，内核为赣式"祀居合一"的客家大屋，大小不一，主要有"一轴两厅"和"三轴三厅"两种形式。

　　立面特征：层高一般为二层，前角或四隅炮楼高出一层并朝外凸出一米左右，其功能同上述围屋炮楼（火角），外立面首层也不设窗，二层设有铳眼或内大外小的望孔。屋顶形式皆为外立面硬山、内立面或内核建筑皆悬山顶。日常起居主要在低层，二层多为贮藏间和设防用，少量用作寝室。

构造特征：围拢屋式围屋与上述围屋大体一致，基本都是土木和砖（石）木混合结构，梁架搁栅墙上，坡檩上钉扁桷，覆小青瓦。其中，龙南的外墙，主要是以块卵石材料为主，这在当地围屋较为流行，也是赣南围屋建筑的一大特色。天然河卵石不好砌筑，它既圆滑无状又坚硬不化，但在当地工匠面前皆能依顺地壁立起来，当屋倒墙拆，这些卵石材料又被村民收拾起来再次应用，因此，还是一种很环保的建筑材料。内墙除墙裙和主要厅堂多用砖石外，其他墙体多以生土墙为主。

图 3-1-38　寻乌中和新屋下带炮台的围拢式围屋远景

此外，外墙厚度最少都在内墙厚度的倍数以上，而且大多采用外砖石内生土的"金包银"做法。但寻乌的围拢屋式围屋做法接近粤东的围拢屋，唯前直角处建有炮楼而已，墙体很少见使用卵石并外墙特别加厚。此外，青砖砌体使用量较大，围屋主要看面和内核房屋大多使用青砖墙。

与粤式围拢屋比较：粤式大多为高一层，依山而建，砖木结构为主，背后的"化胎"较圆鼓规整，围内一般没有水井，也没有炮楼、枪眼；而赣式层高基本上都是两层，

图 3-1-39　新屋下围拢式围屋中景

图3-1-40　中和新屋下带炮台的围拢式围屋近景

围3-1-41　寻乌晨光古常公围拢屋式围屋

直角或四隅位置炮楼再高出一屋，外墙多设有铳眼望孔，选址同赣南围屋一样利于警戒，多选在田畴中央，因此，平面前方落差没有粤式的那么大，当然通风、采光效果和"化胎"样式也没粤式的好。

当然，寻乌县因更近邻于粤东文化核心，其历史文化向来受其影响辐射，因此，这里流行围拢屋不足为奇。但这里的许多围拢屋又都是两层和前角设炮楼，又显然是受了赣式围屋之影响辐射，显示出这里两种文化的重合性和边缘性，赣南、赣西其他散见的粤式围拢屋，也每每有此特点。与当地矩形的围屋比，主要体现在防御的严密性、完整性方面略有逊色。

典型案例介绍：

（1）龙南县武当乡大坝村田心围。田心围是栋"两进三厅两横"祠居合一式民居，外有三条围拢屋环抱，前低后高，前方后圆，门前有禾坪和半月形池塘。从平面上看属于围拢屋类型，但它又是多层楼房，并置有炮楼等围屋特征的设施，是典型的"围拢屋式围屋"。田心围除正门外，两翼各设一侧门，侧门设计成城楼样式，兼作围屋的炮楼，体现出围屋从城堡发展而来的轨迹。整座围屋高两层，外墙均用河卵石和三合土筑成，内墙多用土坯砖砌垒，围内皆用自然卵石铺地，与别的大型围屋相比，构制显得朴实无华，纯为蔽身求安之所。

田心围占地面积 10000 多平方米，围内最多时住过 900 多人。据访问，现武当、杨村两镇共有叶姓 10000 余人，其中 60% 以上的都是从田心围里播迁出去的。田心围的创建人据《叶氏族谱》载："秀茂公，字松轩，生于弘治戊申年（1488）六月初六日……戊辰年（即明正德三年，1508）开居场一所，土名'田心围'。"又据清乾隆二十七年（1762）立于围内祠堂侧壁的禁碑内容推测：乾隆年间，这座庞大的围屋，已是"生齿日繁，萃处稠密"，居民争相侵占公用空间，以致要用禁约的形式来约束，若没有百年以上的人口繁衍史，是难以发展到这一步的。因此，它是赣南现存年代最早、面积最大、居人最多的一座围屋。

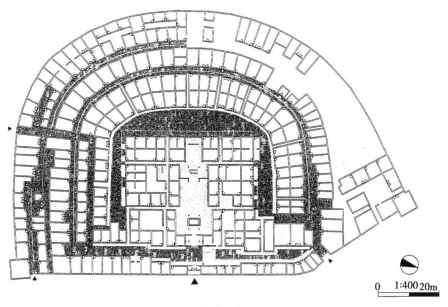

图 3-1-42　龙南武当乡田心围平面

（2）龙南县杨村镇乌石村盘石围。盘石围建于明代万历年间。它前方后圆、前低后高，围拢后部有隆起的"化胎"，门前有方形的禾坪和半月形的水塘，类似粤式围拢屋。但在构造上又有很大的区别：如四周建有炮楼并设有内大外小的枪眼，不仅后部圆弧，而且除正面用直线外，其余皆圆弧线，状如一个圆楼切去三分之一似的。因此，它不仅兼有粤东围拢屋和赣南方形围屋的特点，而且似乎还含有闽西土楼的基因，加上其建筑

图 3-1-43　龙南武当乡田心围侧门

年代又较早，故日本民居研究学者茂木计一郎先生说："盘石围好像是客家围楼民居的建筑草稿阶段，闽西从中完善出圆形的土楼，粤东从中完善出半圆形的围拢屋，赣南则从中完善出方形的围屋。"

盘石围计有六个

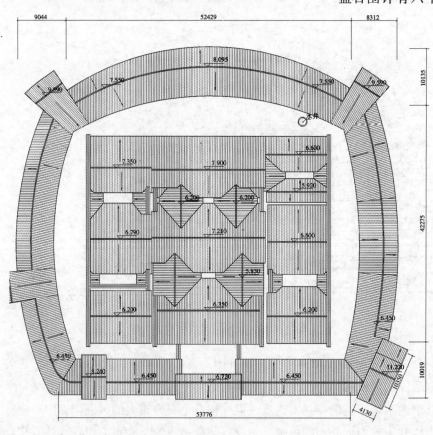

图 3-1-44-1　乌石围顶视图

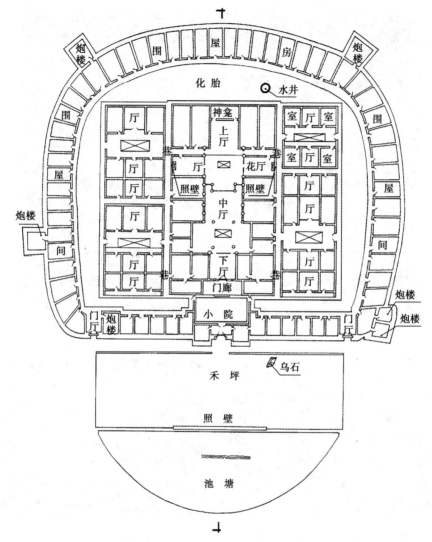

图 3-1-44-2　龙南盘石围

正立面图 1:100

图 3-1-44-3　乌石围正立面

图 3-1-44-4　龙南杨村乌石围鸟瞰

图 3-1-44-5　龙南乌石围一角

图 3-1-44-6　龙南杨村乌石村清晚
山下新围天井上的铁网

炮楼，外围墙体采用"金包银"的做法，厚 60—90 厘米，即墙体外壁 30 厘米，用自然卵石或片石砌筑，内壁 30 厘米或 60 厘米用土坯砖砌垒。外墙一层以下不开窗孔，二层以上开有"I"和"十"字形枪眼或气孔。围内除公共厅堂用大青砖精砌外，余全部用土坯砖垒砌墙体。围内的主体建筑（正屋），是一组"两进三厅三轴"式楼房，即有条带祖堂的主轴线和两条带居家厅的副轴线。但与赣南常见的"两进三厅"式民居有较大的区别。常见的"两进三厅"式民居，一般两边都有与之紧密相连的"横屋"；而盘石围中的这组"两进三厅"式民居，"三厅"与两边副轴线"厅屋"的住宅是相对独立的，中间以一条一米宽的小巷隔开，而且是以"一明两暗"（俗称"四扇三间"房）为基本单位，同中轴的"三厅"建筑平行排列，面对面的组成合院形式，门向也同厅堂一样朝前开。

3. 炮台

"炮台"民居，性质同属于客家设防性民居范畴，但类型异于赣南围屋，其主要特征就是将类似围屋的角堡借鉴过来，建成一座放大而独立的方形炮楼，故当地人称之为"炮台"。这种"炮台"不是日常居民所生活聚居之地，而是遇寇盗侵犯之时方迁入的临时避居或避难防御所，因此，附近或紧挨着就有一幢当地流行的客家大屋式民居。

炮台民居，主要分布在寻乌县南部的晨光、留车、菖莆和南桥等乡镇，这里与广东的龙川、平远县交界，属于远离统治中心的边远地带。据2011年第三次文物普查资料统计，现存数量还有20余座。其建筑年代基本上集中于清代中晚期。

平面特征：大多为矩形，有的为正方形，长宽比为8—16米。低层设有一门，并有坚固的安防设施，围内一般辟有水井。从平面布局看，类似缩小的"口"字形围，围心院落成为一个又高又小的天井。楼梯皆为木质，一般设在门厅内。

立面特征：层高一般为四层至五层，外立面每层都设有外小内大的枪眼或望孔，二层以上小心地设有窗户，叠涩出檐硬山顶。室内楼层顶层主要为警戒或作战用，以下楼层为避难居民使用。

构造特征：外墙基本上都是以石块为主料混合在强度很高的三合土灰中构筑，多见为片石砌墙、条石勒角，墙体厚度为50—100厘米，比一般民居更厚实坚固，门窗和枪眼则用青砖或条石精构；内部房间隔断墙则用土坯砖，楼层、楼梯和屋顶皆用杉木材料制成，屋面用小青瓦覆盖。因是纯防卫性建筑，

图3-1-45 寻乌留车垍坊炮台

图 3-1-46　寻乌菖莆围拢屋加炮台式民居

图 3-1-47　寻乌南桥罗陂新屋下炮台

图 3-1-48　寻乌晨光司城炮台

一切为了防御，直奔主题。因此，内外构筑效果简洁明了、硬朗冷峻。如果要说其有装饰的话，那主要体现在其枪眼、门窗形状与材质的变化和外部叠涩收顶样式上。

炮台与围屋比较：一是将防御区与生活区彻底区分开，不必像围屋那样因设防短时间的危险而终生将自己围困起来生活。二是炮台是一种专设的防御碉堡。它墙高壁厚，易守难攻，平时空闲着，一旦大敌当前便避入暂住，敌去则回复到民居中，不必像土楼和围屋那样，还要兼顾平时生活方便的需要，结果往往是二者不能兼得。三是炮台更高、更大；枪眼更密、更下移；墙体更坚实，外墙几乎都是砖石构成。

典型案例介绍：

寻乌县晨光镇墟上司马第，其建筑平面分别由后部的围拢屋、中部的司马第、前部的禾坪及其左侧的水塘和右前角的炮台构成。整个地基成三级台地布置状，各级落差约1.3米。大致司马第与禾坪处于二级阶坡上；炮台和水塘建于禾坪两边前角上，处一、二级阶坡之间；司马第后的"围拢屋"部分，则属于三级台地上。整个地势前低后高、坐北朝南，采光和排水极便利，风水师言，地属"猴形"，并称此布局为"铁墩拴猴"法。

司马第高两层，外墙体皆用河卵石垒砌或三合土夯筑。墙厚35厘米，后部围拢屋外墙厚60厘米。起弧部分设有高三层的炮楼，硬山顶。内部房屋，除中轴线上的厅堂为砖

图 3-1-49　寻乌菖蒲黄田炮台

构和抬梁式构架外，余皆为土木结构，梁架搁栅墙上，悬山顶。其二级台地即中部平面为正方形，总长宽都是87.5米。其布局与赣南客家大屋之"三堂四横"式基本相同，但天井做法更接近闽粤客家。如横屋中的天井是通长而浅，宽大而空畅，而赣南的天井，一般窄而深。整个司马第住宅区，仅有一孔大门出入。

司马第的炮台，设计极为工整，是个正立方体，长、宽各15米，高也是15米。墙厚底部一米以下是1米，一米以上至五楼墙厚是80厘米，五楼至檐下是30厘米。墙体也是"金包银"结构，即外层用砖石，内层用土坯砖，墙体外表皮用三合土夯打，四角用青条石包镶。炮台底层不设窗孔，二楼以上分设一些外小内大的枪眼或望孔。炮台内天井中掘有一口能加盖的水井。底层设

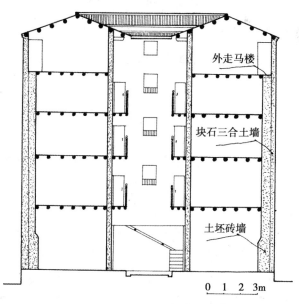

外走马楼

块石三合土墙

土坯砖墙

0 1 2 3m

图 3-1-50-1　寻乌晨光司马第炮台剖面图

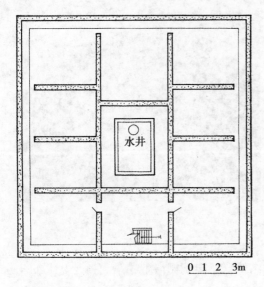

水井

0 1 2 3m

图 3-1-50-2　寻乌晨光司马第炮台平面图

图 3-1-50-3　寻乌晨光沁园村
司马第炮台

有大板梯上下楼，一楼至四楼通过内走廊可以贯通炮台内各室，五楼是防御层，沿外墙根设有四周贯通的"外走马"。炮台的作用是，当司马第住宅区遭到强敌袭击无法抵御时，便全部转移到炮台内。因此，炮台的空间，足以安顿下所有司马第的居民及重要物资和生活必需品。

（三）建筑材料和工艺

1. 一般民居

普通列式客家民居的立面，如"四扇三间"或"六扇五间"，大多是灰瓦、土墙、悬山顶，两层高。

普通民居中的高级型，如"两厅式"或"两厅两横式"民居，多为土木或砖木混合结构并存的建造形式，但土木结构是主流，纯砖木结构的较少，往往是一座客家民居中，位于中轴线上的厅堂便为砖木结构、清水墙面，其他房屋则多为土木结构、混水墙面，或局部如山墙或裙肩以下以及门窗等部位用砖或石。其中，如若使用砖房，便多为清水墙面，而土木结构，又可分为土砖（土坯）和夯土木结构，无论是砖石墙还是生土墙皆承重。在赣南地区，北部的青砖房，总体上要多于南部。这类民居的外立面有悬山式和硬山式两类，前者主要为土墙，后者属高档型，两侧山墙多做成清水防火山墙形式，前后立面也是较工整的叠涩出檐款式，大门往往有较精美的雕饰。基础普遍为块石或河卵石，少数为条石。外墙上较少辟窗，有也是很小心地开些小直棂窗和砖石预制的狭长"牖"，主要靠内部采光。柱的使用不广，主要用于主厅（堂）内，因这种民居的厅是敞厅，且一般不设楼层，一些空间大的正厅为了支撑挑檐和天花，便在减了檐墙的位置上设两根檐柱，有门廊的厅也是因减了檐墙，而增设廊柱。

图 3-1-51-1　赣县大埠韩氏
门楼墀头彩绘和灰塑

图 3-1-51-2　龙南杨村乌石围翘角狮象

赣南客家人居住的地方，在古代基本都是盛产木材的，但客家民居中对木料和木构件的加工并不发达，跟江西非客家地区比较，木材使用节省，如非客家地区大多是用木柱承重，墙体只是起围护作用，即所谓"墙倒屋不到"，而客家地区的房屋墙体基本上都要承重，木

图 3-1-51-3　宁都黄陂杨依村民居马头墙

柱主要用于室内承重。所用梁、檩、挑枋、桷子等，加工也粗简。装修方面，只有少数富有人家住宅朝内（天井）的门、窗较考究些，窗棂、格心多为冰裂纹、灯笼框、方格条花心等，高级的也用雕花棂、绦环板上雕人物故事或吉祥的动植物，大多髹漆，但总体上跟赣中、赣北的民居比较明显逊色。朝外的窗较小，多为直棂窗，砖房的外窗往往是一狭长的"牖"，并常见一些预制的小石窗，窗棂有汉文、花格动植物等漏窗花式。天花主要用于正厅上，一种自檐口平钉板条，另一种为顺屋面坡斜钉板条，前者有的做藻井，并有彩画，很少用彻上露明

图 3-1-51-4　石城秋溪民居马头墙细部

图 3-1-51-5　于都水头村民居弧形山墙

造，在敞厅的前部或门廊上常见轩顶做法。另外，正厅上很流行使用太师壁，壁上设神龛，壁前正中放神案。

此外，这类民居中还兴行"门榜"风气，主要流行于罗霄山脉所属客家地区，如上犹、南康、崇义等地。即在大门匾额上，大多书有昭示其姓氏家族的渊源郡望地或显示其高贵门第、先贤能人之后的题铭。如张姓便书"清河世泽"、黄姓"江夏渊源"、孔姓"尼山流芳"、曾姓"三省传家"、刘姓"校书世第"，还有书"大夫第""司马第"等标榜内容。它与"堂号"的区别："门榜"标榜于外（大门门额上），"堂号"彰显

于内（悬挂在厅堂上）。

2. 高级民居

高级的"两厅两横式"及其以上规模的民居，如"九厅十八井"或"九井十八厅""百间大屋"之类的大屋民居。除了占地大之外，在材料使用和建筑艺术上，明显较一般的普通民居要高一个档次。

图 3-1-52-1　安远车头丁氏民居门楼斗拱做法

从大屋民居的空间布局来说，一般以庭院、天井、回廊和楼梯为一体来组织室内外和楼层间的空间关系。院落和天井成为空间组织的中心，主要用于采光、通风和排除屋面雨水，天井多为长方形空间，底部设有暗沟排泄室内雨污水。赣西北客家民居中的天井四周多用条石铺砌天井边沿，中间用条石平铺或砌成台地；赣南客家民居的天井则有条石、也有砖砌，其中条石天井大致属于高级做法。天井四周也是装饰重点，主要集中在檐下、两侧花厅槅扇、廊庑及二楼沿天井四周的回廊等处。

由于客家聚居地大多为经济欠发达的山区，大屋民居又要追求大和安，因此，建筑装饰相对周边民系的民

图 3-1-52-2　瑞金密溪民居的木挑

图 3-1-52-3　上犹营前民居神龛

图 3-1-52-4　于都葛坳永伦民居横屋端头木构檐饰

图 3-1-53　上犹营前民居门榜

居来说便较为简单。其外部装饰主要体现在外墙和门面或门廊上。一般主轴线上的房屋都砌有青砖清水做法的防火山墙，两边横屋往往也砌筑有类似马头墙。但最重要的外部装饰点，还是大门或门屋。其主要方法是用水磨方砖（有的也用青石或红石条）砌贴门面，上面精工细作繁复的线脚和精美的雕塑。

形式简单的便在门额上做点方框枭混线或做点小装饰，复杂的则做仿木构牌楼式样，常见的有二柱二楼和四柱三楼，高级的如宗祠大门或独立大门屋，往往作四柱五楼式样，仿木构件更加精工，并有抱鼓石。一般从大门装饰的精良奢华程度上，便能看出民居主人的权势或富有。室内装饰主要体现在大屋内公共厅堂、廊庑和花厅中，如彩绘或金饰藻井、卷棚、神龛、雀替、攀间隔架等，隔扇和窗棂最常见的有直棂、一码三箭、冰裂纹等；高级的也用灯笼框、方格条花心、雕花棂等，绦环板上雕人物故事或吉祥的动植物，大多髹漆。

图 3-1-54-1　赣县大埠魏公门第门楼

图 3-1-54-2　赣县清溪九厅十八井
遍体灰塑的门楼

图 3-1-54-3　宁都黄陂杨依村门
头雕塑

图 3-1-54-4　上犹平富
下寨民居门斗

图 3-1-54-5　寻乌水源河背民居门楼

图 3-1-54-6　于都靖石刘氏门廊

图 3-1-55-1　定南下历衍庆围
木构"福"字窗

图 3-1-55-2　定南下历衍庆围
木构"禄"字窗

图 3-1-55-3　赣县白
鹭村砖构花窗

图 3-1-55-4　会昌
周田石构花窗

　　另外，还有一特殊现象。在赣南一些著名的高山之巅往往建有一些小庙宇，其祀奉对象或佛或道、或地方神灵仙迹，不一而论。因其海拔高度都在千米以上，且往往是县界、省界的主峰，为抵御高寒和风冻，其墙体多采用巨条石、盖瓦也不是一般的普通瓦，多采用生铁铸瓦。如石城高田乡明代的金华山古寺（与福建宁化县交界）和瑞金九堡镇明代的铜钵山

图 3-1-55-5　上犹营前下
湾黄氏民居青石质花窗

图 3-1-55-6　兴国社富桂江村民居鎏金
木构花窗

图 3-1-56-1　上犹平富上寨子民居门枕石装饰

图 3-1-56-2　寻乌罗福村嶂石旗杆　　　图 3-1-56-3　于都盘古山人和围石旗杆

图 3-1-57 端金九堡铜钵山庙
明嘉靖二十七年铁瓦

图 3-1-58 石城高田金华山
寺明代铁瓦

庙（与宁都、于都交界）等。

3. 设防民居

设防性民居的首要功能是防卫，因此，在建材选择上注重坚实、耐用，装修上则强调简单、硬朗。就其外观效果而言，除了给人以墙高壁厚、壁垒森严的印象外，便仅以其巨大的尺度、冷峻的外貌、完善的防御体系、固若金汤的结构，令人有一种压抑感。

这类建筑外墙大多以砖石材料为主，但定南县的围屋较独特，多以生土夯筑为主，类似福建土楼，不过规模都较小。砖石墙中除少量全青砖或全条石至顶的围屋或炮台外，大部分采用天然河卵石砌筑，为节省优质建材，砖石墙又大多是外表（厚约 40 厘米）用砖石，内用土坯或生土夯筑，俗称"金包银"。从墙体剖面看，低层厚多在一米左右，二层以上有的逐层往外收薄，有的在顶层往往将墙体一分为二，以三分之一厚的外侧墙作承重墙，另三分之二厚墙体则充当战时的环形通道。典型代表如燕翼围，外墙厚达 1.5 米，外皮为条石和青砖，厚 50 厘米，内皮为土坯砖。三合土墙体也是赣南防御性民居的一大特色，有的三合土为了加强其硬结度，还掺入桐油、红糖、糯米浆等黏性物，其坚结度、防水性和耐久性毫不逊色于现代混凝土。

图 3-1-59-1　定南龙塘方
围夯土墙

图 3-1-59-2　龙南杨村乌石围
明代砖雕照壁

图 3-1-59-3　宁都田埠东龙
民居的"河图洛书"纹砖砌墙

图 3-1-59-4　赣县清溪九厅十八井
门楼的砖雕灰塑细部

图 3-1-59-5　全南中寨里
坊围卵石墙

图 3-1-59-6　寻乌民居土坯墙

图 3-1-59-7　于都岭背阁下围
三合土版筑墙（龙年海摄）

图 3-1-59-8　周田民居门楼砖雕细部

图 3-1-59-9　周田民居砖雕细部

图 3-1-59-10　周田民居砖雕细部

图 3-1-60-1　安远盘安围彩画

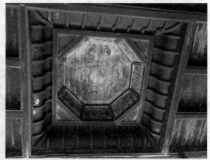

图 3-1-60-2　赣县夏府戚氏宗祠彩画

　　设防性民居的立面：围屋，层高一般为二三层，四角往往又建高出一层并朝外凸出一米左右的碉堡（炮楼），其功用是警戒或打击进入围屋墙根和瓦面上的敌人，还有的在角堡上再悬挑一抹角单体碉堡。围屋外立面首层不设窗，顶层设有铳眼或内大外小的炮口、望孔。屋顶形式除定南县

图 3-1-61-1 龙南里仁沙坝
围枪眼外观

图 3-1-61-2 龙南里仁沙坝
围枪眼内观

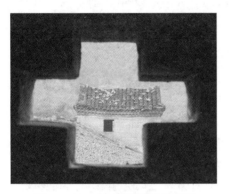

图 3-1-61-3 龙南桃江龙光围
"十"字枪眼

图 3-1-61-4 定南鹅公田
心围枪眼

图 3-1-61-5 龙南燕翼
围望孔

图 3-1-61-6 龙南关西新围炮孔

一些土墙围屋外，基本上都是外硬山、内悬山形式（因围屋内均设走马楼）。炮台，层高则基本上都在四层至五层，顶层有的也设置抹角碉堡和枪眼炮口。

这类民居内部装修，基本上与大屋民居相似，但总体上要低一个档次。如果说还有艺术可言的话，那主要体现在它的门窗和走马楼的设计上。走马楼上下环行四通八达，外墙除射击口和望孔外，不设窗，内墙大多为板壁直棂窗。"门"是这种防御性民居的薄弱环节，故在加强门的防御设计上，可谓费尽心机。首先门的位置一般设在近角处，这既有利于将其纳入炮楼的监护之下，还有利于一旦门破，又可在通往围内一道道巷门窄路进入主体建筑途中阻击。其次门墙特别加厚，门框皆为巨石制成，许多门框上还备有横竖栅栏杆，俗称"门插"，以防大白天之不测。厚实的板门上包钉铁皮，后有粗大的门杠，板门后大多还设有一道闸门，闸门后还有一重便门；为防火攻，门顶上大多围屋还设有水漏；除个别大围屋外，围门只有一孔。

（四）赣南民居的主要特征

1. 组合扩展性

客家人是聚族而居的。从其最简单的一明两暗三间过，发展到两堂两横、三堂两横，直至九进十八厅那样的大房子，无不体现其成组向前、向左右不断扩展、延伸的特点。此模式在选址开基之时，就藏下了其发展的势头，客家人也常因宅基的拓展问题发生纠纷，乃至宗族械斗。这种扩展性反映了客家人希望子孙发达、开拓进取、不断向前的心愿。

2. 主次分明，均衡布局

无论房屋发展到多大规模，始终是以正厅为中轴，以祖堂为核心，向前逐步延伸，向左右对称发展。正屋、正厅的体量规模、装饰档次，各横屋和次厅均不能逾越。横屋房门均朝正厅方向开，反映了客家人强烈的凝聚力和向心力，也体现了客家人崇祖求安而怀"慎终追远"的心态。

3. 注重防卫，构筑奇异

客家是汉族不断迁徙的产物，他们大多在边远山区从事艰苦的开拓性事业。因此，当他们又来到新的他乡开基立业时，往往不仅要同恶劣的自然环境斗争，而且还要同凶险的社会环境做争夺生存空间的殊死斗争，如土著（先到居民）和匪盗等，于是谋求安全和良好的防卫功能，便成了客家人建房之初首先要考虑的问题。围屋民居体现出的那种强烈的防御体系，就是这种斗争的反映结果。围堡防御性民居与厅屋组合式民居最大的区别是：防御性民居内必设有水井并具有严格的血缘家族聚居性和严密的封闭性与设防性。

（五）赣南民居营建的礼俗

1. 选址

按传统习俗，东家建房前，都要雇请地理（风水）先生到实地勘察。

勘察主要有两种手段。一是目测，即看形势。其标准是：山、水、峰峦都要好。一般要求屋后依山，如有一重重的高山则更好。屋前有河流，并呈玉带式迂回曲折流过门前。前面朝山，山若能呈笔架形为最妙，即所谓"文峰"；没有笔架山，其他山峰也可。如有一重比一重的峰亦佳。大门前沿近处延伸的山坡，要有一个"案"，似人齐胸这般高，以屋朝得过、能看到前景为宜。房屋两旁，左右砂手的山，必须左厢的山岭较高，右厢的山岭较低，所谓左青龙、右白虎，青龙山要高，白虎山则宜低。且白虎山必须是泥山，如果石山就不行。因青龙必须压过白虎，否则不吉利。还有，白虎山的自然形象若如张开嘴巴的形态，那就更不利，因它象征着老虎要吃人，当然没什么好处。二是罗盘细测。即通过罗盘来对屋场或房基进行慎重细致的勘测。一般是根据南北极为中心，来对天星、对水程、对峰峦等观察后，而确定建房的地点和方位。

实际操作中，风水先生一般是目测和罗盘并举。当风水师测得上述山、水、峰等自然条件都好（吉利）时，有的便要在选定的屋场上呼赞，即喝彩，此称"龙文赞"曰："伏冀，昆仑山上发龙祖，龙子龙孙一齐来。前有朱雀双双飞，后有白虎钻莹堂。左边青龙弯弯转，右边白虎转转弯。一要千年富贵，二要万代封侯，三要房房生贵子，再要户户进田庄，五要五子登金榜，六要六个都丞相，七要七十二贤人，八要八仙来漂海，九要男人为宰相，十要女作一品堂。门前狮子双开口，龙楼凤阁拜门楼。桅杆门前双双起，桅杆上面插黄旗。黄旗上面七个描金字，榜眼探花状元郎。从今依吾祝赞后，荣华富贵与天长。"然后便可选定吉日，请泥水师傅画线动土。

2. 画线动土

画线动土，就是屋场平整和朝向确定之后，选定黄道吉日、吉时、吉刻，由泥水师傅按东家需要建造房屋间数的大小、长短，立桩开线，沿线画好石灰图。有的并请道士先生起符，即用一方木，上画天师符，顶端扎上红布，插入屋场的后龙土中，其前焚香烛。时辰一到，便宰鸡鸣爆，以谢土神，随即破土开挖。

一般来说，首先由师傅先挖几下就停下，然后由小工接着去挖。师傅则走到东家面前拱手祝贺："今日动土做新屋，保佑年年大富足。今日良辰起新居，祝贺东家代代着朝衣。"东家则回师傅道："多谢师傅金言。"随即掏出一个事先准备好的红包给师傅。红包多少钱，由东家定，但是忌逢八这个数（避方言"七胜八败"这句俗语），最好是九、六这个数。

这一天，东家要摆宴席，亲朋好友要前往祝贺。俗称"送茶"。要出力，俗称"赠工"。按当地风俗，建房、嫁娶、丧葬是家庭三件大事。其中又以建房为头等大事，亲友或乡亲们都会自觉要求义务帮忙。东家只给师傅付工资，对帮忙的只管饭不给工资。但现在大部分乡村做房，东家已是宁可给工资，也不管饭了。

3. 起脚

房屋基础槽坑挖好以后。泥水师傅务必按东家取定的时辰，开始下石起脚，即奠基。开始起脚，一般有三种情形：一是起脚时，按前朱雀后玄武、左青龙右白虎的顺序，依次下石砌基。但不是全砌，只是表现点象征的意思；二是按东南西北四角先砌，也是象征性地先砌一点；三是按当年的大吉大利方向砌起，如乙亥年大利南北，则基脚从南、北起砌。

4. 安大门

安装大门是整个建房过程中的个重要礼仪程序。安门这个时候，必须是良辰吉日，要预先请"风水"先生或"阴阳"先生，根据东家出生的生辰八字，进行掐算选定。这一天先把门脚石砌好填平，大门门框上张贴好喜帖和对联。喜帖内容有：吉星高照，百福临门，户纳千祥，安门大吉，人文蔚起等。对联有：定居欣逢大好日，安门正遇幸福时等。

然后，时辰一到，便将大门抬上去。这时鸣放鞭炮，同时，登门时，两边托门的人要齐声高喊：高升、高升！这时有的泥水师傅要呼赞曰："起造大门四四方，一条门路通长江，男人出入大富贵，女人出入得安康。"或曰："伏冀，日吉时良大吉昌，今日登门时候正相当。新架大门八字开，左边进宝右进财。丁财些些年年旺，万物招从门中来。魁元迭迭由此去，秀才森森步玉谐。黉宫士子科科有，文武公卿拜门来。弟子今日祝赞后，合门吉庆瑞迎来。"完后，东家要给师傅一个红包，表示谢师傅安的吉利。

图 3-1-62　赣县江口民居安门

5. 排楼梁

赣南传统民居都是两层楼房。当房屋墙壁砌到安放楼梁的位置时，便要将楼梁安放上去，并要求排列平整。至此，表示第一层楼下部分的施工结束，第二层楼上部分的施工开始。此时虽然没有什么仪式，但是必须给师傅敬上红包，表示第一层已经结束，楼板梁也排得四平八稳，谢师傅劳苦功高，第二层马上就要开始，希望师傅再接再厉做得更好。这次分发红包不仅给泥工，也给木工师傅，因为楼梁是木匠做成的，排梁时还得木匠协力完成。除给师傅外，徒弟也要给红包。因只给师傅不给徒弟的话，怕徒弟捣东家的"鬼"。当地普遍盛传：匠人是吃千家饭的，嘴灵手巧，若得罪了匠人，匠人有意讲些不吉不利的话，或者在施工中搞点小名堂，如在建筑对象上刻画点什么，匠人不慎弄破手，将血随便抹在一些物件上等，这些都将招致日后东家居住时不吉利，如出现闹鬼、生病、死庄稼、瘟牲畜等怪现象。届时还得请匠人回来，向他赔礼道歉，请他解法消灾。因此，东家是不会吝啬这几个小钱，而去得罪匠人、自寻烦恼的。

6. 包挑梁

当楼上墙体砌到一定高度时，便要将挑檐木包入墙内，即挑梁，俗称"包挑梁"或"包跳手"。其功用是挑起墙外出檐那部分荷载。这根挑梁是外部重要装饰点之一。过去一般都会对之进行艺术处理，少数也用斗拱装饰。挑梁包成后，东家又要给师傅发一次红包。然后，在其上再排一层梁，俗称"三架梁"。也有的只象征性地排若干根细梁，也不钉楼板，表示第三层的雏型。这以上两侧的墙叫"山墙"。山墙上顶着瓦梁和栋梁。

7. 发梁

"发梁"，即"伐梁"，是避"伐"这个带凶杀的字，也就是采伐，制造栋梁。发梁的时间，未必在建房期间，也许在动土起脚之前，便准备好了。

按本地风俗，做房子凡建有公共厅堂（一般有两子以上的东家，或由两兄弟以上合建的房屋，都会建公共的厅堂，即"祖堂"）的，都有做栋梁的传统，也就是"发梁"和"上梁"仪礼。因栋梁通身油红色，故民俗称之为"红梁"。它位于厅堂的脊瓦梁之下，而这种公共厅堂的做法，又是不设楼层采用露明造，人们踏进厅堂，仰首一看，便能望见这根民间谓之为"栋梁之材"的红梁，高高横卧在厅堂的顶端。其实，在功能上，它并不荷载重量。大概仅起点稳定两山山墙的作用。但是由于栋梁所处的特殊位置和具有的象征意义，因此人们赋予它许多神圣的意识功能，它成为整栋房屋中最神圣、最重大的构件，也是整幢房屋的保护神。东家希望它从今以后，照顾好这家子人，保佑家运亨通，人财两盛，世代荣昌，万载兴隆。因此，这根梁从采伐到升梁归位，都有很重要的仪式。

首先，在山中选中栋梁砍伐之前，必须焚香点烛，鸣放鞭炮，吹喇叭。然后，木匠师傅手举雄鸡（不宰杀）呼赞："伏冀，日吉时良大吉昌，发梁时候正相当……"赞后便发梁，即砍伐做栋梁的树。树砍倒后，去枝叶留下树尾抬回。

栋梁材抬回家后，要进行加工制作。长度加工时，又要先呼"截梁文"赞（赞文省略，下同），然后下锯切裁。栋梁的长度也有讲究，它要求栋梁两头出山墙面3.7寸，或者4.7寸、5.7寸，总之尾数要逢"七"这个吉利数，而梁之大小则不论。梁出头也就是象征"出才""出财"的意思。两边出一样多，是不厚此薄彼，各房都"发"的意思。

栋梁锯好后，表面还要进行加工，于是在弹好墨线砍下第一斧头前，还要呼"开梁面"赞，梁面加工完毕，还要钉梁弯，即在两头加厚，加工成月梁式样。于是在下钉前，又要呼"钉梁弯"的赞文。

8. 升梁

山墙砌好后，房屋高度已经定型，接下来便要进行整个房屋营造过程中最隆重的仪式——升梁，即将栋梁放上去。

升梁的时刻，必定是个黄道吉日，要由风水先生根据东家的情况选定。这一天亲友乡邻都会前往庆贺，儿童们也会蜂拥而来看热闹，风水先生、木匠师傅、泥水师傅都要到齐——祝赞。新屋大门上要换上新的对联。

升梁时刻来临前，要先将栋梁抬入工地，但不得落地，并要按吉利的方位，用条凳垫起。栋梁上贴着红纸（或直接油漆书写），上书诸如"万代兴隆"之类的富贵吉祥语，木匠要在新的厅堂一角，贴上用红纸抄好的"符章"。待上梁时辰一到，鞭炮齐鸣，锣鼓同喧。在一片热热闹闹的气氛中，上梁庆典仪式正式开始。

首先，由木匠师傅呼"暖梁"祝文："伏冀，日吉时良大吉昌，今日暖梁正相当。此树月宫梭陀树，今日拿来作栋梁。栋梁头上金鸡叫，栋梁尾上凤凰啼。栋梁背上麟麒产子，栋梁肚下燕语鸟啼。弟子今日来祝赞，男增万福女千祥。"赞文各县有所不同，但形式大同小异。接着，由木匠师傅和泥水师傅各拿一条红绸（或红布），立于红梁两端，分别缠在梁头和梁尾上，边呼"缠梁"赞，此赞为一人一句对口词形式。先由站在梁头上的泥水师傅起呼，站在梁尾上的木匠师傅对应。曰："一匹绫罗长又长，绫罗出在苏州杭。苏州女子多乖巧，绣出绫罗上街坊。贤东十字街头过，将钱买来缠栋梁。左缠三转龙显爪，右缠三转凤凰连。前缠三转朱雀叫，后缠三转玉龙显。叫我东家添丁又进粮，争授华堂万万年。"

然后，将三个盛满酒的酒杯，分别放在红梁的头、中、尾上。各位先生、师傅手执酒杯，开始"祭酒"仪式。首先祭天地，由一位师傅或风水先生致"祭天"赞文："天开文运大吉昌，此木好比似龙王。腾云驾雾上天去，今日请你到厅堂。用工之日，百无禁忌，一路滔滔，四海名扬！今祭万里，长发其祥。今祭天，瑞霭祥光。今祭金圈，万古纲常。我今祝赞后，百世俱昌。"完毕，又有泥工和木匠成双成对手举酒杯，用对口词的形式，争相祭酒呼赞。其赞文内容较多，此不一一列举。

"暖梁""祭酒"喝彩仪式之后。泥、木工师傅和风水先生，又要一一分别呼"贺梁"赞文。

以上升梁祝赞仪式结束后，便开始升梁归位。这时鞭炮又鸣，鼓乐再起，人群鼎沸。起吊时，用两根"吊谷绳"（即麻绳），分别系在梁头和梁尾。众人齐喊："红梁高升。"然后梁头徐徐先起，梁尾稍后跟上。同时，木匠师傅又在一侧呼"吊梁"文赞："一条黄龙下江东，未吊鳌鱼先吊龙。一条黄龙九丈九，今日落在工人手。一条黄龙马上腾，一卷锦丝下来缠。左缠三转生贵子，右缠三转福满堂。龙摆尾，凤朝阳，吾师请你去登仙。登仙自有登仙日，镇守荣华万万年。"这时，站在"跳手"上的两

图 3-1-63 信丰大埠头黄氏宗祠红梁

个人在一片喝彩声中，缓缓将梁吊上。先在跳手上放一下，解去绳子，随后，双手平托红梁，同向山墙顶峰走去。到了山墙顶峰，慢慢地把栋梁放到预设的位置上。边放，新屋上下的师徒、帮工和观众边齐声呐喊："红梁高升、高升、高升、再高升！"最后一个"升"字，红梁正好到位。此时大放鞭炮。然后，又将预先准备好的、内装米谷杂粮的四只红布袋，一边一对，挂在红梁上。完后，由一位泥水师傅和一位木匠师傅分站屋墙上，向来祝贺和看热闹的人群，抛撒糍粑（用粮食蒸做的米果）和粮米。因相传吃了此糍，可增福增寿、大吉大利。因此，大家在下面嘻嘻哈哈争先恐后用围裙、衣兜抢接抛下的糍米。这时墙上撒糍粑的师傅和撒粮米的师傅，边撒边呼"撒糍粑"和"撒粮米"赞文，一时此起彼伏，热闹非凡。至此将升梁仪式活动推上了高潮。

撒糍粑、米谷和挂在红梁上的粮米一样，都象征五谷丰收。红梁升位时，最忌三件事：一是不能说不吉利的话，更忌系梁绳断。二是梁头要先上，不能梁尾倒上。三是忌用泥刀在红梁上剁砍。

至此，隆重而又烦琐（实际操作中，可能会减免些内容）的升梁仪式全部结束。当日中午或晚上，东家要举行建房过程中的第二次大宴会。宴会氛围自然比上一次要热闹些。

9. 筑瓦栋做出水

红梁归位后，接下来便是排瓦梁、钉瓦桷、盖瓦。最后是筑栋子和筑瓦檐。到此，建造新屋的外貌工程全部结束。剩下的就是外墙粉刷和内部装饰了。

"筑栋子"即做屋脊。"筑瓦檐"也就是做瓦头滴水，俗称"做出水"。即使瓦面的水能顺利送出屋檐外面。因此，它又叫"落成"。筑瓦栋和做出水，东家是要包红包的，象征工程圆工礼。

这一天，为了表示庆贺，东家要举行盛大的"落成"圆工酒。也是建房过程中第三次和最大的一次宴会。要将所有的亲朋好友，以及凡参与了建造的所有师傅和小工统统请到。宴会规模和档次，自非前两次可比。宴会上，东家会喜气洋洋地把红包、工资和礼物，一一拱手敬给师傅们。师傅则起身双手接过钱礼，高举封赠道："新屋新居，大发大贵。"

吃完圆工酒之后。木匠师傅还要将上梁时贴在厅堂一角的"符章"揭下，边揭口里边念"小行方起师"即"讨师文"（详文省略），念完送到河边焚烧。

10. 迁居

新屋建成后，要择吉时迁居新宅。俗称"搬火"或"过火"。迁居时，家长从原灶膛中，取得火种或点燃火把，俗说"接火种"。出门时鸣放鞭炮，老邻居亦来鸣炮相送，俗称"送火"。然后，率领全家拿家什和五谷种子，鱼贯入新宅。到了新宅，主人鸣炮，新邻居也鸣炮相迎，俗称"接火"。接着主人先在厅堂点香烛，祷告祖先，再到厨房祀祝灶神，然后将火种移入新灶。

这一天，新宅要贴换新门联，门联内容非常丰富，其中常见的一种是将迁居的日期嵌入门联中。亲友会送礼恭贺，东家则要在新宅中，用新灶做米果，做饭菜，设酒席接待道贺的亲友以及新老邻居。

以上从选址建房到乔迁的十个过程中，共要摆四次宴会（动土、升梁、圆工迁居）；贴三次门联（安门、升梁、迁居），进行四次喝彩活动（选址、安门、发梁、升梁）。礼仪不可不谓烦琐。当然，未必每一道礼仪细节，所有的建房者都要一一履行。就是选址、动土、安门、升梁、落成、迁居这样的

图3-1-64　安远东生围住户辞祖离居

大礼，也有繁简取舍之别，东家因具体情况不同，而不一定面面俱到。但仍反映出赣南民居的营建过程，是一个充满信仰礼仪的过程。它以一种浓

图 3-1-65　安远东生围住户迁居宴

图 3-1-66　安远东生围住户新居迎祖

厚的、近乎迷信色彩的风俗形式，表达出客家人的某种基本文化精神和风貌。从而也折射出我国古深厚的文化底蕴，客观上满足了人们在精神和心理上的需要，起了安定社会的作用。

新中国成立以来，上述诸多礼仪仪式日趋简化，乃至当作"革命"的对象被强制取缔。因此，现在50岁以下的人，基本上不清楚过去营建房屋过程中的种种礼仪程序。近年来在广大农村虽有复苏之势，但"呼赞"仪式仍少见用，偶见用于一些民间庙宇的营建过程中。

二　祠堂

祠堂，又称宗祠、总祠、家庙，其中因其受众大小不同，又有分祠或支祠、房祠之分。还有一种常见的"居祀合一"建筑，因它也有祭祀祖先的功能，所以也常被人通称为祠堂，内行的赣南人称之为"厅厦"，这类建筑严格地说不能算是祠堂，而是民居。因此，这里探讨的主要是属于宗祠性质的祠堂。

（一）祠堂的功能和由来

1. 功能作用

祠堂属民间礼制性建筑，是所属房系族人安妥先灵进行祭祖的地方，也是家族血脉的体现。祠堂均为某一宗族或房系所建，并以姓氏命名，如李氏宗祠、刘氏家庙之属。

祠堂的功能作用，从国家层面来讲，可以清雍正二年（1724）颁发的《圣谕广训》来概括："立家庙以荐蒸尝（'蒸尝'指秋冬二祭，后泛指祭祀），设家塾以课子弟，置义田以赡贫乏，修族谱以联疏远。"从民间基层记载来讲，这里可引用赣南的三家宗祠记来说明。如赣县夏府戚氏宗祠中保存的明万历二十七年《重修戚氏祠碑》所述："庶可妥神灵、申孝思而昭来裔矣"；宁都《太平赖氏祠堂记》则："亦得以序昭穆，定尊卑，明嫡庶，别亲疏，审同异，联骨肉于一气，敦宗亲于一本，孝弟油然而生，仁让油然而兴，其有关于世教岂浅鲜哉。"而宁都大沽的《旸霁胡氏族谱·旸霁祠堂记》中也有更具体的记述："夫宗祠也者，彝伦事物之轨也，父子由斯而亲，兄弟由斯而睦，夫妇由斯而和，长幼尊卑由斯而叙以洽，比闾乡党由斯而惠以助，宾师姻友由斯而敦以理，岁时祭祀、肆筵设席，胥于斯有赖焉。宗祠之制，岂偶然哉。"因此，祠堂的主要功能就是祭祀祖先，通过祭祖，强化宗族意识，延续血缘关系，增强宗族的凝聚力，达到敬宗收族的目的。同时，宗祠也是处理宗族事务、执行族规家法的地方，在宗法社会中起着维护封建礼制和社会秩序的作用。

图 3-2-1　瑞金瑞林陈氏宗祠

说到族规家法，这里还要特别介绍一下祠堂与族谱的关系。如果说祠堂是家族历史记忆的实物载体，那么，族谱则是家族历史记忆的文本载

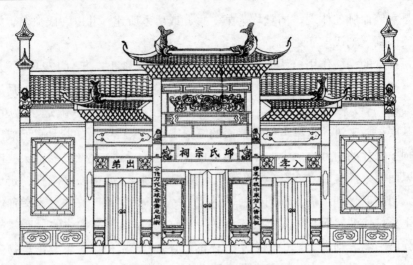

图 3-2-2　灵村邱氏祠堂门楼线

体。家对一个封建家族来讲，最重要的事情就是修谱与建祠。编修家谱，为的是明家族的来历；修建祠堂，为的是安祖宗之神灵。在家谱中，图文并茂的祠堂是家谱的重要组成部分；在祠堂里，议论修谱、藏谱和验谱是祠堂的重要功能之一。族谱与祠堂，关系密切，互为表里；修谱与建祠，相互依存，互相促进。

此外，祠堂还有许多其他功能作用或者说任务。如设私塾，以培养教育本族子弟；置义田，以救助本族贫困或需要扶助的子弟；续族谱，以立规矩、明秩序。有的祠堂建筑还设有戏台，逢时过节请戏班子进行演出娱乐活动。由此可见，一座祠堂，就是古代一个农村基层组织机构，几乎包括现在乡镇级政府的主要功能。

2. 历史来由

祠堂，这种性质的建筑，始初都是建在坟墓前的祭祀性地面建筑，多为石构，当时称"堂"或"祠""室"。考古资料显示，最早见于汉墓，著名的如山东长清县的东汉孝堂山石祠。但民间祠堂因长期受封建礼制的限止，发展较缓慢，因《礼记·王制》中有规定："天子七庙，诸侯五庙，大夫三庙，士一庙，庶人祭于寝。"这就是说庶民百姓祭祀自己的祖先，不允许单独建祠庙，只能在住宅中祭祖。从这个意义上讲，赣南的"厅厦"（厅堂中设有祖堂或置神龛奉祀祖宗牌位）民居才是传统古制。一直到宋代，由于理学盛行，强调"三纲五常"伦理道德观念，并以"孝为百行之首"。于是，朱熹在《家礼》中首倡家族祠堂之制："君子将营宫室，先立祠堂于正寝之东"，并提出可"奉祀高、曾、祖、祢四代"。说明这时期的祠堂还是与居宅连在一起（即位于"正寝之东"）的，而且敬奉的祖先也是有规定的。

图 3-2-3　宁都洛口邱氏家庙

而真正脱离居室，并以宗族名义在村落中建造用来祭祀自己祖先的专职"祠堂"建筑的出现，那是在明代之后的事。这时随着家族制度的日趋完善，统治阶级为了利用血缘关系以约束族众的需要，朝廷才允许庶民兴建的。但在明早期还是沿《家礼》旧制，士大夫可以在正寝之东建祠堂敬四代以内的祖先，庶民敬二代（后增至三代）。到明嘉靖十五年（1536），由于礼部尚书夏言所上的《令臣民得祭始祖立家庙疏》得到批准后，才没有士与民之分、地点和世系的限定，百姓均可独立选址建家庙祭始祖。清承明制，建宗祠更为普遍。

这里需说明的一个词是，明代所称的"家庙"，可能是对应皇帝祭祖的地方——"宗庙"或"太庙"而言的，而"祠堂"之称，则是尊古制建于墓前的祠、正寝之东的祠堂以及名人祠、名宦祠等而来的。因此，就宗祠这个意义来讲，"家庙"的称谓应更为准确专一。赣南将祠堂称作"家庙"的地方主要见于宁都、石城北部乡村。如宁都黄陂的胡氏家庙、洛口的邱氏家庙等。

（二）赣南祠堂概况和建筑形制

1. 祠堂概况

表 3-1　　　　　　　赣南现存祠堂不完全统计　　　　　　单位：座

名称	宗祠	公祠	祠堂	祖祠	家庙	小计
安远	47	2	/	/	/	49
崇义	61	3	/	1	/	65
大余	10	/	13	/	/	23

名称	宗祠	公祠	祠堂	祖祠	家庙	小计
定南	17	/	3	/	/	20
赣县	70	3	10	/	/	83
会昌	103	16	3	/	/	122
龙南	6	2	11	5	/	24
南康	15	3	6	1	/	25
宁都	17	17	14	5	28	81
全南	7	9	21	1	/	38
瑞金	51	50	1	/	/	102
石城	23	27	12	/	8	70
上犹	43	3	40	1	/	87
信丰	31	2	1	/	/	35
兴国	15	5	/	/	/	20
寻乌	29	129	/	/	/	158
于都	97	36	1	2	/	136
章贡区	16	3	26	/	/	45
总计	658	310	162	17	36	1183

表 3-1 为根据 2011 年结束的赣州市第三次全国文物普查资料统计而作。通过表 3-1，至少可以反映两个问题：一是数量问题。限于当时普查队员的认真态度和认识水平来决定祠堂的取舍，此外，也并不是将所有的祠堂都必须列入文物登记点。因此，这肯定只是个不完全统计。像宁都、兴国、南康等这样传统经济、文化、人口发达的老县，拥有的祠堂量还不如寻乌这样的边鄙小县？这肯定跟历史不符，但不一定跟现状不符，因可能反映出当地城镇化发展速度或对文化遗产的保护态度。根据调查概率和笔者实际了解的情况分析，赣南现存祠堂最少在 1700 处以上。二是名谓问题。从表 3-1 看，赣南对严格意义上祠堂的称谓，比较普遍的是称作"宗祠"，"家庙"的称谓，只限于宁都、石城；从表中资料的实际内容来看，宗祠、家庙基本上都是单列独栋的，最接近我们所述的"祠堂"概念；表中的"公祠"和"祖祠"，大多是本族中较有名望的先辈，故都称某某公祠或祖祠，宁都等地将之归类为"家祠"。因此，此类基本上都属"分祠"或"支祠""房祠"性质。但"公祠"中有些还属"厅厦"性质，尚未发展到独栋单立不居家的纯祠堂概念，似介乎两者之间，应予以甄别；表中"祠堂"所反映的情况反而较笼统，既含有宗祠性质的内容，也含有分祠、支祠性质的内容，有的甚至是"厅厦"（居祀合一）民居性质的内容，具有概念界限不清的泛称性质。

2. 祠堂级别

同地同姓祠堂中，宗祠（总祠）与分祠、房祠、支祠的关系，犹如树形网状结构，祭祀最早祖先的那一座，便是宗祠或总祠。兹以赣县夏府戚氏祠堂为例，根据林晓平《赣县夏府村的宗族社会和神明信仰》[①] 一文研究：夏府戚氏开基祖戚文盛（重四郎），祖籍江苏，于南宋末年自广东返家途径赣江十八滩之"天柱滩"时，遇覆舟之难，仅以身免，只好上岸，因见夏府山青水碧，土肥人稀，遂落居于夏府生息、繁衍，成为夏府戚氏的开山始祖。

重四郎生 3 子 5 孙，于第三世开始分房，长孙元海为久大房，二孙元达为宝善房，三孙元吉为敦本房，四孙元锡为庆房，五孙元宝为聚顺房。这 5 大房繁衍至明清时，各自后裔便开始建纪念自己始祖的祠堂，并将原 5 大房的房号，变成为本房的堂号，又联合 5 房建总祠，祭祀共同的夏府始祖戚文盛（重四郎），并尊其祠堂为"追远堂"。这样，在夏府村明清时便有 1 座宗祠（总祠），5 座分祠（房祠）。但 5 房的人丁兴衰繁衍发展并不平衡，快者如"聚顺""久大"两房已传到 29 世，慢者如"宝善房"传至今还只在第 21 世，且已是两代单传了，而"锡庆房"传至第 18 世，便断绝了香火。"聚顺""久大"两房，随着人口的蔓延壮大，这两房又分成若干小房或支房，这些小房（支房）人丁繁衍到一定程度，他们又建立起祭祀该支支房始祖的祠堂，这种祠堂，相对分祠（房祠）便称作"支祠"。如表 3-2 所示。

表 3-2　　　　　　　　　　夏府戚氏祠堂

宗祠（总祠）	分祠（房祠）	支祠	备注
追远堂	敦本堂		1980 年，因修万安水电站，整个夏府村落搬迁，现戚氏祠堂只留下"追远堂"和"聚顺堂"两栋
	聚顺堂	万鹏堂	
		含光堂	
		敦仕堂	
		绳武堂	
	久大堂	元俊堂	
		洪清堂	
	锡庆堂		
	宝善堂		

①　详见罗勇、林晓平主编《赣南庙会与民俗》。劳格文主编《客家传统社会丛书》之七，国际客家学会、海外华人研究社、法国远东学院出版。1998 年 12 月。

　　当然，如果在江苏找到了祭祀夏府始祖戚文盛（重四郎）直系祖先的祠堂，那夏府的戚氏宗祠又只是它的"分祠"或"房祠"。因此，夏府的戚氏宗祠在整个戚姓中还是相对的"宗祠"或"总祠"。

　　3. 祠堂形制

　　祠堂的建造往往集中了全族的人力、财力和智慧，在建筑的规模、材质工艺上都高于当地的其他建筑，它要表现的是一个宗族的权势和地位，而且一般都会有攀比心理，尽其所能地彰显宏伟、华丽，因此，往往成为乡土聚落建筑的精华。同时，祠堂在村落中总是占主导地位，成为村落的标志，可反映村落的历史文化，也是村民活动的中心。

　　赣南祠堂建筑的形制和布局基本相同，多为"两进三厅"合院式建筑，以天井间隔分为两进院落，前、中、后三厅（赣南客家人多称"堂"为"厅"）排在中轴线上，前为门厅侍出入，中为享厅（堂）供祭拜，后为寝厅栖神灵。享厅后壁设屏门，祭祀活动时可开启，与寝厅连通。各厅之间一般不设厢房，但也多见在中厅或后厅设左右次间，作为祠堂存放公物、仓储之用。进深地面前低后高，逐厅提升，寝厅犹甚，呈高显气势。两侧以山墙围合，多为封火墙形式。

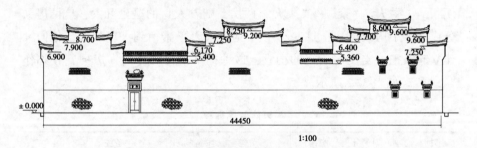

图 3-2-4-1　全南李氏宗祠侧立面图

　　祠堂面阔一般为三间，也有五开间、七开间的。祠堂大门主要有门楼和廊庑两种形式。门楼以牌坊式居多，其中又有隐出式和舒展式之分。前者即在墙面隐出牌坊，牌坊紧贴在面墙上，赣南多属此类，大多为"四柱三间三楼式"，大者可达"八柱七间七楼式"。此式中，还有一种是隐出的牌坊仅装饰在大门之上，坊柱做成吊柱形式不落地。后者即牌坊的檐楼四向伸展，呈凌空之势，赣南流行不多。廊庑式，是将大门内凹一间或半间位置，由檐柱形成一个门前廊庑空间，有的祠堂面宽大，门廊开阔，很有气势，也为赣南常见做法。此式中，又有"门廊"和"通廊式"之

分。前者仅在门前内凹，廊之两端还
有耳房，古制或称"塾"，所谓"东
塾""西塾"者，后者则将正立面两
墙之间全部内凹成一条大通廊。门廊
和门楼是祠堂建筑装饰的重点，砖、
石、木、灰四雕，各显其技，竞相逞
美，显出既华丽又端庄的气派。

　　赣南还有部分祠堂，在前厅大门
内位置常建有戏台（也有的是活动可
装卸的），面向享厅和寝厅，台前为
天井，两侧建厢楼，楼上楼下，厅内
厅外都可以看戏，出入祠堂大门从戏
台下或两侧次间大门通过。祠祠堂内
建戏台，是祠堂建筑的一大变化，借
娱神以娱人，使宗祠带有娱乐功能，
把庄严肃穆的祭祀场所变得轻松、活
泼起来。

　　此外，祠堂或许还有一些诸如厨
房、牌坊、照壁、旗杆、功名石、祠
坪、池塘、风水林等附属设施，其中

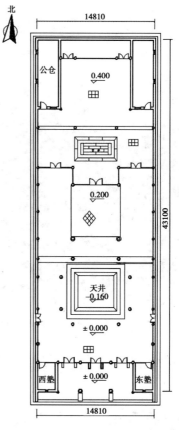

图 3-2-4-2　全南李氏宗祠平面图

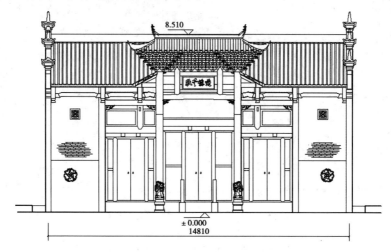

图 3-2-4-3　全南南迳李氏宗祠正立面图

图 3-2-4-4　全南南迳李氏宗祠舒展式门楼

图 3-2-5　宁都东龙李氏门廊式宗祠

除厨房一般位于祠侧、风水林位于祠后外，余皆位于祠前。

图 3-2-6　寻乌罗塘曾氏宗祠通廊式门楼

（三）赣南现存典型祠堂简介

1. 罗氏大宗祠

位于宁都县东山坝镇大布村。坐西北朝东南，面阔为三间 20 米，进深为两进三厅 42.8 米，约建于清代后期，高两层，砖木结构，其中牌楼式门面为红砂岩结构。

宗祠相传始建于大元至正三年，青砖风火山墙，小青瓦屋面，抬梁式木作梁架。门面为"八柱七间七楼八字形"牌坊式门楼，开三门。明间、次间屋顶为细砖雕砌的如意斗拱，梢间、末间屋顶为牙砖叠涩出檐。明间门额阳刻"罗氏大宗祠"，上门楣为阳刻连续万寿纹，中门楣为双龙戏珠图案，下门楣为对称规整图案，左右为龙头，中杂刻"禄、寿、福"三变体字，次间门楣阳刻双龙头缠连藤及凤凰缠枝，门额上书阴刻"追远""报本"。梢间、末间门楣分别阳刻连体万寿纹、百兽群图、群鸟戏乐图及戏文故事。门厅和左右廊间上均设有方形藻井；享厅中顶设如意斗拱八角藻井，前部为卷棚顶，厅深奥处为神龛，左右次间为杂间；后堂为家族私塾，左为图书府，右为翰墨林。

图 3-2-7 宁都东山坝罗氏大宗祠牌楼式门面

该宗祠现保存较完整，石雕工艺精美，极富艺术性，花雕斗拱、月梁，精雕花卉鳌鱼。

2. 灵村“丘氏宗祠”和“邱氏家庙”

位于宁都县洛口镇灵村。作为姓氏，丘与邱同义，邱源于丘，丘姓远祖可追溯到周朝时的姜子牙（姜太公），姜子牙第三子穆公支庶因世居今山东营丘，故以地得丘姓，至清雍正年间，皇帝诏告天下尊孔，因孔子名丘，于是避讳而加“阝”遂改为“邱”。宁都灵村的邱氏始祖为丘氏第61世孙丘文仲，文仲的祖父丘崇于唐代初年贬任虔州（赣州）都指挥使，其次子曰渎迁居虔化（今宁都洛口），曰渎之子文仲于唐开元年间定居于灵村，后生齐之、鲁之、晋之、楚之四子，四房子孙瓜瓞绵延，播迁江南各省数百县邑，蔓衍东南亚诸国，至今已传至第109世了，成为客家著姓和南方丘姓的始祖地。

丘氏宗祠，始建于万历年间（1753—1620），后有修缮。正立面为“四柱三间三楼”牌楼式门面，平面为面阔三间15.7米，进深为一进两厅32.6米，后厅右侧附建厨房一间，宽4米，深16.3米。其祖堂神龛牌位，主要是祭祀丘氏远祖，即丘氏自始祖穆公以下至第61世孙文仲公之前的祖先。邱氏家庙，建于清嘉庆甲戌年（1814），后也有维修。正立面为"八柱七间七楼八字形"牌楼式门面，形式与上述罗氏大宗祠相似，平面为面阔三间16.3米，进深为一进两厅34.5米，前厅右侧附建厨房一间，宽4.2米，深17.5米。其祖堂神龛牌位，主要是祭祀丘氏近祖，即自唐代第61世丘文仲灵村开基以来至今的丘氏祖先牌位，因此，邱氏家庙即更宽敞，也更为热闹。

图 3-2-8　宁都丘氏宗祠与家庙并列而建

这两座祠堂，坐北朝南，并排而立，皆为砖木结构，青砖封火山墙，硬山顶，其建筑风格与结构形式基本相似，这也是宁都北部地区流行的祠堂建筑样式。现保存状况良好，1996年公布为县级文物保护单位。

3. 夏府"戚氏宗祠"与"戚应元公祠"

位于赣县大湖江镇夏府村。两祠皆砖木结构，青砖封火山墙，六柱五间五楼不落地式牌楼门面。

戚氏宗祠始建于明代，现祠堂尚保存有明万历二十七年（1599）、清康熙二十年（1681）和乾隆四十五年（1780）的重修碑记。立面为牌楼式八字门，面阔三间21.5米，平面为两进三厅47.5米。上厅设有供奉祖先牌位的神台，中厅与上厅间为一板墙门相隔，每年春、秋两季祭祖时，只要将隔板门墙拆卸来，上、中、下厅便浑然一体，形成壮观场面，下厅建有戏台，两侧设有楼梯可登上二楼看戏，如同包厢。上厅和中厅设有次间，用作堆放祠产的库房，如粮食、器具等。

图 3-2-9-1　赣县戚氏宗祠牌楼门细部

图 3-2-9-2　赣县戚应元公祠隐出不落地牌楼门面

戚应元公祠为戚氏宗祠之分祠，相距百余米，约建于清前期。立面亦为牌楼式八字门，面阔三间 15.3 米，平面两进三厅 35.5 米，布局也是上、中、下三厅并带戏台，上、中厅次间设有器具间和贮藏室。整个格局和外观形式基本相同，但无论面阔、进深还是规模档次都小于宗祠。

4. 宽田管氏宗祠

位于于都县宽田乡杨公村，建于清康熙四十五年（1706）。宗祠坐东北朝西南，砖木结构，封火山墙硬山顶。正立面辟三门，面阔三间 15.61 米，明间大门为四柱三间五楼牌坊楼形式，门额上嵌有阴刻"管氏宗祠"石匾，次间边门为四柱三间三楼

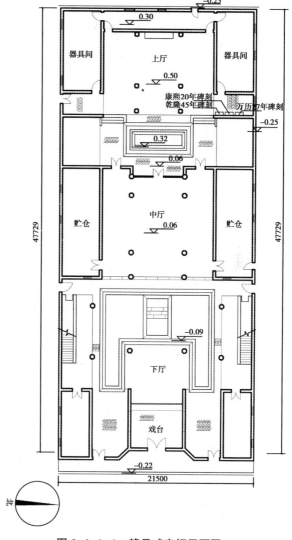

图 3-2-9-3 赣县戚家祠平面图

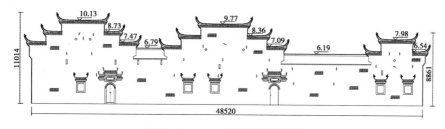

图 3-2-9-4 戚家祠侧立面图

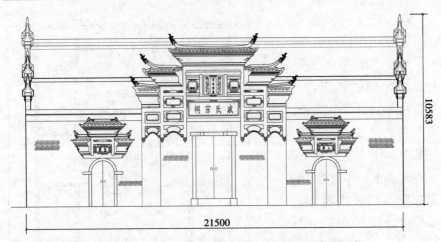

10583

21500

图 3-2-9-5　威氏宗祠隐出不落地牌楼立面图

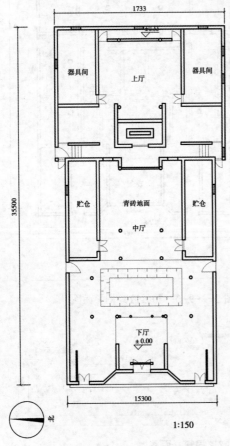

1733

上厅

器具间　器具间

贮仓　贮仓

青砖地面

中厅

下厅

±0.00

35500

15300

北

1:150

图 3-2-9-6　威应元公祠平面图

柱不落地的门楼形式。门前庭院内有一对刻工精细的红石狮子。平面布局自前往后依次为门前院坪、门厅（戏台）、正厅（中厅）、后厅和倒座屋（管理用房五间），属"三进三堂一倒座"形式，正屋进深 48.735 米，通进深 64.05 米（包括前院坪），明间两侧设有厢房，其右后侧加有三间附属用房。

相传：这座宗祠是唐末著名风水大师——江西派（形势派）的开山祖师杨筠松（俗称"杨救贫"）用板凳为管氏家族勘察选址的祠堂，为此，管氏后人在祠堂中厅左廊庑厅设有"尚義祠"，祠内便供奉着杨救贫，至今宗祠中厅右壁上，尚留有墨书诗："板凳定向显灵通，人丁兴旺在族中，管氏宗祠今犹在，芒筒坝人称杨公。"据县志载，后杨筠松死后葬

图3-2-10 于都宽田杨公村管氏宗祠

于附近（距管氏宗祠约1公里）的寒信峡药口，因杨筠松葬于此，改为今名杨公坝，现成为海内外风水师以及从事风水文化学术研究者常常朝拜的地方。

具体故事传说：管氏建祠之前，曾派人往兴国三僚聘请杨公，在起工那天择基定向。开工那一天，杨公穿着旧长衫，手里拿着雨伞，挎上背包袱，来到管氏建祠的芒筒坝，他看见许多村民正忙着平整地基，便站在边上张望。管氏族人见他衣着平常，也就懒得理睬。杨公在芒筒坝四处走动，东张西望，最后累了，自己找了一张板凳坐下，休息了一会儿，见还是无人招呼自己，心中甚为不快，便起身走了。杨公离开后，有个泥水匠才说："哎呀，刚才那个人好像就是杨救贫。"大家便议论起来，恰好管事的头人来了，听说刚才杨救贫来过，立即派俩个人去追赶，要把杨公请回来点化祠堂风水。两个人赶上杨公后，向杨公说明头人的要求，杨公不肯回去，无奈这两个人拉拉扯扯，杨公脱身不得，只好说："我刚才坐的地方，有一张椅子，你们的祠堂就照那张椅子的坐向做吧。"这俩人回去复命后，头人就照椅子的坐向建祠。

据管氏家谱记载：该祠立艮山坤向兼寅申，周天大门左边52度，门槛50度，右水倒左，面向梅江，前方腰带水上堂，水出丁未，坤申，酉峰秀气。祠曾于嘉庆三年（1798）、光绪二十年（1894）和近代多次重修过。"文革"期间长期为学校所占用，并进行了一些改造以满足学校使用的需要。20世纪90年代，管氏家族集资做过一次简单的复原维修，2015年省文物局拨款90万元对其进行全面维修。宗祠保存现状较好，2004年被公布为县级文物保护单位，2011年被定为省级待批文保单位。

5. 孔田下魏魏氏宗祠

位于安远县孔田镇下魏村，始建于明万历八年（1580）。宗祠坐西北朝东南，砖木结构，青砖硬山顶，抬梁式梁架。正立面为门廊式开三门，面阔五间19.55米，正门门额上悬挂一块木匾，上书"魏氏宗祠"四楷体字，

图 3-2-11-1　安远孔田魏氏宗祠门廊式入口

图 3-2-11-2　安远孔田魏氏宗祠内观

正门两侧门枕石上饰抱鼓石；平面由前堂、天井、后堂组成，为一进两厅五开间形式，地势前低后高，自前而后循阶升高，通进深31.3米。

祠堂曾在清代、民国和新中国成立后进行过多次维修。祠堂前面原有二座建造精美的门楼，在"文革"期间（1966—1976）被毁，同时，这期间，祠堂被利用和局部改造为晨光小学。20世纪90年代，小学从祠堂空出并就在祠堂前面和右侧建新校舍。祠堂空出后，魏氏后裔集资将祠堂按原状进行了整修，2011年定为省级待批文保单位。2015年省文物局拨款90万元对其进行全面维修。整座祠堂雕梁画栋，

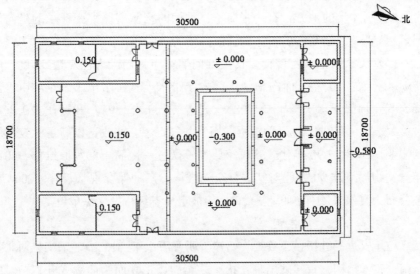

图 3-2-11-3　安远下魏魏氏宗词平面图

制造精美，是一座建造年代较早、保存现状较好的门廊式宗祠。

6. 栗园纪缙祖祠

位于龙南县里仁乡栗园村，相传始建于明弘治年间，但从其建筑风格分析，现建筑约建于清代中期。祖堂坐南朝北，砖木结构，青砖封火山墙，抬梁式梁架。正立面为门廊式开三门，面阔三间14.6米，中门门额上后人红漆书"纪缙祖祠"四字，门两侧门枕石上立一对青石质抱鼓石，门廊柱头上设有五踩式斗拱，斗拱和明间梁枋通体镂刻，装饰图案繁复；平面为三开间带门廊两进三厅式，前厅为敞厅，门廊两侧设耳房，中厅两边设乐输仓，后厅次间为器具房，后为龛座。整个厅堂高敞，厅内有七对方型石制堂柱，堂柱上共刻有十副阴文对联。此录两联以资鉴赏："派从文水分来支流长远，枝自栗园崛起根蒂坚深"刻于上厅堂柱，说明李氏流派；"园有栗木良材承植乔林为栋为梁支大厦，岁在辛维原始躬逢孝治一昭一穆焕新祠"刻于中厅堂柱，说明建祠的时间、地点。

由于本支李氏族谱，全部毁于20世纪60年代的"文革"中，现凭记忆和傍支族谱推论：李氏在此居住迄今已26代。创基者为李大纪、李大缙兄弟俩，系自本乡横岭下迁此定居。其父六世祖——李景辉，生于明宣德甲寅（1434），殁于成化丙申（1476），先后娶廖氏、谢氏，生六子八女，其中两子无后。长子大纶和三子大缤，系老屋围的开基祖（距栗园围三华里，也是一座村围），次子和四子，即大纪和大缙，故村内的总祠叫"纪缙祖祠"。

栗园村是一座较为完整和少见的村围，占地约60亩，为李氏宗族聚落。村四周用片石砌筑围墙，高约6米。围设东、西、南、北四门，但并非严格方位，号称而意。纪缙祖祠位于村围中的核心位置，前为占地约500平方米的水塘，水塘前是村围内的主干道和广场。栗园村于2014年列入第三批中国传统村落，纪缙祖祠于2011年被列为县级文物保护单位。

7. 大埠头黄氏宗祠

位于信丰县新田镇大埠头村小组，建于明代晚期。宗祠坐北朝南，砖木结构，抬梁式构架，青砖封火山墙，正立面开三大门，为通廊式门面。面阔三间15.3米，正屋前有一个约230平方米的内院，内院大门为四柱三间三楼式牌坊门，但仅在当心间开一拱券大门，门额上书"黄氏宗祠"字样。平面布局为两进三厅式，进深36.45米，其中后厅高出前两厅1.1米，建筑年代似晚于前厅。

图 3-2-12　信丰大埠头黄氏宗祠照壁式头门

图 3-2-13　信丰大埠头黄氏宗祠通廊式二门

黄氏宗祠是本村最古老的一幢建筑，也是本村黄姓村民共同的祖堂和精神家园。根据黄氏宗祠的构架和空间布局情况考察分析，该宗祠与当地常见的清代宗祠有较明显的区别，宗祠主体建筑应为明代所构。据访问村民，该祠曾因本村黄氏子孙考中进士，黄氏族人于清顺治七年（1650）对其重新修建了一次，并且增建了前院和院前牌坊式门楼。对这次维建情况，原有一方清顺治七年的修建碑竖于后堂右侧前墙，可惜近年被盗，现仅存碑座。

黄氏宗祠是一座有较可靠纪年的明朝晚期建筑，这对研究明末清初类似建筑提供了重要的实物资料。现在宗祠前厅左壁上并列有"皇清康熙陆六丁未（1667）夏月"所立的《黄氏建祠碑铭》和《淳叙堂香灯膳田碑记》两方石碑。前者记载黄氏族人集资维修祠堂的情况，后碑是说黄氏裔孙为祠堂捐田产和财物的情况。此后维修情况失载，至 2007 年时，由黄为明等牵头共捐款 7 万余元，对宗祠进行了一次局部维修，并在前院左壁立有《嗣孙为明捐资维修祠堂生辉》碑，落款为"黄氏宗祠铜锣丘管理委员会，2007 年 10 月 1 日"。但是由于技术、资金特别是不了解文物维修原则等问题，这次维修反而将祠堂的风貌破坏了。2012 年，省文物局将黄氏宗祠推荐为待批省级文物保护单位，2013 年拨款 80 万元，全面保护维修。

三 水阁楼

水阁楼，也有的称文昌阁，具体到各个单体从风水和文化角度还有特定的名称，但在赣南一般通称"水阁"或"水阁楼"。水阁，本为临水而建二层至三层四面可观景的楼阁式小品建筑。江南水乡所指的水阁，只是民居的一部分延伸至河面，下有木桩或者石柱打在河床中。如乌镇、西塘的水阁楼，便是"枕河"而建，凭窗可览小河风光，枕下流水潺潺，别有一番情趣。但在赣南等地民间流行的水阁建筑，基本都是一种具有风水意义的景观建筑，与江南水乡或北方的文昌阁、文昌宫比更多一层祈望的意义，其性质有较大区别，与当地流行的风水塔较为类似。

（一）赣南水阁楼的主要特征

赣南水阁楼一般建于某一盆地的村庄河流拐弯抹角处，或村庄入口处，往往成为进入某一聚落村庄的景观标志。建筑水阁的主要目的有：一是使本村或本姓氏从此以后能多出人才；二是祈求本村本姓人丁和财资都旺盛；三是有的兼用于镇邪避凶，具有镇压或抵消邪恶凶煞的作用。

水阁建筑大多平面为方形，高三层，各层依次收小，大多每层依次收分各一间。阁内往往供有文昌帝君或地方小神，也常见供敬佛道诸神，在过去常作学馆，供村里的子弟启蒙之用。现存文昌阁多见于于都、瑞金、会昌、宁都、信丰、兴国等县，代表案例有于都车溪的青云阁、辛峰阁和禾丰水阁、信丰的案山水阁、兴国杰村的田迳水阁楼、宁都慈恩阁、寻乌的圳下水阁和车头文昌阁、定南老城的文昌阁等。

图 3-3-1 兴国田迳水阁楼

图 3-3-2　寻乌圳下村文昌

（二）现存主要水阁楼介绍

1. 案山水阁

原名"水渊阁"，位于信丰县小江镇的溪燕水傍。平面六角形，坐西朝东，高四层，砖木结构，底层外长 29.4 米，宽 18.2 米，高 18.55 米，占地面积为 542.5 平方米，四层阁楼楼底层为砖木结构，二、三、四层为穿斗式梁架，木板隔墙，灰瓦粉墙，檐角垂铃，阁顶层雕有狮舞绣球。根据所存《劝捐建碑》，该水阁始建清道光十七年（1837），由知县张宗裕建，清咸丰年间（1851—1861）左右义仓遭焚毁，1930 年重修，后更名为"案山水阁"。2000 年 2 月由谢氏宗族理事会集资全面修葺一新。现为县级文保单位。

2. 老城文阁亭

又称文昌阁，位于定南老城镇黄砂口水口的古驿道（现公路）边，建于乾隆四十九年（1779）。相传，定南自 1569 年建县以来，进士、秀才少出，为激发子孙积极上进，增强他们文经武纬理念，祈望人文昌盛。建成文阁亭，若干年后，当地便有"老城黄砂口，秀才多过狗"之说。这座水阁楼除了一般具有的水口建筑性质之外，它还有接官亭的意义，因它位于老县治之东北五六华里处，是官员出入和迎来送往的休止之地。

图 3-3-3 信丰小江案山水阁楼

图 3-3-4 定南老城文阁亭（缪军摄）

文阁亭坐东朝西，硬山攒尖顶，砖、石、木混合结构，平面近正方形，面宽 6.4 米，进深 7 米，高三层 14.10 米，砖叠涩出檐。二层檐下嵌框，内书"步达云衢"四字，第三层檐下嵌有一块花岗岩石，石上刻"文阁亭"三字。门两旁书有对联，门额横书"层横耸翠"，上面有弯月形瓦檐，两侧是弧形瓦檐。在第二层瓦檐下镶有一块直立花岗石，刻有"文阁亭"字样。亭门分东门、西门两门，西门为正门，门楣横书"层楼耸翠"，门联书"气接琼瑶排青云直上，光联珠斗换台鼎钟祥"。入正门左内墙上镶有一方石碑，上刻"建造文阁亭及庙宇，各位乐捐列以左"字样，后附捐资者名单，落款为"乾隆四十五年岁次庚子仲夏月吉旦"。右内墙镶有"文阁亭记"碑刻一方，由黄砂口村岁贡黄卷题写碑文。一楼、二楼各层有一宽 0.8 米的木构木板梯通往三楼，二楼东墙设有神龛、神位、佛像、香炉等，至今香火旺盛，成为当地一道文化景观，具有较高的艺术和历史文化研究价值，现为省级文物保护单位。

3. 辛峰阁

位于于都县车溪乡坝脑村坝脑组。该阁创建于乾隆二十八年，咸丰七年被焚，光绪二年重建，民国年间和 1989 年两度重修。坐西向东。砖木结构，歇山顶，平面呈正方形，面阔三间，长 11.8 米，深 11.65 米，面积 137.5 平方米。高三层：底层四个角上砌方柱支撑角檐，并构成迴栏，顶层设藻井，二、三层均四面开窗，圆拱顶，里面每层有木楼梯相通，可登高远眺。现室内底层敬道、二层礼佛、三层供观音。

图 3-3-5　于都段屋辛峰阁　　　　　图 3-3-6　于都段屋回龙阁

4. 车头文昌阁

位于寻乌县南桥镇车头村南 2 公里处，建于民国 8 年（1919）。文昌阁坐南朝北，土木结构为主，悬山顶，平面形式为外圆内方。内核为方形阁楼造形，外观三层，土坯墙外粉白灰，砖石门窗框，灰瓦四面坡，逐层内收，攒尖顶，高 19 米。首层边长 17 米，面阔五间，二层面阔三间，顶层面阔一间。环阁而建的是一圈圆形围屋与门楼，高一层，土木结构，悬山顶，直径 30 余米。总占地面积 706 余平方米。

图 3-3-7　寻乌车头文昌阁鸟瞰（刘敏摄）

文昌阁功能，第一层为禄位宫，门边有楹联："文运振兴看此建

高阁立圣官诸神慷慨，
昌期集会卜他斗掇科登
甲第多士飞腾。"第二
层为文昌宫，第三层为
魁星宫。各层四面屋檐
下皆用双挑出檐，四角
翼角高高翘起并挂有风
铎，屋顶中心装饰瓷质
葫芦顶。四周围屋为校
舍和管理用房。

图 3-3-8　寻乌车头文昌阁立面

　　整个文昌阁坐落在
因寻乌河冲积而形成的
环形河畔中，因地势较低，周边没有村落，四周为稻田、农作物、河坝，
右侧 500 米为寻乌河，绿色田野如玉带般环绕的寻乌河，以及四周远处壁
立的青山，构成一幅奇妙的景观。该阁的平面布局，显然借鉴了古代天子
所设太学——辟雍的含义，表示效法古人尊儒学、行典礼的意思，但出现
在天远地僻之寻乌县的边鄙之地，着实令人感到诧异。可惜现文昌阁因年
久失修，残损严重，岌岌可危，存有朝不保夕之虑。

　　5. 江背慈恩阁

　　位于宁都县石上镇游家坊村江背村自然村口小溪傍。始建于清道光十
五年（1835），占地面积约 500 平方米。整个建筑分前、中、后三栋，平
面形式恰如当地的
"两进三堂"式祠堂
建筑。前栋为四柱三
间三楼牌坊式门楼，
素面粉饰，青砖防火
山墙，小青瓦屋面，
面阔三间，东、西两
侧各饰以拱门，门首
分别铭以"锡社"
"普惠"；中栋起三层
方形阁楼，歇山顶，

图 3-3-9　宁都石上江背慈恩阁

为慈恩阁的主体。底层为主厅,设以佛龛、藻井,与前厅隔天井相连。二、三楼的中央为正厅,四周有回廊,可供游人远眺;后栋为一相对完整的后堂,内供奉地方神明。

　　慈恩阁的建筑、选址、环境和使用功能等都较好,是赣南代表性水阁形式之一。现保存较为完整,1986 年已被列为宁都县文物保护单位。

第四章　墓塔、佛塔、风水塔

塔，本是一种纪念性建筑，来源于古印度佛教。其梵文名为"窣堵婆"（stapa），又名"兜婆"（topes），音译名还有偷婆、佛图、浮图等。南北朝时，译经人造了个"塔"字来表示它。自从窣堵波传入中国后，便与我国传统建筑结合起来，从而形成了我国大地上数以万计的形式多样的中国式塔。赣南现存唐宋以降的古塔 50 余座（不含一般小墓塔），从塔的功能上分主要有佛塔、风水塔和墓塔三种类型。[1]

一　墓塔

墓塔，又称普同塔、普通塔、海会塔、和尚塔等。它是佛教僧人死后采取的一种掩埋墓葬样式，也是塔最初功能和意义的表现形式。其形制因时代和所掩埋僧人身份的不同而有大小、形制和繁简程度的不同。一般来说，高僧死后，知名度高、财力强的所建墓塔形制便精美些，一般或没有名气的便简单些。

（一）主要特征

墓塔，赣南各县都有，最具代表性的有赣县大宝光寺智藏禅师塔、赣州通天岩普同塔、于都罗江康石岩普同塔等。赣南现保存下来的墓塔多为明清时期的，除赣县大宝光寺塔外，其他墓塔的建筑规模都较小，结构也简单。其主要特点勾勒一下：（1）必在寺庙附近；（2）都是石构；（3）大多为实心单层，个别作空心楼阁式者，如于都康石岩普同塔；（4）一般有铭文，内容不外乎称谓、年款、对联等，如赣州通天岩普同塔。

---

[1]　相关论述详见万幼楠著《塔》一书，中国建筑工业出版社 2013 年版。万幼楠论文集《赣南的传统建筑与文化》之《赣南古塔综述》《于都土塔》和《赣南的风水塔与风水信仰》，江西人民出版社 2013 年版。

赣南墓塔除具有一般墓塔意义外，即高僧死后的纪念性建筑，塔中或有骨灰、遗物之类，起码还有两个含义：一为一般和尚死后合用的墓塔，意同合葬墓；二为寺庙所建的一种慈善建筑物，如赣县《栖贤奄记》载："存寮以贮旅榇，贫而不能葬者，后苑为塔，塔曰'普同'，以收无主之骨，岁终则总计其久远，无人展视者而葬之。"又会昌万灵塔："顺治五年（1648），邑人赖之冕收拾合城之死难者而瘗之，建塔丈许。"①

（二）现存主要墓塔介绍

1. 赣县大宝光寺智禅大师塔

又称大宝光塔，因系大理石精构而成，石质如玉，故俗称"玉石塔"。

图4-1-1　赣县田村大宝光塔

位于赣县田村镇东山村宝华寺大觉殿内，建于唐咸通年间（860—873），是为纪念大宝光寺智藏禅师而建的。塔平面为正方形，高4.5米，可分为塔基、塔身、塔顶三部分。塔基由三层须弥座组成，每层须弥座束腰部分刊挖壸门，壸门内浮雕各具形态的狮子、麒麟、凤凰、卷云纹、盘膝趺坐的菩萨等；塔身坐在一仰覆莲座上，中辟塔室，正面开一眼光门，门两侧各浮雕一尊全身甲胄、手执宝剑的护佛金刚，金刚之上浮雕人首鸟身（大鹏鸟?），四角用八角倚柱，柱下用铺地莲瓣纹柱础，檐下斗拱为单杪单下昂五铺作，补间铺作一朵；塔顶由四坡屋顶和塔刹组成，屋面平缓、四角稍有起翘，四脊头

有脊兽，用方椽、莲花瓦当，塔刹由方座、束腰、八角形伞盖、宝珠等

① 易学实：《万灵塔记》，详见清同治版《赣州府志·舆地志·寺观》。

11层装饰组成。1957年被公布为首批省级文物保护单位，2006年公布为全国重点文物保护单位。

根据宋元丰二年《重建大宝光塔碑铭》等相关资料记载，大宝光塔史况大致为：唐元和十二年（817）四月初八日，智藏禅师无疾归寂于龚公山，寂年八十，僧腊五十一旦。唐宪宗谥大宣教禅师，两年后并敕建塔，塔内设智藏禅师德像，俨然如昔。至唐长庆四年（825），唐穆宗再谥大觉禅师号，塔曰"大宝光"。唐会昌五年（845）唐武宗不惠西方书，毁天下佛

0　20　　　60厘米

图4-1-2　大宝光塔立面

寺，大宝光塔亦废。唐大中七年（853），宣宗复诏立塔，唐咸通十五年（874），智藏禅师之上足弟子国纵与国纵的上足弟子法通，重建宝光塔于旧址，这便是今天所见之塔。宋元丰二年（1079），因岁久倾废，住持传法沙门释觉显重修塔宇，重立并书"唐技大宝光碑铭"，该碑至今仍立于大觉殿门檐下。

2. 赣州通天岩普同塔

位于通天岩景区的西部，建于1929年，全部由红砂岩条石构成。平面为方形，宽1.5米，高4.5米，整个塔由塔基（须弥座）、塔身（中空）和塔顶（三重檐四角攒尖顶）构成。塔身正面嵌有一块青石石碑，

碑文为"曹洞正宗　普同塔　民国十八年岁在己巳仲夏月下浣　吉旦住持释明志暨合院僧等建立"。现为全国重点文物通天岩石窟寺的附属文物。

图 4-1-3　赣州通天岩普同塔

图 4-1-4　于都罗江康石岩普同塔

图 4-1-5　寻乌狮子岩墓塔

3. 于都罗江康石岩普同塔

位于于都县罗江乡小满村康石岩。该塔为三级六面楼阁式，高 2.56 米，攒尖顶。塔身用多种规格不同的红麻石块卯榫连成。底层近似须弥座式样。六角起翘，正面有一浮雕佛像，上层正面竖刻"康石岩普同塔"六字，横额"快乐天空"四字，两边刻有"真心游佛园，觉爽赴龙华"对联一副，落款"康熙叁拾伍年丙子冬"。

4. 寻乌狮子崖寺墓塔

位于寻乌县文峰乡双坪村黄沙水狮子崖寺庙前 100 米处，建于清康熙十一年（1672）。坐西朝东，整座塔由红砂岩条石砌成，八边形，由塔基、塔身、塔刹三部分组成。塔基为两层须弥座形式，上层须弥座各面皆刊刻有牡丹花纹等装饰；塔身中空，内置放有高僧骨灰。塔身正面刻有"清示寂雙融持和尚开山"字样，除一面辟门洞外，余七面皆为盲门（窗）；塔顶为莲叶、葫芦或宝珠状。通高 2.9 米、周长 5.5 米。

二 佛塔

严格意义讲，佛塔也属墓塔，因佛塔最早也是用来埋葬和纪念高僧的，后来逐渐由对高僧的崇拜转为对佛教的崇拜。按塔院制，唐以前为"前塔后院"，人们对塔的崇拜重于殿堂的偶像，塔常位于寺庙大殿的前面，故有寺必有塔；唐代则流行"塔院并齐"，而晚唐以后则"前院后塔"，即人们更重殿堂的偶像崇拜了，有寺不一定就有塔。

赣南何时有佛塔？据地方志记载信丰大圣寺塔："砖石间有字可识，曰'杨贯重修'，又有赤乌年号。"而赣州慈云寺塔，则县、府志均载："唐初建，砖上有'尉迟监造'四字"，但这些连方志也只说是传说。

从现存实物考证看，赣南现存五座佛塔皆为北宋所建。它们是：赣州慈云寺塔，俗称"舍利塔"。因塔身砌有"天圣元年"（1023）、"天圣二年女弟子陶氏一娘舍钱二十吊""舍利塔砖僧"等铭文砖。尤其是 2004 年维修该塔时，在第四层暗龛中发现的众多纸绢质经卷、泥塑像和木、瓷、铜质文物中，没有发现晚于天圣年号的物证[①]，故其建筑年代大致可信。大余嘉祐寺塔，是座年代争议最大的塔。因地方志只记载了嘉祐寺，没记载塔的情况，故以往建筑年代都笼统定为嘉祐年间。20 世纪六七十年代古建筑研究的老前辈、原华南理工大学的龙庆忠教授到现场考察，根据其建筑特征认为是座"具有唐代风格而尚未成熟的宋塔"，而笔者也曾撰文疑其为唐塔[②]。然而，2012 年春节期间该塔地宫被盗，出土文物中有宋代铜镜、香熏、钱币、陶瓷质小器具，以及银质、铜质和石质小佛像。其中，在近百斤古钱币中，除发现有五铢、开元通宝等早期钱币外，还发现十余种北宋钱币，而最晚的钱币年号是"政和通宝"和"宣和重宝"。

---

① 在众多文物中，曾发现一件"大中祥符七年"（1014）字样的纸片。

② 详见万幼楠《赣南古塔综述》，《南方文物》1993 年第 1 期。

如果排除地宫为后人所为的话，那此塔应为北宋末期所建。尽管如此，但在赣州五座宋塔中，唯有此塔建筑形式、风格、体量等皆与其他四座迥然有异。信丰大圣寺塔，因 1954 年在塔上发现木雕佛像上刻有"大圣寺"故名。1986 年大修该塔时，又发现"治平元年"（1064）和"元祐元年"（1086）的铭文塔砖，而得知其绝对纪年。安远无为寺塔，建于宋绍圣四年建（1097）。因《安远县志》有明确的记载："古塔，西门外大兴寺后，向名'无为'计九层，高十五丈，宋绍圣四年建，有记。"[①]。石城宝福院塔，其塔壁上尚保存有宋"崇宁壬午"（1102）和"僧道符立"等铭文砖，故知其为北宋崇宁元年所建。

以上五座北宋佛塔，约占全省宋塔的一半，皆因寺名塔，又都是寺亡塔存，而且从表 4-1 看，其建筑年代、建筑形式较为接近，透示出跟风府城、一脉相承的信息。

表 4-1   **赣南现存唐宋佛塔一览**

名称	时代	地点	结造形式	主要特征
大宝光塔（玉石塔）	唐咸通五年（864）	赣县田村东山村宝华寺内	青石结构，塔身设一塔室	正方形亭阁式墓塔，高 4.5 米，基座为三层须弥座构成，塔身正面辟门，束腰及门两侧雕佛像、狮子、飞天等形象。四坡顶，塔顶由仰覆莲座、伞盖、宝珠等组成
慈云寺塔（舍利塔）	北宋天圣元年（1023）	赣州市厚德路文庙左侧	砖木混合结构，穿壁过室绕平座登塔	六角九层楼阁式塔，高约 42 米，底层周设高大的基座，有明暗层之分，各层设斗拱、倚柱、兼柱、额枋等仿木构件
大圣寺塔	北宋元祐元年（1086）	信丰县城区	砖木混合结构，穿壁过室绕平座登塔	六角九层楼阁式塔，高 66.25 米，原有副阶周匝，设斗拱、平座、倚柱、额枋等仿木构件，有明暗层之分，底层三向辟门，刹由覆盆、相轮、宝珠等组成
无为寺塔	北宋绍圣四年（1097）	安远县城西北角	砖木混合结构，穿壁过室绕平座登塔	六角九层楼阁式塔，高 61.3 米，设副阶周匝、斗拱、兼柱、倚柱、平座、额枋等仿木构件，有明暗层之分，塔刹由覆盆、相轮、宝珠等组成。底层不辟门

---

① 清同治版《赣州府志·舆地志·寺观》中记述该条时作"宋绍兴四年建"（1134），此根据赣南其他几座宋塔的建筑风格分析，采信《安远县志》的记载。

续表

名称	时代	地点	结造形式	主要特征
宝福院塔	北宋崇宁元年（1102）	石城城外琴江东岸	砖木混合结构，穿壁过室绕平座登塔	六角七层楼阁式塔，高50米，设有副阶周匝、斗拱、倚住、兼柱、额枋、平座等仿木构件，有明暗层之分，刹由覆盆、相轮、宝珠等组成
嘉祐寺塔	北宋宣和年间（1119—1125）	大余县城水口山（今板鸭厂内）	砖壁木楼层，空筒式	六角五层楼阁式塔，高19米，底层特别高，整个塔仅在二层上辟一门，余层各面均设假门（窗），有斗拱、倚柱、额枋、驼峰等仿木构件，盔式顶

（一）基本特征

一是循塔院制置塔。即一寺一塔，故称某某寺塔或某某院塔，塔皆位于寺院中轴线的大殿后。

二是仿木结构。都是砖木结构的楼阁式塔，主要承重体为青砖砌成，除大余嘉祐寺塔外，都用木栏杆、木檐子、木制斗拱、木楼层和设副阶（大檐廊），平面都是六边形，层数为七层或九层，有明暗层之分，高度为50—70米，底层三向开门。各层凡明间均设佛龛和门各三个，相错设置；暗层则在室内四壁辟佛龛；平座、腰檐用斗拱承砖叠涩挑出。塔身上下收分缓和，显得挺拔屹立。

三是登塔方式。除嘉祐寺塔外皆从第一层的上部分穿壁过暗层绕明层一面进入明层内，即术语所谓的"穿壁绕平座式"。

四是塔刹。一般由覆钵、相轮、宝珠等组成。有木质刹心柱下插至顶部下至两层。

（二）地方特色

一是具有唐塔遗风。如平面六边形，不用普柏枋。推测为唐代方塔形式向较合理的八角形塔过渡中，遗留下来的一种试创阶段中平面形式，且这一平面形式在赣南一直影响并流行到明清，成为赣南塔的主流样式。普柏枋，是紧贴在大额枋之上，上承斗拱的构件，唐代极少用，始流行于宋代，故宋代楼阁式塔，一般多有此仿木构件。

二是高矗。大圣寺塔和无为寺塔，皆为九层，总高度超过60米，这

图 4-2-1　赣州慈云寺塔

在全国高塔中也是屈指可数的。大圣寺塔高达 66.25 米，从现有资料看，北宋前比它高的塔仅见：唐云南大理千寻塔（高 67.13 米）、辽代山西应县木塔（67.31 米）、宋河北定县开元寺（高 84 米）。塔的高度不仅能反映当时的建筑技术水平，同时也能反映当时的社会背景和经济实力。赣南宋塔外观虽为七层或九层，但因有明暗层之分，因此，实为十五层或十七层（明暗相加至顶层仅有明层）。

三是穿壁绕平座的登塔方式。唐之前的楼阁式塔，均为单壁空筒式结构，其登塔方式，完全仿木构件建筑。用木扶梯上下，若遇火灾，扶梯楼板等木构件焚烧一空，只留下一砖造空筒，且空筒结构纵横之间，没有拉接构件，门洞与窗口部位极易上下通缝开裂，遇地震则易倒塌。故五代始吸取唐塔毁坏的教训，对塔内部进行改革，于是宋代出现很多结构方式，如壁内折上式（宋及宋以后的主流结

图 4-2-2　信丰县大圣寺塔

图 4-2-3　安远无为寺塔

图 4-2-4　石城县宝福院塔

构形式，赣南明代始流行）、回廊式、穿心式、旋梯式、穿壁式等。穿壁绕平座式也在这时出现，其登塔方式是从下层（明层）平座上向上斜穿塔壁进入暗层，再斜穿塔壁登到上一层平座上，绕平座一面便进入了明层塔室内。此结构方式，使塔梯、塔身和楼层结为一体，使上下左右互相牵连，增强了塔内部的整体性。设置的暗层既作层与层间休息台之用，又是信徒们进行膜拜敬崇仪式的场所，是功利兼顾的设计。这种结构形式在广东、安徽等省也有零星发现，虽未敢遂断赣南首创，但主流在赣南估计问题不大。

图 4-2-5　大余县嘉祐寺塔

三 风水塔

从现存的古塔看，赣南缺南宋至元代间的塔，文献资料也无这段时间建塔的记载。主要原因是受当时政治、经济、军事和佛教本身这几方面的影响。但赣南古塔经此空白期的沉思，到明代时却异军突起，文峰塔（风水塔）之兴建，风靡各县，以前有塔必有寺的说法，至此完全失去了意义。从赣南现存的50多座楼阁式塔看，有40余座都属文峰塔。这些文峰塔的年代，概属明清两代，且无一例是佛教意义上的塔。

赣南文峰塔，是明代风水学说盛行，以及考试文风发展影响下的产物。其名称繁多，如文风塔、文兴塔、文星塔、水口塔及根据八卦方位定名的巽塔、坤塔、辛塔等。这类塔几乎每县都有，其起名无一定式，唯取其吉祥发达之意，一般统称之为文峰塔或风水塔。建文峰塔，往往是因一个县城或村落，由于地势缺乏周衍，如无高山，或在某个方位地势低洼、景物空缺，为完美聚落环境，展示聚落昌明，于是要建一座塔。其主要目的，就是兴一方文风、保一方富贵，为所在聚落居民树立一种理想、构筑一种信念。

（一）基本特征

一是位置。一般位于城镇、村落河流拐弯处的水边小丘或周边山头峰巅，多见于聚落的东南面。赣南的聚落大多建于大大小小的丘陵盆地中，盆地中往往有一条或几条大小不一的河流贯穿其间，风水塔便位于聚落盆地的四周山顶或出入水口边。建在水口边的谓"水口塔"，这种塔，主要是祈求财运，既为一地风水之象征，又起航运航标之功用；建在山顶的谓"文峰塔"，这种塔主要祈求

图 4-3-1 赣州城郊龙凤塔

人才，数量众多，并常见三塔或两塔并峙山峰成笔架状形式，以象征"文风"。

图 4-3-2 会昌城郊龙光塔

二是结构形式。以砖结构楼阁式塔为主，清代或有土塔、石塔（于都、瑞金行土塔，寻乌、定南盛石塔）。

三是明与清塔的区别较明显。明塔尚保留有宋塔遗风，挺拔高大，与外地明塔风格略同，平面多为八角形，一般有基座。清塔则显得杂乱无章，造塔无一定式，做工也粗劣，平面以六边形为主，一般无基座。

四是塔身构造。明塔一般保留有仿木构件，如倚柱和额枋（如宁都水口塔甚至还保留有平座和简单

图 4-3-3 安远浮磋长河吉祥塔

图 4-3-4　宁都城郊水口塔

图 4-3-5　宁都田埠东龙村水口塔

的斗拱、木剎柱等，可视为赣南宋塔向明塔特征过渡中的塔），每层门窗较多；而清塔一般无仿木构件，底层辟一门，其余各层或只一门（窗），且有不少整座塔仅三五个门或窗者，甚至不设门窗者。有许多塔在第一层上部或第二层上嵌有石匾，上铭塔名。

五是登塔方式。明塔基本上为壁内折上式；清塔则基本上为空筒式塔，并有实心的、全封闭的和通心式的塔（因建塔是弥补风水之不足，不供游览用）。

六是塔剎多作宝葫芦状或砖砌"小塔"状收顶。

（二）地方特色

一是出现时间早。据兴国《朱华塔记》[1]：唐代本地风水大师曾文辿就在城郊的西山和横石建了两座风水塔，以"补缺障空，大光官曜"。而就全国来讲，文峰塔之兴起及流行，一般皆称始于明代，从有关资料看，也至多能上溯至宋，如杭州六和塔、岳阳慈氏塔，这两塔为镇邪避恶（镇水妖）而建，可谓与"风水"沾得上边，但无"文风"的意义。因此，如属实的话，建于唐代的横石塔和西山塔，恐为我国最早的文峰塔。

二是数量多。现已经专人调查过的就有 45 座，其实未经调查和遗漏的恐还有一些。若按方志上有，而现在已毁及方志上无且又毁了的塔，数量恐远远大于此。以于都文峰塔作例：现存 9 座，县志上载有，而实际已毁的还有 5 座。而赣州（古赣县）仅城区周边三江六岸，便有 6 座风水塔，它们是"玉虹塔，在城北西岸，明万历年间，都御史谢杰从士民请建，取坡公（苏东坡）'水作玉虹流'句为名。府城东贡江二塔，一对七里镇，一对梅林。府城西章江塔，在揭步，今名吉埠"[2]。现仅存玉虹塔和七里镇对岸一对塔中之龙凤塔，余塔早年被毁，其中吉埠塔毁于"文革"期间。

三是革新壁内折上的登塔方式。壁内折上是我国宋以后登塔的主流方式，赣南流行于明代，且有所创新，如将本一条道在塔壁内盘旋折上的登塔方式，改进为双道从壁内折上，此姑称之为"双向壁内折上式"。如宁都水口塔和会昌龙光塔。这

图 4-3-6 于都禾丰水阁口古塔

---

① （明）代卢柱：《朱华塔记》，见清同治版《赣州府志·舆地志·寺观》之兴国县，赣州地志办校注，1986 年版，第 595 页。

② 清同治版《赣州府志·舆地志·寺观》，赣州地志办校注，1986 年版，第 555 页。

种登塔方式，既解决了人多时上下塔之困难，又节省了建塔用的砖材。又如上犹营前的龙公塔，将之变为"扶壁折上式"，即将内壁减去，使本在两壁之间的砖梯裸露在塔心室内，仅外加一扶杆以防不测，这一革新在于省料和别致上，犹如今之裸露升降电梯。

图 4-3-7　寻乌南桥日新塔

四是结合当地建筑技术和材料应用习惯，大胆创新于塔上。如于都和瑞金的土塔，它是将当地夯土版筑民居的建筑技术运用于建塔上，这种土塔在我国尚属创举。还有于都的片石塔，也是将当地用于砌筑民居基础的卵石、片石，用于造楼阁式塔，这都是建塔材料上的大胆创造。

五是塔心设计多种多样。赣南明清楼阁式塔，除了壁内折上和空筒式两大主流外，塔心设计还有实心和通心两种。前者可分为全实心和局部（塔之下部）实心两种；后者亦可分为两种形式，一种是全通心式，即外观分层，内面直壁到顶，中无梁板分层；另一种是内外虽分层，但内层与外观塔层不

图 4-3-8　瑞金武阳双塔

相符，其内层梁枋完全是起加强四壁之间的联系作用，不作登临之用。此外，兴国朱华塔的塔心设计，也别具一格。其塔室中有一根落地方形塔心柱（亦称"通天柱"），塔心柱周为回廊，亦作塔心室用，塔心柱通过各楼层砖砌的楼板与塔外壁（壁内设砖梯）联系，使塔心柱与外壁连为一

体，整座塔除塔刹、基座和佛像系红麻石做成外，全用砖砌成，是赣南砖石构发展到高峰时的产物。

六是仿佛塔之双塔或多塔制。就像佛塔除单塔外，还有双塔、三塔、五塔和塔群制一样。赣南的风水塔也借鉴了佛塔的多塔制，使赣南的山

图 4-3-9　赣州杨梅渡翠浪塔

川或聚落点缀得更加巧妙和美丽。如瑞金在环城区的东南和西南山巅以及水口分别建龙峰塔、龙珠塔、鹏图塔和凤鸣塔（九堡密溪村亦仿此，在村落东、南、西面建四塔），赣县七里镇和梅林两对双塔，寻乌南桥夹东头村而建的日新塔和文笔塔，瑞金武阳夹绵江而建的五层双塔，等等。

作为赣南的一种文化传统，自 20 世纪 90 年代以来，赣南悄然兴起新建、重建或重修风水塔的热浪。如南康、全南、于都、赣州、大余、崇义等县市，都在城区周围新建了集观光和美化环境于一体的大型新塔，成为城区的一道亮丽景观。

表 4-2　　　　　　　　　　　　赣南现存明清风水塔一览

名称	时代	地点	结构形工	主要特征与记载
水叫坑塔	明成化年间（1465—1487）	安远重石黄坑村水叫坑	砖结构，壁内折上登塔	六角五层楼阁式塔，高 13 米，用砖斗拱承托砖叠涩出檐，底层及四层、五层设券门，余层各面设盲窗假门，塔顶残
朱华塔（横石塔）	明嘉靖二十九年（1550）	兴国县埠头枫林村横石山	砖结构，壁内折上登塔，中有一根方形落地塔心柱	八角七层楼阁式塔，高 26 米，红条石基座，砖叠涩出檐，弧檐八角起翘，各层各面塔窗与佛像相间，上下错置，有平座，底层按东南西北各辟一门，有简单的砖制斗拱、柱额等仿木构件。明知县卢柱有《朱华塔记》
金星塔	明隆庆年间（1567—1572）	大余梅关镇东山村	砖结构，实心式	六角形，塔顶残破，现残高 7 米三层

续表

名称	时代	地点	结构形工	主要特征与记载
水口塔	明万历二十年（1592）	宁都县城南郊梅江河边	砖木混合。双向壁内折上登塔，有刹柱至四层	八角七层楼阁式塔，高 48.8 米，双层砖叠涩出檐，有平座及简单的砖制斗拱、柱额等仿木构件，底层按东西南北各辟一门。《宁都直隶州志》："知县莫应奎倡建，……屹峙中流，邑人刘贤有记。"
田寨塔	明万历二十八年（1600）	全南中寨水口东端山上	砖结构，局部实心（上部空心）	六角七层楼阁式塔，高 13.9 米，砖叠涩出檐，各层各面设盲窗或门，塔四周建有护墙，攒尖顶
龙 珠 塔（白塔）	明万历三十年（1602）	瑞金县城西郊赤珠岭	砖壁木楼层，壁内折上登塔	六角九层楼阁式塔，高 34 米，红条石基座，塔下周角设有维护石柱。各层均设门窗，有倚柱、额枋等仿木构件
龙 峰 塔（巽塔、文兴塔）	明万历四十三年（1615）	瑞金象湖南岗村方巾岭	砖结构，实心	六角七层楼阁式塔，高约 20 米，塔之二层上有青石圆，上铭"龙峰塔"，左右有纪年小铭文
玉 虹 塔（白塔）	明万历年间（1573—1620）	章贡区水西塔下村	砖壁木楼，壁内折上登塔	六角九层楼阁式塔，高 42 米，基座为红条石砌成的须弥座，叠涩出檐，底层三向辟门，有倚住、额枋等仿木构件
上乐塔	明万历年间（1573—1620）	信丰县油山上乐村下屋场	砖结构，壁内折上登塔	六角五层楼阁式塔，高 29 米，第层辟一门余五面作隐出假门、盲窗
长龙塔	明万历年间（同上）	崇义县长龙小罢山	砖结构	
龙光塔	明天启四年（1624）	会昌县城西郊河边	砖壁木楼层，双向壁内折上登塔	八角九层楼阁式塔，高 44.8 米，砖叠涩出檐，各面辟门，有倚柱、额枋等仿木构件
龙公塔	明天启年间（1621—1627）	上犹营前镇龙下文峰山上	砖结构，扶壁折上登塔	又名辛峰塔，六角七层楼阁式塔，高约 25 米，底层辟门，每层三面设窗，砖叠涩出檐，有倚柱、额枋等仿木构件。《南安府志》："明知县龙文光建塔其上，人文遂盛。"《赣州府志》载有萧凤仪的《龙光塔记》
巽塔	明崇祯十年（1637）	定南县老城乡三台山上	条石结构，空筒式	八角七层楼阁式塔，高 15 米，底层西北向辟门，门上石刻横书"青云峰"三字，叠涩出檐。知县钏大成、教谕方立倡建

续表

名称	时代	地点	结构形工	主要特征与记载
文塔	清顺治年间（1644—1661）	龙南县城郊桃江五鬼山	砖结构，实心	六角三层楼阁式塔，高 8 米，底层开一门洞，塔上阴刻"文峰"两字，塔顶为灰浆卵石堆成的一个锥体，似为未竣工之塔
日新塔	清康熙五年（1666）	寻乌县南桥东头村大平围滴水岩上	石结构，通心式	六角七层楼阁式塔，高约 14 米，不设门窗
文笔塔	清康熙三十九年（1700）	寻乌县南桥东头村盘龙寨石门山上	石结构，通心式	六角七层楼阁式塔，高 14 米，不设门窗，与日新塔构成双塔性质
培风塔	清康熙四十一年（1702）	寻乌县城郊石圳山上	砖石结构，空筒式（底层实心）	嘉庆三年（1798）邑人曹斯翰重建。八角七层楼阁式塔（原为九层），高 22 米，石基础，底层用红条石及部分青砖砌成，二层以上为砖壁，二四六层辟一门，余为假门，三五层辟二门，顶残。《赣州府志》载有赖士炳的《培风塔记略》
水口塔	清康熙四十三年（1704）	安远县紫坑山背柯村南山上	砖结构，空筒式	六角五层楼阁式塔，高 13 米，砖叠涩出檐，底层设假门，门额上有红石匾，上刻"撷秀"二字，边有纪年小款，塔体表粉白灰，宝葫芦顶
坤塔（女塔）	清雍正元年（1723）	瑞金九堡密溪村虎羊山上	砖结构，空筒式	六角五层楼阁式塔，高 14 米，底层南北向辟门，二层青石匾上阳刻"凝秀峰"三字，边有年款，铁葫芦顶，风水塔
湖心塔	清雍正五年（1727）	宁都县田埠西坑村南侧山上	砖结构，空筒式	六角七层楼阁式塔，高约 15.4 米，风水塔
罗坝塔	清雍正六年（1728）	龙南汶龙罗坝村	砖结构，壁内折上式	六角七层楼阁式塔，高约 21 米，每层均设门窗，系本村蔡新仁创建筑
步青塔	清雍正七年（1729）	宁都县赖村莲子村东南河畔	砖结构，空筒式	六角九层楼阁式塔，高约 34.5 米。风水塔
关西塔	清雍正年间（1723—1735）	龙南县关西田螺坑山上	砖结构，空筒式（底层实心）	六角五屋楼阁式塔，高 15 米，底实实心，余四层均辟门，二层门额阴刻"首事北圣，头人洪榜，塔师朱文邦，塔师王左文"等铭文，八角顶，圆环尖刹

名称	时代	地点	结构形工	主要特征与记载
龙凤塔	清乾隆年间（1736—1795）	章贡区水南长青村川坳山上	砖结构，壁内折上登塔	六角七层楼阁式塔，高 21.7 米，砖叠涩出檐，各层各面上下相错辟券一门，余为假门
回澜塔	清乾隆年间（1736—1795）	于都县罗坳西南中埠山上	三合土结构木楼层，空筒式	六角七层楼阁式塔。高约 30 米，底层辟一门，各层各面设窗，但仅二层有两个是真窗，砖叠涩出檐，宝葫芦顶
鹏图塔（丙峰塔）	清乾隆元年（1736）	瑞金县象湖溪背村东山上	三合土结构，空筒式	六角九层楼阁式塔，高约 25 米，底层门额青石匾上阴刻"鹏图塔"三字，两侧有小字落款，砖叠涩出檐，表面粉石灰
文峰塔（乾隆塔、文溪塔）	清乾隆年间（1736—1795）	兴国县高兴乡文溪村南山上	砖结构，通心式	五角三层楼阁式塔，高约 20 米，底层不设门，二层始各面设券门，塔顶有红石碑
凤鸣塔	清乾隆元年（1736）	瑞金县泽覃光辉村庙角山上	三合土结构，空筒式。	六角七层楼阁式塔，高约 20 米，底层门额上阳刻"凤鸣塔"三字，两侧有落款，各层相错设窗洞，砖叠涩出檐，与龙峰塔、鹏图塔一起组成瑞金城的文峰塔
文峰塔	清乾隆二年（1737）	于都县禾丰水阁村圆背山上	三合土结构，空筒式，内梁板为十三层	六角七层楼阁式塔，高约 30 米，底层辟一门，二层红石匾上刻"文峦耸秀"四字，两侧有小铭文，砖叠涩出檐，宝顶
峰山水口塔	清乾隆七年（1742）	大余县赤石乡巷口村	砖石结构，空筒式	六角七层楼阁式塔，高约 24 米，用四层红石条砌成基座，叠涩出檐，各面均设门窗，底层红条石券门，门上有匾，字迹已不能辨，圆锥形塔顶
东山塔	清道光年间（1821—1850）	寻乌县茅坪乡东山上	石结构，壁内折上登塔	八角七层楼阁式塔（因雷击，重修时为六层），高约 14 米，各层设有细小的石窗
六秀塔	清同治年间（1862—1874）	于都县银坑天华山上	片石结构，通心式（下部实心）	六角七层楼阁式塔，高约 14 米，一、二层可能实心，不设门窗，砖叠涩圆穹窿顶
新津文峰塔	清光绪六年（1880）	于都县仙霞小朱坑村	三合土结构	六角四层楼阁式塔，残高约 7 米，砖叠涩出檐，各面设一斗窗
文兴塔（南山塔）	清光绪年间（1875—1908）	上犹县城郊南山上	砖结构，空筒式	六角七层楼阁式塔，高约 20 米，底层辟一门，余层大多为盲窗，顶层及底层塔门残破，与登龙塔夹上犹江对峙

续表

名称	时代	地点	结构形工	主要特征与记载
龙头塔 （龙迳塔）	清光绪年间 （1875—1908）	全南县龙下龙迳西侧山上	砖壁木楼层，空筒式	六角七层楼阁式塔，高 26 米，底层辟门，各层各面盲窗与真窗相间置设，塔砖上有"龙头塔"铭文，叠涩出檐，八角攒尖顶
吉祥塔	清光绪年间 （同上）	安远县浮槎长河村南山上。	三合土结构，空筒式	六角七层楼阁式塔，高 18 米，底层辟门，各层各面设真假相间的圭形窗，叠涩出檐
庄埠塔	清代	于都县丰田庄埠村	三合土与青砖混合结构，通心式（下部实心）	六角七层楼阁式塔，高约 14 米，一、二层实心，不设门窗，砖叠涩圆穹窿顶
土庄塔	清代	信丰县小河乡东头屋村	砖木结构，壁内折上登塔	六角五层楼阁式塔，高 13.89 米，底层辟门，各层真门与盲窗相错开设
塘墩塔	清代	安远县大岗头旱塘	砖结构	
下马塔	清代	于都仙霞下马村后山上	三合土木楼层，空筒式	六角五层楼阁式塔，塔基六角为宽大的抹角基座，砖檐覆瓦，各层各角有翘角及饰物，一、三、五层设门，六角攒尖葫芦顶
风雨亭塔	清末民国初	瑞金县泽覃石水村石山上	三合土（第五层为砖构）。空筒式	六角五层楼阁式塔，高约 11 米，底层辟一券门，余层四面设窗
三梅塔	清末民国初	于都县仙霞三梅村	自然卵石、片石。通心式	八角三层楼阁式塔，高约 8 米，砖叠涩出檐，八角起翘盔式顶，有覆钵、束腰、受花、宝珠等组成的塔刹，内外均未粉刷
靖石土塔	民国初年	于都县靖石任头村后山上	三合土木楼层，空筒式	六角七层楼阁式塔，高约 20 米，砖叠涩出檐，每层均辟一门，塔顶六角用青石条作六条翘角
中新屋文峰塔	民国初年	于都仙下吉村中新屋塔	片石三合土，空筒式	外观六角，内空呈圆筒形，为五层楼阁式塔，高约 10 米，砖叠涩出檐，底层辟一门

　　总观赣南的古塔：现存唐至民国初年古塔（不含小墓塔）50 余座，可分佛塔与文峰塔两大类。佛塔主要流行于唐代至北宋，以北宋为鼎盛

期；文峰塔流行于明代至民国初年，以清代为全盛期。墓塔，唐代的精美，明清的粗劣。塔体品质：以宋塔建造工艺最精工，明清塔造型僵硬，构造简朴；宋塔均为砖木混合结构，有副阶、斗拱等，梯式为穿壁绕平座；明清塔以砖或砖石结构为主，间或有土塔、石塔，梯式以空筒式为主；平面六边形，是赣南古塔的一大地方特色；赣南的土塔、卵石塔和圆棱楼阁式塔，是我国古塔的大胆创造。

第五章　文庙、武庙、城隍庙

文庙、武庙和城隍庙，其共同特点便是，都属官式建筑性质，即由官方主导投资兴建，建筑形式、布局、规制和供奉的对象等，历朝历代制式基本上一致的。当然，由于南北方气候、文化和经济等差异，可能有所变化，但总的来讲，其主要建筑类型和布局等是大同小异的。

文庙、武庙和城隍庙，还有一个特点便是，一般只有县级以上行政驻地才设立，而且是县级以上政府必配的礼制设施，因此，此三庙皆设在县以上城市里，并且一级政府只一所，特别是文庙与城隍庙。当然，若此县还是府治驻地，便有两所。如赣州便有位于厚德路的县文庙和位于阳明路（今区公安局和原区政府内）的府文庙，位于县文庙右侧的县武庙和位于西津路（今郁孤台下）的府武庙，位于章贡路（今老地委左侧）的县城隍庙和位于县文庙左后侧的府城隍庙（今尚存府隍庙背巷）。但赣南便出现一些罕见的例外：在乡一级驻地分别出现有上犹营前文庙和宁都田头城隍庙、会昌羊角水堡城隍庙。

一　文庙

文庙，是古代以办学为宗旨将学校与崇敬孔子相结合的教育场所和祭孔场所，故又称学宫、学庙、孔庙、夫子庙等。它除了曲阜孔庙和北京孔庙与"学校"没有关系，是为封建帝王、地方官员祭祀孔子的专用庙宇外，其他文庙均由政府教育行政主管部门直接管理。

由于孔子创立的儒家思想对于维护社会统治安定所起到的重要作用，因此，历代封建王朝对孔子尊崇备至，把修庙祭孔作为国家大事来办。到了明、清时期，每一州、府、县治所都有文庙，其数量之多、规制之高，建筑技术与艺术之精美，在我国古代建筑类型中，堪称浓墨重彩的一种，是我国古代文化遗产中极其重要的组成部分。

（一）文庙建筑的基本规制

文庙建筑的布局，普遍采用均衡对称的方式，沿着纵轴线与横轴线进行设计，其中多数以纵轴线为主，横轴线为辅。按纵轴线上的庭院划分，我国文庙可以归纳为九进院落、三进院落等几种主要形式。

九进院落，为国家规格，仅曲阜孔庙有此规格。第一院落为棂星门至圣时门；第二院落为圣时门至壁水桥；第三院落为壁水桥至弘道门；第四院落为弘道门至大中门；第五院落为大中门至奎文阁；第六为奎文阁至大成门。由大成门起分东、西两路：第七为西路启圣门—启圣殿—圣王寝殿；第八为东路承圣门—崇圣祠—家庙。第九为寝殿—圣迹殿。

从曲阜孔庙的布局可以看出横轴线上两侧几乎全是一一对称的建筑，充分显示出等级森严的气氛。自唐以来，各地孔庙均以曲阜孔庙组群为基本模式，所有建筑格局都不能超过其建筑式样，其礼制必须低于曲阜孔庙。

三进院落，是地方孔庙比较普遍的礼制。一般由万仞宫墙至大成门为第一进，大成门至大成殿为第二进，大成殿至崇圣祠为第三进。为了解其意义在此稍作展开。

1. 万仞宫墙

文庙最前面的主体建筑，起照壁、屏风的作用，正面镌刻"万仞宫墙"或"宫墙万仞"、或"宫墙数仞"字样。此语出《论语·子张》："叔孙武叔语大夫于朝，曰：'子贡贤于仲尼。'子服景伯以告子贡。子贡曰：'譬之宫墙，赐之墙也及肩，窥见室家之好，夫子之墙数仞，不得其门而入，不见宗庙之美、百官之富。得其门者或寡矣。'"引用词语，意在勉励学习。由万仞宫墙起始的第一进院落还包括泮池、棂星门、戟门，两侧建筑包括圣域、贤关两坊（有的为礼门、义路或德配天地、道冠古今坊等）、乡贤祠、名宦祠、更衣所、陈设所、神厨、祭器库等。

2. 圣域、贤关或礼门、义路

位于照墙两侧，是文庙的出入口。建筑没有定式，或作前坊后屋式，或作门庑式，或作随墙拱形门。

3. 棂（灵）星门

棂星，即天田星，是天帝座前三星，宋时因"王者居象之，故以名门"。棂星门是文庙建筑群中轴线上重要的木制或石结构牌楼式建筑，以石构居多。雕刻装饰较为精美，就内容和题材而言，明间枋上多采用浮雕技法雕刻龙凤题材，次间枋上浮雕卷云、祥禽瑞兽、祥花瑞草等装饰，明间坊顶部不施装饰或施宝顶。

4. 泮池

又称"泮水"，是地方官学标志，由于古代帝王立学名"辟雍"，四周环水，中央建堂，俯瞰如玉璧。诸侯所设学校在等级上低于皇帝，因此只能以半水环之，故称"泮水"。泮池一般为半圆形，中设拱桥跨越，皆为石砌。位于棂星门之前或之后。池边及桥上均施望柱、栏板，栏板一般为整石，不施雕刻。

5. 大成门（戟门）

《孟子·万章》："孔子之谓集大成，集大成也者，金声而玉振之也，金声也者，始条理也。玉振之也者，终条理也。"大成门由正门与侧门构成，平时侧门开启，正门只有在祭祀孔子的时候才开启。宋皇帝诏庙门立戟十六，用正一品礼，后又增加到二十四戟。这种戟是一种礼仪器，木制，无刃，在门庭设专架二列，列戟的多少与官职的高低相关，因此大成门又称戟门。大成门左右设更衣所、陈列所或斋宿所或祭器库、礼器库等附属建筑，建筑体量要低于大成门。

6. 大成殿

大成殿是孔子的享殿，也是文庙建筑群最重要的建筑。殿前有月台台周设栏板，与大成殿形成"凸"字形布局。拜台是举行祭孔仪式的主要场所。大成殿之名始于宋，明嘉靖以来殿内正中供孔子塑像，两侧为四配、十二哲的塑像。大成殿与拜台相连，但台基要高于拜台。台基一般为青石砌筑，有的作须弥座式。屋顶形式以单檐或者重檐歇山式最常见，屋面多铺黄色琉璃瓦，但也有铺青筒瓦或青蝴蝶瓦的，地方特色较为浓厚。大成殿装饰题材内容多为等级最高的龙凤装饰，装饰部位包括御路、柱础石、柱、撑栱、雀替、脊部等，方法除了雕刻外，还有灰塑和嵌瓷等。

7. 东、西庑

位于大成殿与大成门之间的两侧，是附祭孔子的弟子及历代名贤大儒之所。在位置的设置上，南端为名贤大儒，北端为孔子弟子。关于两庑祭祀的先贤先儒的人数和位次，历代多有变化，清初从祀先贤先儒人数为97人，到了清末人数达到156人。

8. 崇圣祠

又称启圣宫、启圣殿、启圣祠，是文庙建筑群最后一进院落中的主体建筑。崇圣祠是传道同时注重孝道的产物，为祭祀孔子先祖五世的场所。现存文庙崇圣祠多位于大成殿后，这也是官定的位置。崇圣祠多为带前廊或回廊建筑，一般为单檐歇山式建筑。

此外，有的文庙在崇圣祠后或一侧还有尊经阁或敬一亭等单体建筑，不形成院落。尊经阁始建于宋，宋称"御书阁"，一般高两层，除了上层藏书外，下层也有供奉孔子和一些名儒塑像者。敬一亭始建于明嘉靖年间，初在翰林院，后推及两京国学及地方各学，在学宫建筑中多建于学署中。

（二）赣南现存的文庙建筑

虽说文庙是古代州县必备的官式礼制建筑，但文庙作为中国封建社会旧礼制的典型标志，随着1911年辛亥革命的枪声响起，文庙建筑也就戛然而止，如今经过百年沧桑，特别是20世纪70年代"批林批孔"运动的洗礼，文庙能囫囵侥幸保存至今，全国也是凤毛麟角。赣州按说最少也应有18座文庙，但现在按只要保存下一栋完整房子就算的话，也就剩下赣州、会昌了。但还有一个罕见特例：上犹营前还保存有一座乡级孔庙。现将它们略作介绍如下。

1. 赣州文庙

位于今章贡区老城东南厚德路42号的文庙，其实是赣县文庙，赣州文庙，本应是指"赣州府文庙"（其旧址在今阳明路西段原章贡区政府内，约毁于民国初年，现尚存残址和遗构，如刻有"府学"二字的铭文砖和一些红石构件）。因现只存此文庙，故后人混为一谈，当然，这也有其一定的历史原因。由于府文庙和县文庙，历史上长期共存一处，自宋到明万历三十二年（1604），县文庙基本上附随府文庙而动，历经七八次的反复迁址（几乎分不清具体位置和兴毁离合的时间，但大部分时间是在紫极观），到清乾隆初年再次迁回紫极观即现址，才没有再变化地址。

文庙现址在唐代是一座道观，叫紫极观，宋大中祥符年间（1008—1028）更名为"祥符宫"。据宋《图经》载：宋以前赣州已有孔庙，庙址紧挨紫极观，宋大中祥符三年（1010），因扩建紫极观为祥符宫，便将孔庙并入宫中，府学、县学俱废。宋皇祐二年（1050），县令王希在原孔庙旧址东南不远处重建孔庙，并将县学置于庙中，因是县学同时也是祭孔的场所，所以又称之为"文庙"。宋绍兴二十年（1150），文庙毁于火，宋绍熙五年（1194），县令黄文乔重建。此后，宋庆元三年（1197），明洪武、永乐、宣德和景泰年间都曾分别修葺。

其间，明太祖洪武二十六年（1393）赣县人刘渊然为祥符宫道士，善呼风唤雨，太祖朱元璋闻其名，召至北京，赐号"高道"，永乐四年（1406）祥符宫扩建完工，刘渊然特捐大铜钟一口，这口重达千斤的大铜钟，现为国家二级文物并仍存放于文庙厢房内。又据《赣州府志》记载，王阳明在赣州任都察院右佥都御史、巡抚南赣等时，曾于正德十二年（1518）正月初一，将"涮头寨"义军首领池仲容及部下93人诱入祥符宫。正月初三，王守仁在门外暗设伏兵，趁池仲容及部下受赏、宴庆之时，将其全部捕杀于门外，史称"祥符宫之变"。

图 5-1-1 赣州阳明路出土的"赣州府学"铭文砖

自明成化四年（1468）至清乾隆元年（1736），赣县文庙先后改建于景德寺、复迁紫极观、改建郁孤台下。清乾隆元年（1736），知县张照乘将县学迁回紫极观旧址，并按孔庙形制重建。后在乾隆二十五年（1760）、乾隆四十二年、嘉庆九年、咸丰十年（1860）又分别修葺。此后文庙维修失载。

民国后文庙逐渐衰落，利用为新式学校，其间将仪门前的泮池填埋掉，池前的棂星门、数仞宫墙也随之渐次毁坏乃至荡然无存，成为学校的操场（后习称为"文庙广场"）。新中国成立后，文庙仍主要为教学场所，先为赣州第六中学、工厂，继为市委党校、后为厚德路小学校址，也幸而被学校占用，否则，也难逃"文革"劫难。1987 年，文庙被公布为省级文物保护单位，1989 年，厚德路小学从文庙迁到旁边的现校址后，文庙大成殿、东庑、西庑和大成门移交当时的市博物馆管理，1995 年，租借给开发商并维修了大成殿。1998 年迫于压力由政府出资赎回，交还博物馆管理。2003 年因筹办 2004 年"第十九届世界客属恳亲大会"需要，拨款全面保护维修。

现在我们看到的赣州文庙，其格局基本上是清乾隆元年的，而现存建

图 5-1-2　赣州文庙大成殿

筑则大部分是清嘉庆九年（1804）以后重修的。文庙现存建筑物自前而后计有：棂星门、泮池、仪门、大成门、大成殿、祭器库、乐器库、东庑、西庑、崇圣祠、节孝祠、敬一亭、魁星阁、尊经阁等单体建筑。整个文庙纵向最长约 240 米，横向最宽 78.4 米，占地约 13000 平方米。文庙被毁的建筑计有：左方由前而后依次为明伦堂、廨、教谕、文昌阁、崇道堂；右方由前而后依次为土地祠、训导廨、射圃、忠孝祠。

图 5-1-3　赣州文庙大成门

　　文庙的建筑风格，受岭南建筑影响较大，山墙起伏变化，多采用弧、曲线，山墙墀头、边饰多用烦琐的灰雕。大成殿采用重檐歇山顶，覆以剪边（黄绿相间装饰，古代一种高规格用瓦制式）的瓷质琉璃瓦，加上青花瓷的屋脊和吻兽，并配以彩瓷宝顶，显得雍容华贵。木构件中采用翼形雕花拱，廊柱用红石整料制成，又体现出浓郁的地方色彩。现为江西省保存最完整、规模最大的文庙（孔庙），2013 年被国务院公布为全国重点文物保护单位。

2. 会昌文庙

会昌文庙（县学），位于县城老城区东大街原县政府院内，坐北朝南，现仅存主体建筑大成殿。大成殿原为重檐歇山顶，黄琉璃瓦，通高 14.85 米，现存被改造为单檐，普通小青瓦，高约 8 米。面阔七间 26.40 米，四面廊，进深五间 18.40 米，占地面积 485.76 平方米。用 40 根整料红砂岩石柱和 8 根木柱支撑承重，采用红条石墁地，格扇门窗，青砖山墙，雕花异形斗拱出挑檐，遍饰红漆，为本县最高等级的古建筑。

会昌文庙，始建于北宋崇宁年间（1102—1106），其址在县城西北隅，后因岁月日久，风雨侵蚀严重，至南宋乾道六年（1170），县令张琯倡议重建，历三年始成。乾道九年（1173），知赣州军州洪迈在《赣州会昌重建学记》一文中记述：重建县学之事，由县令张琯深倡其始；继任县令沈玲臣实终之。重建后，其规模"还旧贯今、百楹翼如、魁伉阔阆"。直到元代至正中（约 1353），县学被大火烧毁。知县常方壶重建，改为州学，明洪武元年（1368）裁州复县，复称县学。明洪武元年（1368），知县张桂徙于东北隅，壬申（1392）焚毁。永乐癸未（1403），知县王文孜重建；成化壬辰（1472）知县梁潜购千户白琼故宅，易城隍庙地、扩而新之。万历四十三年（1625），知县冒梦龄重新修建，门始南向，中为先师庙，东西为庑，前为庙门、右为启圣祠、左为乡贤门；庙后为明伦堂、左右为进德育才斋，后为敬一亭、尊经阁，阁左为教谕厅、为讲堂、为祭器库；阁右为训导厅、为馔宅，两翼为疑业舍，庙门左右为儒学门。天启甲子，知县梁弘发改建东向。清朝初年，毁于兵。

清顺治八年（1651），知县王洵，在全县士民的要求和支持下，从废墟中重建文庙，主要建筑有大成门、先师庙（大成殿）、两庑及仪门、左右为名宦、乡贤两祠，前为棂星门、泮池等，坐北朝南。"整座学宫圣殿岿然，桥、池、门庑一如昔制，左为明伦堂，后为尊经阁、名宦、斋祠、庖库第兴创"。

会昌文庙自宋以来，屡经损毁、重修、扩建，到清末民国后又走向衰落、废弃，逐渐被新兴政权占用、拆除、改建等。1930 年 4 月 17 日，毛

图 5-1-4　会昌文庙大成殿

泽东、朱德率领红四军第三纵队第二次来到会昌，驻此 7 天。20 日在文庙前面的东大街中间——学前坪召开群众大会，宣传革命，唤起工农，点燃了会昌人民革命的熊熊烈火。毛泽东在大成殿多次接见来自寻乌、安远工农红色赤卫队的代表和盘古山钨矿工人武装赤卫军的代表，并赠送了枪支弹药。鼓励他们组织起来开展武装斗争，建立工农红色政权，因此，还赋予了一段有革命纪念意义的历史。

新中国成立后，文庙为县公安局使用，1952 年夏秋拆除大成殿之前的建筑，改建县公安局，后又陆续拆除其他文庙次要建筑，仅剩大成殿。1994 年县公安局对大成殿进行过修缮。2002 年县委、县政府将大成殿产权转入县博物馆，辟为博物馆陈列室。2016 年作为革命旧址，由国家文物局拨款 78 万元对其进行全面维修。

3. 营前文庙

也称孔庙，又名西昌乡学。《上犹县志》载：西昌乡学"清光绪元年（1875）上五隘绅民捐资倡建"。从现存的建筑残址来看，原西昌乡学为三进院落，头进为四合院建筑（已无存），过院坪登五级青石阶后为第二进主建筑孔庙大成殿，绕过屏风和一扇六角门，再登九级砖阶为第三进院（已无存）。新中国成立后长时间为营前中学使用，2005 年 8 月公布为上犹县文物保护单位，现为省级待批文物保护单位。

现孔庙只保存下大成殿和后院两间厢房建筑，但前院及其厢房等建筑基址皆存，总占地面积约 834 平方米，总建筑面积约为 316 平方米。大成殿坐北朝南，砖木结构，歇山顶，面阔 3 间 17.9 米，进深 16.1 米。明间设有八角形藻井，藻井上保存有精美的民间彩绘，廊檐上有雕花异形拱，木雕和彩绘均具较高的艺术价值。营前孔庙是当地客家人崇尚儒家思想、教化后代的圣地，也是乡镇一级十分罕见的现存孔庙，对研究中国文庙史和当地孔庙文化具有较为重要的价值。

图 5-1-5 上犹营前文庙大成殿

图 5-1-6 营前文庙天花板彩画

图 5-1-7 营前文庙藻井及彩画

二 武庙

　　又称武成庙，祭祀姜太公以及历代良将。唐高宗上元初，封姜太公为武成王。开元年间比照文庙祭祀体系（即圣王：文宣王孔子；亚圣：孟子；十哲：颜渊、闵子骞、冉伯牛、仲弓、宰我、子贡、冉有、季路、子游、子夏；七十二子：颜回、闵损、冉雍、冉耕、冉求等），始置亚圣十哲七十二子配祀。如圣王：武成王姜太公；亚圣：张良；十哲：白起、韩信、诸葛亮、李靖、李勣、张良、司马穰苴、孙武、吴起、乐毅；七十二子：管仲、孙武、乐毅、诸葛亮等。

对关羽崇拜最早只是流行于湖北荆州地区，唐朝时成为武成庙的配祀。至宋代由于朝廷对关羽进行册封，关帝信仰遂进入佛教、道教体系，宋真宗时便出现以关羽为主祀的关圣庙，到了明末，关羽成为武庙的主神，与孔子的文庙并祀，至清时，称供奉关羽的关公庙为武庙，民国时合祀关羽、岳飞的关岳庙也叫"武庙"。

（一）基本规制

武庙建筑主要由大门、照壁、山门、中堂、大殿等建筑呈梯级建造构成。其中必设有戏台、雨亭、前殿、正殿和后殿等，两侧还有东西厢房。而戏台是全庙建筑的精华所在。如洛阳关林（墓冢）中轴线上的布局依次为舞楼、大门、仪门、甬道、拜殿、大殿、二殿、三殿、石坊、八角亭，最后为关冢。关公故里解州的关帝庙建筑有照壁、端门、雉门、午门、山海钟灵坊、御书楼和崇宁殿等数百间殿宇。

（二）赣南现存的武庙建筑

赣南现存武庙或关帝庙较少，第三次全国文物普查资料显示，整个赣南也就三五处，而且保存的完整性、真实性也差。从严格意义上来讲，武庙与关帝庙还是有所区别的。称"武庙"者，基本上都是官办官式建筑，它主要褒扬的是忠义、气节和保家卫国的尚武精神；而称"关帝庙"者，则除有上述武庙的含义外，更多是彰显"信义"的意思，为民间侠义之士和商人所敬仰和推崇。因此，除官方建的关帝庙外，大量的还是民间所建的关帝庙。赣南现存武庙只有赣州武庙这一座，余皆位于乡村，名称也只称"关帝庙"，专注于财和义的信仰，没有崇武尚武的含意。

1. 赣州武庙

也称关帝庙，是祭祀关公的庙宇。位于赣州市厚德路 44 号文庙右侧，据清同治版《赣州府志》载：始建于明崇祯年间，后圮。清嘉庆十六年（1811），巡道查清阿倡捐重建，后分别在道光二十五年（1845）、咸丰三年（1853）、同治十年（1871）重修过，民国维修情况失载。新中国成立后较长时间为章贡区进修学校使用，1988 年公布为市级文物保护单位，1995 年由区文化局拨款 5 万元进行过小修。

原武庙有前殿、正殿、后殿及讲厅等其他附属建筑，现仅存正殿建筑。为重檐歇山顶，四面廊环，砖木结构，面阔五间 27.6 米，进深三间

21.2米，占地576.6平方米。现存建筑承重结构部分均为原物，门、窗、墙体和内柱新中国成立后被逐渐改造，已失去原貌。2003年6月，原进修学校改造成厚德中校，将武庙进行一次按文物保护性质的全面维修。

图5-2-1　赣州厚德路武庙大殿

文庙、武庙建筑并列而建并能保存至今者，在全国并不多见，弥足珍贵，应精心维修，妥为保护。

2. 水西坝关帝庙

位于龙南县桃江乡水西坝村，坐西北朝东南，砖木结构，歇山顶，面阔12米，进深30米，占地面积360平方米，与观音殿连为一体。始建于明万历壬辰年（1592），创建者为水西坝村墙背围刘鹬公，之后分别在清代雍正年间、民国29年（1940），进行了多次整修。庙内还保存了始建时所制的神台一座，庙堂上供奉关帝、关平、周仓等神像。神台上刻有（鹬公房置）字样，平日香火鼎盛，在县城附近具有一定影响，现存庙堂改革开放后经民间组织修缮。

3. 大洲塘关帝庙

位于宁都县黄石镇大洲塘，该庙建于晚清，为砖木结构，为三开间一进二厅式平面，硬山顶，弓背式防火山墙，小青瓦屋面。庙的上厅建有关帝神位，塑关帝像一尊，左右为厢房，中有石砌天井，下厅望板上构筑藻井，内有四柱对称排列，正中开大门，门额上书"关帝庙"，神位书对联"赤面秉赤心骑赤兔追风驰驱时无忘赤帝，素灯观青史仗青龙偃月隐微处不愧青天"，保存现状较好。

4. 老圩关帝庙

位于会昌县站塘乡老圩，建于清代，现只存一栋三开间敞厅式建筑，孤独位于村旁。坐北朝南，砖木结构，硬山顶，当心厅内设有神龛，神龛上摆放关公像，左右次间为管理用房。

三 城隍庙

城隍庙是祭祀城隍的庙宇。城隍，又称城隍老爷，是城池守护神，其性质与乡村的"社公"（土地公公）是一样的意义。城隍，其前身为水庸神，起源于古代的水（隍）庸（城）的祭祀，"城"原指挖土筑的高墙，"隍"原指没有水的护城壕。城隍爷是冥界的地方官，职权相当于阳界的市长。城隍庙并不是每个聚落都有，一般只有县治以上的城市才能设有官方的城隍庙。它与城池、官衙、文庙、武庙等官方设施，在古代社会里几乎是不可或缺的标配。

城隍是我国原始信仰祭祀的自然神之一。从有关资料记载看，城隍神最早见于周代《礼记》天子八蜡中的"水墉神"。

水墉是农田中的沟渠，水墉神也就是沟渠神。后来古代的城市亦要修筑城墙，城墙之外还要有一圈护城壕。有水的城堑称为"池"，无水的城堑则称为"隍"。"城隍"一词连用泛指城池，首见于班固《两都赋·序》："京师修宫室，浚城隍。"原始崇拜认为，凡与人们日常生活有关的事物皆有神在，而且"功施于民则祀之，能御灾捍患则祀之"（《五礼通考》）。城墙、城壕在防卫敌人、猛兽攻击，保护一城百姓安全上，功莫大焉。于是水墉神便升格为城隍神，被视为城市的守护神。

兼容并包是我国民间信仰传统文化中的显著特点之一，城隍信仰也是如此。随着城隍在民间百姓中的影响日益显著，道教也将城隍神纳入自己的神灵体系。在以后的发展过程中，城隍神就逐渐成为道教尊奉的主要冥界神灵之一，道教许多法事活动中，都要请城隍神到场。道教源于民间而又影响民间，甚至渗透到千家万户，城隍原本是民间的神祀。后佛教在中国广泛传播，便接受了佛教的冥界体系，城隍神开始成为阴间的行政长官，掌管阴间事务。

（一）城隍庙建筑的基本规制

其平面布置大致比照官衙的府第院落式，一般都是坐北朝南。主要建筑有山门、照壁、头门、二门、戏台、钟鼓楼、前殿、大殿、后殿、寝宫等，两侧有配殿、廊庑厢房等。其中，又一般都有戏台这一特殊建筑，而且戏台总是建得特别精美，并成为整个建筑群中的一处核心空间，这是因为需要娱神所决定的，此性质也是不同于衙署建筑的根本原因。但赣南现存的这几座因都不是严格意义的官建官式建筑，基本上都是当地民众后来重修重建延续下来的。因此，其外观形式和平面布局形式与当地传统民居或祠堂建筑差别不大。

（二）赣南的城隍庙

赣南现存四座城隍庙。有意思的是，这四座城隍庙各有特点和故事，而且没有一座在现市、县、区治所的城里。于都城隍庙，是座延续1400多年，可能是全国历史最久远的城隍庙；宁都城隍庙，是座没有建城的城隍庙；定南城隍庙，是座废弃的老城城隍庙；会昌城隍庙，可能是全国级别最低的城隍庙。

图5-3-1　于都固院城隍庙（肖军摄）

1. 固院城隍庙

位于于都县梓山镇潭头村固院。城隍庙坐东朝西，由大殿、戏台、天井、廊房、门楼组成，面积842.8平方米。大殿为清代建筑，砖木结构，悬山顶，檐廊红麻石柱上阴刻对联。殿内主祀城隍爷，并悬挂清乾隆元年于都知县胡锡爵题写的"砥柱东流"木匾，殿前戏台两侧廊房为20世纪80年代建筑，门楼为2000年修建。据清版《赣州府志·舆地志·祠庙》载："固院城隍庙，陈永定二年（558）建县治于此，后县迁而庙仍存。乡人至

图5-3-2　于都固院城隍庙内景（肖军摄）

今祀之。道光二十五年（1845），水圮，里人易泽华但损修复。"这可能是我国相沿至今历史最久的城隍庙。

2. 田头城隍庙

位于宁都田头镇田头村，坐北朝南，为清代庙宇建筑。该庙为悬山

顶、砖木结构，面阔三间，进深三栋。一进为厅，两旁列俩天常、八兵卒、二马；二进为府，为显佑殿，仍城隍处理公务之所，旁列六神像，左列三神：武将、簿记、文官，右列三神：武将、帐房、文官；三进为城隍神夫妇居住，后座城隍夫妇神像。旁建东岳庙，右建汉帝庙，右前老官、七仙、天府三庙。城隍庙相传始建于唐初，重修于宋，再修于清，历经唐、宋、元、明、清五个朝代，现址为清代刘仔卓卖良田 50 亩于雍正壬子年（1672）修建而成，目前整体风貌尚存，规模较大，香火较旺。庙内现尚保存有明嘉靖二年八月十三日封的"敕封城隍显佑伯"木匾一块和乾隆二十一

图5-3-3　宁都田头城隍庙

年《璜溪楚怀温君乐助碑记》、乾隆《隍庙乐助碑记》各一块。

城隍城所在的田头村，历史上从未设置过城址，而且至少在明代中期之前便设有城隍庙并延续兴旺至今，这实为一罕见现象，其缘始因由和兴建、兴旺等都有待研究。

3. 定南县老城城隍庙

位于定南县老城乡，定南始设县于明朝隆庆三年（1569），城址选在高砂莲塘镇，即今老城镇老城村，民国 15（1926）年因地方势力争夺政权发生械斗，焚毁县衙，县城遂迁到下历司即今县城址，于是遗下古县城成套规制在老城镇。

老城城隍庙，是赣南唯一保存下来的明清县城城隍庙，坐东朝西，砖（土）木混合结构，悬山顶为两进三堂府第式布局，前低后高，面阔

图 5-3-4 定南老城城隍庙　　　　图 5-3-5 会昌羊角水堡城隍庙

11.72 米，进深 37.65 米，但左侧后角讹弧，前进略宽于后进。第一进为假歇山顶屋顶，后两进为硬山屋顶，两侧做清水墙防火山墙。主要建筑有照壁、门厅兼戏台，两厢、内堂、后殿等，原有泥塑城隍老爷端立内堂正中央，前有石香炉及各类菩萨，两厢左、右分别挂有铜钟和大鼓，这些物件已失毁于"文革"期间。2011 年已按原状修复城隍庙。

4. 会昌羊角水堡城隍庙

位于会昌县筠门岭镇羊角水堡城东门内，正对通湘门，距县城约 70 公里。羊角水堡是座建于明嘉靖二十三年（1544）由会昌县直辖的基层屯军性质的城堡，这里因扼闽广之衢，成为赣南通闽粤喉咙重地，故设乡镇级的军事城堡。既然是城因此也设有城隍庙，但它只有一开间，门额上竖"城隍庙"三字，两侧对联为"能够正正当当做稳去，免得拖拖扯扯到此来"。面阔不过 4 米，进深不过 5 米，土木结构，悬山顶，可能是全国级别最低、规格最小的城隍庙。

第六章 寺庙、宫观、耶稣堂

相对于周边的吉安、抚州和毗邻湖南、广东、福建的设区市，赣南的传统宗教不算发达，当然，保存至今的宗教建筑也相应较少。如唐宋时期佛教盛行的禅宗"五宗七派"，皆发祥并盛行在环赣南地区的湘南、粤北和相邻赣南的吉安、抚州、宜春，好像有意避开赣州似的，十分令人琢磨；又如江西是道教的发祥地和主要布道区，可道教著名的"三十六洞天、七十二福地"道场，赣南只居其一——宁都的金精山。至于近现代以来传入的洋教，赣南更无法与周边经济发达地区相比，这是为什么？这些都有待我们去探索和研究。

一 寺庙

寺庙是佛教徒供奉佛像、舍利（佛骨），进行宗教活动和居住的处所。寺庙在中国历史上曾有浮屠祠、招提、兰若、伽蓝、精舍、道场、禅林、神庙、塔庙、寺、庙等名，到明清时期通称寺、庙。"寺"原是古代官署名称，东汉明帝时，天竺僧摄摩腾等携带佛教经像来洛阳，最初住在接待外宾的官署——鸿胪寺，后将此寺改建为佛僧用，称白马寺，此后相沿以"寺"为佛教建筑的通称。

因佛寺最初是按照朝廷官署的布局建造的，也还有原来是贵族或富人将自己现成的住宅施舍为寺的，因此，许多佛寺原来就是一所有许多院落的住宅。佛寺内的房舍，原称"堂"或者称"寮"，自宋崇宁二年（1103）以孔子庙为大成殿，于是佛寺建筑除堂寮之外，其主体空间也称为殿。

佛寺最初因受印度以塔为中心的影响，周围建以殿堂、僧舍。塔中供奉舍利、佛像。晋、唐以后，殿堂逐渐成为主要建筑，佛塔移于寺外或另建塔院。后形成以大雄宝殿为中心的佛寺结构，其主要建筑一般依次有山门、天王殿、钟鼓楼、大雄宝殿、法堂、毗卢殿、藏经楼、方丈室、僧房和斋堂，有的还有观音殿、地藏殿等。

（一）佛寺

1. 赣南佛寺概述

根据方志记载，赣南的佛寺可能在三国孙吴时便出现。如信丰的宝塔寺，初名延福寺，其中现存的北宋大圣寺塔"相传吴大帝赤乌年（238—250）造"；而西晋时期便有较多记述，如宁都建有青莲寺、崇福寺、掬水寺等；赣县建有光孝寺、契假寺等。南北朝以后就更多了，其中较为著名的有：南朝梁于都的福田寺、隋代大余嘉祐寺、唐代宝华寺等。据1994年出版的《赣州地区志》所载：宋元时期全区新建寺院呈逐步减少趋势，北宋41所，南宋12所，元仅新建5所，毁14所，明代建110所，重修20所，清代新建110所，修复88所。1949年赣南约存1245所寺庵，至1978年只存288所①。

寺庙建筑，因其具有公众性、延续性往往易成为当地的代表性建筑保存下来。查阅我国现存宋元之前的古建筑，绝大部分都属于各地的寺庙建筑。但赣南的佛教和寺庙与周边地区相比却并不发达，在全省著名寺庙中恐没有一所能跻身前十名者，至少南宋以后是这种状况，更准确地讲，是唐宋之际禅宗流行后，赣南佛教反而衰落了。这从赣南现只存北宋楼阁式塔，而南宋后一座佛塔也没建便可说明。不建大佛塔或许是因禅宗摒弃

图 6-1-1　赣县田村契真寺

此规矩有关，而赣南既属禅宗怀抱覆盖区却又兴旺不起佛寺来，这就不正常了，这是一个值得思考和有待研究的问题，也许跟赣南客家文化有关。

---

① 《赣州地区志》第四册之第二十七篇第一章《宗教·佛教》，赣州市地志办，1994年。

图6-1-2　大余县丫山灵岩古寺

图6-1-3　安远车头镇永兴山庵

图6-1-4　上犹五指峰佛道和窟殿合一道场

因此，自南宋后，赣南几乎没出现过著名的寺庙，至今也不存明代之前的寺庙建筑，现存续的几座重修重建的寺庙，如赣州寿量寺，赣县宝华寺、契真寺，宁都青莲寺等都是宋代之前就有名的。

根据赣南现存寺庙情况，大致可分如下四种类型。第一类称某某寺。一般位于城镇或人口较为密集的地方，规制较大和较为正统，如上述寿量寺、宝华寺、南山寺、契真寺之属。第二类为石窟寺。赣南各县几乎都有丹霞地貌景观，而其中大多依岩开凿有石窟寺，这是一种比较原始和来自北方的佛教形式，如赣州的通天岩、于都的罗田岩、信丰的仙济岩、瑞金的罗汉岩等，其特点是与独特的山形地貌景观结合在一起。第三类是某某山。这种唤作"某某山"的山，往往是当地的风景名山，因山有名而结庐建寺，其寺一般规模较小，因地制宜而建，不一定受平地佛寺规制而设，名称多称"某某庵""某某庙"，当然大些的也称"某某寺"。

如宁都莲花山、大余丫山、会昌盘古山、石城如日山、兴国大乌山等。第四类散见各地的某某庙、庵。其特点是简陋，数量大，规模和影响却小，规格规制不太讲究，有的庙是儒、佛、道诸神并祀，相安理得，互不排斥，充分反映了赣南客家对信佛的态度和不兴旺的原因。如于都车溪段屋的胡仙庙、银坑普灵寺、宁都东龙玉皇宫、会昌珠兰必应山真君庙等。

赣南即使有前述四种寺庙类型存在，但几百年香火延续不断的寺庙几乎没有，笔者检阅 2011 年的第三次全国文物普查有关赣南各县的 114 座叫"某某寺"的资料，95% 以上的都是改革开放后在原址重修重建的并都有"文革"被毁字样，而能较完整保存下来的单体古建筑更是屈指可数，且质量也不太好，像宝华寺、寿量寺、如日山寺、灵岩寺、通天岩寺、罗田岩寺等这样的赣南名寺，也都是经"文革"劫后复生的。针对此现状，鉴于本书性质，在此只能选录一些确实尚保存有古建筑和有一定知名度的寺庙，而对一般小寺庙因受篇幅所限就不做收录。

2. 赣南的主要佛寺古建筑

（1）赣州光孝寺

光孝寺，位于赣州市区厚德路东段光孝寺巷 15 号（现赣州第一中学内），这个地段是古代赣州城的宗教文化区，周边有赣州文庙、武庙、慈云寺、慈云寺塔、海会寺等，今赣一中内尚有阳明院、廉泉夜话亭等古迹。现光孝寺的左、右、后面皆赣一中校园属地，前临光孝寺巷和民宅楼房。

据清同治版《赣州府志·寺观》载：光孝寺，在郡城东廉泉右。创于晋，后废。唐玄宗时，指挥使邱崇弟诚复建。寺内掘地得水，极清且甘，俗呼"出水寺"①。可说是赣南有史记载并一直延续至今年代最早的佛寺了。

光孝寺现只存一进院落，砖木结构，明间为抬梁式结构，次间用穿斗式构架，悬山顶。其平面近似方形布置，沿中轴线对称布置。自前向后依次为门楼、内院及两侧廊道和前殿，面阔 22.06 米，进深 29.2 米。现存建筑为"康熙五十三年（1714）僧成广募修"后，分别在嘉庆、同治年间又进行过修葺。据访问：光孝寺原属十方丛林，建筑规模宏伟，原有殿堂三进，周有连片高阁、僧房，明末清初鼎盛时，寺僧达 300 余人。新中国成立前，赣南周边各县，甚至广东及东南亚一带信民，每年农历六月初

---

① （清）同治十二年版《赣州府志·舆地志·寺观》卷十六，赣县条。赣州地志办校注，1986 年出版。

一至初六都会来此朝拜，香火甚旺盛，甚至流传"先有赣州光孝寺，后有韶州南华寺"之说。新中国成立后，佛寺功能废止，寺庙收为国有。"文化大革命"期间，捣毁寺内佛像，市酱货厂从坛子巷迁驻于此，原貌已逐步废除。1972 年，相邻的赣一中将其扩纳建设，拆除该寺的大殿、后殿、藏经阁等，周边逐渐改建教学大楼、操场，导致现仅剩第一进的前殿及其门墙、两廊。鉴于光孝寺的文物价值，2000 年公布为赣州市文物保护单位，2010 年由省文物局拨款 150 万元对其进行全面维修，修好后成为赣一中的图书阅览室。

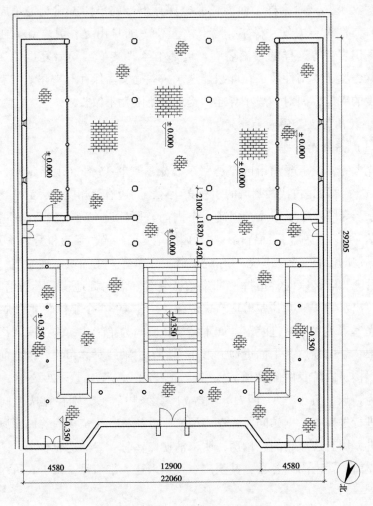

图 6-1-5-1　赣州光孝寺平面图

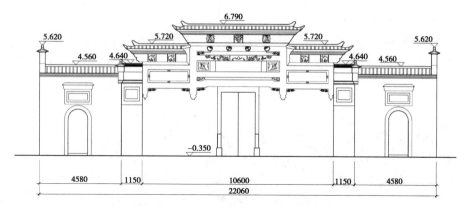

图 6-1-5-2 赣州光孝寺正立面图

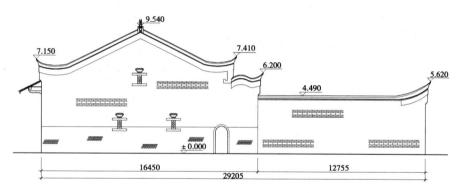

图 6-1-5-3 赣州光孝寺侧立面图

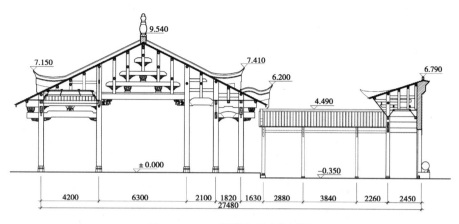

图 6-1-5-4 赣州光孝寺剖面图

（2）赣县宝华寺

位于赣县田村镇东山村宝华山。宝华寺是赣南历史上最有名的寺庙，至今尚保存有江西省最为精美的唐代大宝光塔（详见前文第三节"墓塔·佛塔·风水塔"），成为赣南最值得骄傲的佛寺和佛教建筑。

图6-1-6　赣县田村宝华寺大觉殿

根据有关文献史料记载：唐天宝五年（746）马祖道一因避"山鬼筑垣之测"，率众弟子从佛日峰之岩（即今赣州马祖岩）来到龚公山，"见其山水钟灵毓秀"，遂向龚公募化得此地创建宝华寺"修道弘法"。唐代宗李豫曾敕赐名"宝华禅寺"，遂使宝华寺煊赫异常，成为江南著名的佛寺。宋代宝华寺开始衰落，虽有觉显禅师一度中兴，但觉显圆寂后，宝华寺在禅林中名声渐衰，到了明代末年时已是殿宇倾颓，众僧寥落。崇祯十六年（1643），当时名僧朝宗禅师来到宝华寺担任住持，寺庙又开始中兴，建起了禅堂、逸老堂、厨房三栋房屋，此后法道崇隆，宗风丕振，宝华寺逐渐复兴。康熙年间，宝华寺又达到新的兴盛，并在府城西门外设立了宝华寺下院——莲社庵，直到光绪二十二年（1896），宝华寺除法堂、禅堂、逸老堂、厨房四栋建筑为明崇祯年所建外，其他建筑如山门、前殿、法海楼、戒堂等十多栋建筑都是顺治、康熙年间兴建的。此后又渐衰，约光绪三十一年（1905），祥慧和尚从广东来到宝华寺，赎买了好几处常住山田，旧业稍有恢复，后因时局动乱，大势难逆，宝华寺又衰败下去。

1938年抗战时，赣州幼幼中学迁入该寺办学数年，新中国成立后，1962年田村敬老院迁建寺内，"文化大革命"期间，宝华寺惨遭破坏，香火再度中断。1977年田村农业中学在此办校，1978年中殿改建成"下放知青点"，兴办知青林场。1988年6月，赣县人民政府批准宝华寺修复开放，于是重修了大雄宝殿，重塑佛像，置办法器，香火复燃。1998年公布为县级文物保护单位。2005年和2009年，宝华寺分别启动了重建计划和风景区建设计划，对宝华寺进行大拆大建，除保留下民国所建的地藏殿和大觉殿（大宝光塔在其内）外，其他建筑几乎全部被拆除，并向前、后、左、右挖山拓田建设，进入一个极端反弹过度开发时期，至今尚未完工，反觉得破坏了原有的环境容量和气场。

宝华寺内现存的唯一古建筑，是地藏殿和大觉殿（大宝光塔在其内），坐落在原宝华寺平面布局的后部。说是古建筑，其实建于民国12年（1923），说是殿，其实为一栋联体民宅建筑性质，悬山顶，砖木结构，坐西北朝东南。面宽25.50米，进深17.50米，面积446.25平方米。每殿面阔三间进深两间，前带檐廊。

宝华寺内其他尚存的可移动文物有：宋元丰二年（1709）《重建大宝光塔碑铭》，正、反两面铭文，明崇祯十六年（1643）《都察院谕告示碑》，清顺治十三年（1656）《按院优免明文碑》，清顺治十七年（1660）《奉按院优免明文碑》，清康熙二十九年（1690）《尊宪免派差文优杂丁碑记》，清康熙三十八年（1699）《宝华寺置买香火田山记》，清道光十五年（1835）《重修宝华寺大雄殿记》，清代马祖《第三十八世孙碑》。此外，寺内尚存千年古柏树2株、古银杏2株。

（3）赣州寿量寺

位于赣州市老城区中山路25号，始建于五代，系五代百胜军防御使卢光稠捐舍而建成，原名卢兴延寿寺，后改经寿寺，宋祥符年（1008—1016）间易今名，元末兵毁，明洪武年间（1368—1398）僧人荣安复建。寺内原有五代时铸造的贴金铁观音像，高6米，为1957年江西省首批文物保护单位，毁于1972年。原寺庙建筑规模很大，后因天灾人祸逐步缩小，至20世纪末，只保存有民国初年的"园通宝殿"和"毗卢殿"。1997年和2009年经由寺庙使用人员进行了全面维修和扩建。该建筑于2000年6月公布为赣州市文物保护单位。

（二）石窟寺

1. 石窟寺建筑概况

石窟寺是指就着山势，从山崖壁面向内部纵深开凿的古代庙宇建筑，里面有佛教造像或者壁画。我国的石窟起初是仿印度石窟的制度开凿的，多建在中国北方的黄河流域。从北魏（386—534）至隋（581—618）唐（618—907），是凿窟的鼎盛时期，尤其是在唐朝时期修筑了许多大石窟，唐代以后逐渐减少。

石窟寺一般是沿着崖壁线状开凿的，每窟成一长方形，在入口的地方有门窗，石窟中间是僧侣集会的地方，两边是住房。后来发展成为两种形式：一种叫作"礼拜窟"，另一种叫作"禅窟"。礼拜窟雕造佛像，供人瞻仰礼拜；禅窟主要是供比丘修禅居住的。礼拜窟有作前、后两室的，也有单独一室的。其入口处有门，上面开窗采光。其平面有马蹄形的、有方形的。内部装饰有在石壁上雕凿佛像，也有在中心石柱雕造佛龛、佛塔，也有在石窟四周作壁画的。著名的如敦煌石窟、云冈石窟、龙门石窟等。

赣南石窟寺性质的寺庙较多，几乎各县均有，这都基于各县都拥有丰富的丹霞地貌资源。然而，失之琐碎不成规模，除了赣州通天岩和于都罗田岩外，其他都名不见经传，影响力似不出县域。

赣南的石窟寺因都是丹霞红砂岩地质，其优点是易于开凿和雕刻，但同时也是一个最大的缺点，即易于风化剥落，加上南方潮湿多雨更加大了其破坏力。因此，保存下来的古代造像、题刻等品像都较差。

2. 赣南主要的石窟寺建筑

（1）赣州通天岩石窟寺

位于章贡区水西镇通天岩村狮形下，距城区 12 公里。明《赣州府志》记载："岩下崆峒如屋，僧即为居，石峰环列如屏，巅有一窍通天"，岩因之而得名。这里岩深谷邃，树木参天，丹崖绝壁，石窟玲珑，是一处发育较好的丹霞地貌景区，从唐代末年开始，这里便开创为石窟寺，大量的古代摩崖造像和题刻均集中在景区东部的忘归岩、观心岩、龙虎岩、通天岩、翠微岩五处洞穴的洞窟与峭壁上，共计摩崖造像 359 尊，摩崖题刻 128 品，成为我国华东和华南地区开凿时间最早、规模最大、内容最丰富的一处石窟寺，是我国南方地区不可多得一处石窟艺术宝库，也是我国版图上纬度最低的一处石窟寺。1988 年 1 月国务院公布为第三批全国重点文物保护单位。

有关通天岩石窟历史与艺术的著述资料较多，此仅述其大概。

通天岩石窟的摩崖造像按历史年代序可分为四组：一是唐代末年的通天岩与翠微岩相交接处开凿的 8 尊菩萨造像，开通天岩摩崖造像之先河，其中观音菩萨保存最完好，历史和艺术价值最高。二是北宋中期在通天岩山岩上部开凿的五百罗汉拱卫毗卢遮那佛造像群，是整个石窟寺造像的核心区，规模宏大，气势恢宏。三是北宋后期以明鉴和尚为主施造的单龛十八罗汉像，沿忘归岩、龙虎岩、通天岩、翠微岩一线分布，是通天岩摩崖造像之精华所在。四是南宋初年，赣州城内居民朱氏在翠微岩施造的弥勒佛等造像，是通天岩摩崖造像的终曲。通天岩石窟的摩崖题刻，上起北宋，下至民国，凡900余年而未曾间断，计有宋代之作47品，明代之作38品，清代之作12品，民国之作6品，其余的年代不详。其中，因1943年国民党军拟以通天岩做军火仓库，炸毁龙虎岩区段长约20米的崖窟，造成元代这一历史时期的题刻和造像缺失。

图6-1-7　赣州通天岩石窟造像（龙年海摄）

通天岩石窟造像的题材总的来说较为单纯，但有其自身特点。一是罗汉造像之多为全国类似石窟艺术中极为少见。现存所有造像中除10躯为佛或菩萨造像外，余均为罗汉像，约占总量的97%。其形式有十六罗汉、十八罗汉和罗汉群像等，可谓罗汉世界。二是摩崖题刻特别多。现存总计128品中，宋53品、明39品、清16品、民国7品、无考13品。题刻形式计有题名、题记、诗词、曲赋、佛龛题名、造像题记等。它不仅是研究

图 6-1-8　通天岩唐代观音造像（龙年海摄）

这些历史文物的珍贵资料，而且还可弥补相关地方史研究的史料，并具有一定的书法艺术价值。三是刊工留名多，这也是全国石窟寺中极为罕见的现象。如北宋的冯知古、冯绍父子，南宋的李文、林页、邓忠、黄敏、易恭等数十人，其中仅李文一人，从南宋嘉定元年到淳祐八年（1208—1248）便为游客雕刻了近 40 年，说明两宋期间，赣州拥有一批从事雕刻艺术的专业工匠。但通天岩的摩崖题刻文体形式较为丰富，如有题名、题记、诗词、佛龛造像记、对联匾额、吉祥文字等，其内容涉及政治、历史、宗教、文化等各个方面，是研究我国书法石刻艺术和地方历史的宝贵资料。

通天岩石窟寺现保存下的古代建筑，只有建于清代的广福禅林门楼院，另有建于 1929 年的普同塔和建于 1946 年拟囚张学良将军的"双桂堂"，余建筑皆为新中国成立后所建，而且基本上都是 20 世纪改革开放后陆续建起来的。纵观通天岩石窟寺近一个世纪来历程，可以用由经过衰落、废坏、复苏和过度开发的过程来概括。自民国始通天岩便逐渐衰败下去，1957 年这里成为下放干部的养殖场；1960 年肖华指示应保护维修，结果又错用水泥和红、黄油漆修抹佛像和题刻，为其着上"新装"，致使文物面目全非，1962 年遭到批评后又对其进行"脱装"；"文革"期间，通天岩成为"封、资、修"遭到砸烂，管理人员饱受"牛、鬼、蛇、神"之嫌，广福禅林寺成为"牛棚"；1980 年国家文物局局长视察通天岩后开始复兴，1982年成立通天岩文物管理所，次年拨款8万元进行保护维修，又请来和尚主持广福禅林寺，一时植被、游人开始复苏，1987年新建外山门、情怡亭、惜春亭、修水泥路等；但进入20世纪末后，便又转入了另一个极端，开始在通天岩核心景区周边进行爆发式的、非适度性质的、几乎是不考虑文化内涵和风貌协调关系式的大规模人造景观建设。

（2）罗田岩石窟寺

位于于都县贡江镇楂林村，开凿于南北朝，北宋时创"华岩禅院"。宋嘉祐八年（1063）理学家周敦颐游罗田岩，赋七绝《游罗田岩》诗刻于岩壁上，后历代骚人墨客纷至沓来，吟诗题刻。在罗田岩崖壁上留有宋代周敦颐、岳飞、文天祥，元代王懋德，明代王守仁、罗洪先、黄宏纲、何廷仁，清代李元鼎、易学实、八大山人（朱耷）等名人题刻70余品，此外还有"别有洞天""于阳一览""乳泉""观善岩""光风霁月""白云深处""居然仙境"等题刻。石刻字体有楷书、行书、草书、隶书、篆书等，其中以正楷和行书为多，个别使用篆书。石刻内容和形式繁多，有姓名、诗歌、佛龛造像记、匾额等，这对研究我国石刻石窟艺术和赣南当时的历史文化等提供了不可多得的实物资料。2013年5月国务院公布为第七批全国重点文物保护单位。

图6-1-9　于都罗田岩石窟寺

　　如同通天岩石窟寺一样，由于自然风化严重，加上"文革"期间长达十多年的人为破坏和管理不善，所存造像与题刻品相都较差，完好作品很少，总体损坏情况比通天岩更为严重。现存古代建筑也只有"罗田古岩"一组三栋晚清民居形式的建筑，其他周边的亭台楼阁、塔坊庙舍，皆为20世纪后期修建。

　　罗田岩佛寺自20世纪30年代便开始走向衰落，新中国成立前，中共地下党组织和国民党政府都曾利用此地进行秘密组织活动和开办培训班；新中国成立后，20世纪60年代初至80年代初，于都药材公司、商业局、供销社等部门都曾在此设办下属机构，直至1983年，县政府决定对其进行保护，并由县博物馆延请传须和尚住持罗田佛事，恢复寺庙功能兼理相关管理事务。

图6-1-10　信丰仙济岩石窟寺

　　（3）仙济岩石窟寺

　　位于信丰县正平镇庙背村的谷山南麓。石窟开凿于一条丹霞地貌山谷的底部，呈月牙形展开，全长75.5米，深7.85米，高4.2米，形成大小不等的石室，计分为14间窟寺，有大雄宝殿、观世音佛堂、弥勒佛像堂、仙娘坛等。其余诸间也有神像，左起第四室有乳泉，室外竖有"乳泉"碑刻。岩内尚保存有明万历二年（1574）刻的"芙蓉岩"题刻和清康熙口口年"重修仙济岩碑记"石碑二通，总占地面积约545.9平方米。仙济岩草木葱茏，并有几株参天古树，左、右各有一条山脉朝西南方向延伸，现石窟保存基本完整，但原有古建筑损坏殆尽，现所见房屋基本上都是近十多年复建起来的。

　　（4）永清岩石窟庵

　　位于安远县龙布镇镜溪村西1000米处。也是一处丹霞地貌风景区，主体建筑为观音楼，木结构，高四层15米，面阔2.7米、进深1.5米，底层为石窟禅庵，二楼为文昌阁，三楼为华严寺，四楼为观音阁，整座楼依傍丹崖绝壁而建，被誉为"江南悬空寺"。观音楼坐西北朝东南，背壁山巅两侧有两股瀑流适时而下，前面是开阔的山间梯田、坑田，田畴中有县际公路经过。2006年12月公布为江西省文物保护单位。

永清岩禅庵始建于南宋开禧年间（1205—1207）。元明清及民国历朝均有维修或重建扩建记载。观音楼便是明万历三十四年（1606）增建，清康熙二十四年（1685）和民国期间对其进行过维修。"文革"期间永清岩禅庵遭毁，观音楼底层被毁，仅存上部三层木结构

图6-1-11　安远龙布镜溪村永清岩庵观音楼

楼阁悬吊空中，其他地面禅院建筑不存。1982年村民募资全面维修观音楼并在其傍搭建一简易香火披屋，后陆续增建了砖混佛殿、僧房、管理用房、亭、池、山门等附属建筑，2012年省文物局拨款20万元对观音楼按文物建筑要求进行全面维修。

二　宫观

或称道观，是各类道教建筑的总称。它是道教徒们修炼、传道和举行各种宗教仪式以及生活的场所，多位于名山大川中。

最早的道观被称作"静室"，其结构就是一间或者数间茅屋，设在道民家。张道陵创道教前，便率领弟子们在静室中修行。道教创立后，他设立了二十八个"治"，这些治也都是一些比较简单的建筑，设在道师家。到了两晋南北朝时期，"庐""靖""馆""观"等代替了治的名称，其规模和数量也大大增加，而且这些"庐""靖""馆""观"开始变化为既

是举行宗教活动的场所，也是道士生活的场所，经济来源也不再像以往向信徒收取费用，而是通过各种赏赐和施舍来供养，一些道观甚至拥有很多的地产。

图 6-2-1　明永乐年间刘渊然所铸铜钟

唐朝时，道教受到皇帝的尊崇，修建了众多道观，当时全国有将近一千九百座道观。其中规模巨大、或者由皇家兴建的被称为"宫"。道教建筑在此时发展到了顶峰时期，后来此类建筑便被统称为"宫观"。宋、元、明代，全国依然修建了不少宫观。清代以后，随着道教的衰落，道教建筑的发展开始逐渐趋缓。

根据方志记载，赣南的宫观大约出现在西晋，如兴国县城西门外建于晋太康元年（280）的治平观。出现时间不算晚，何况江西还是道教的发祥地，但赣南并没有过著名道教圣地，更遑论道教建筑。明代时，始建于唐代的赣州紫极宫（原址在今赣州文庙），

算是一处名见经传的道观，这还主要得名于赣县人刘渊然。刘渊然早年曾在赣州紫极宫受法，明初洪武和洪熙两朝皇帝分别封为"高道"和"长春真人"执掌天下道教，至今赣州文庙内尚保存有他于明永乐年间捐铸的一口铜钟。据《赣州地区志》① 载：1949 年赣南约存 34 所道观，至1978 年只存 3 所。因此，赣南道教与宫观总的来看，相对佛教与佛寺更显弱势，主要是些小道观、佛道合一的神庙以及以营利为目的服务性道观，稍有影响和正统些的是为数不算多的万寿宫。

---

① 《赣州地区志》第四册之第二十七篇第一章《宗教·道教》，赣州市地志办，1994 年。

（一）万寿宫

1. 概述

万寿宫或称旌阳祠、真君庙，是为纪念江西的地方保护神——俗称"福主"的许真君而建。许真君，名逊，字敬之，东汉末，其父许萧从中原避乱来南昌，因曾任蜀郡旌阳（今四川德阳县）令，所以又称旌阳先生。他居官清廉，为民兴利除害，后辞官东归故里，在新建县西山修身炼丹。因精于医道，为人治病，药到病除，妙手回春，而蜚声远近。晋代南昌地区有一蛟龙，播风弄雨，翻洪作浪、残害生民，许逊神通广大，将此妖孽捉住并铸铁柱将其镇于井底，此后南昌地区风调雨顺，五谷丰登。相传许逊活到136岁时，在西山得道，"举家四十余口，拔毛飞升"，连家禽家畜都带去了，"一人得道，鸡犬升天"的典故，便出于此据记载。

图6-2-2　赣州七里镇万寿宫内景

万寿宫因是江西人普信的专门保护神，因此，在外省或者境外只要看到万寿宫，就知道这里有江西人，后来便成为当地江

图6-2-3　兴国官田万寿宫内景

西会馆的代名词，江西会馆内必设万寿宫，万寿宫也即等同江西会馆、江西庙、江西同乡会馆、豫章会馆等，性质如同广东人的南华宫、福建人的天后宫。

　　检阅 2011 年的 "三普" 资料,现存称作 "万寿宫" 的宫观约 20 座,其中又以宁都、兴国、于都三县占其大半。现存万寿宫绝大多数都较简陋,其中相当部分都是改革开放之后复兴、重修或改造的,一些新恢复的基本上都没有 "戏台" 这一特质功能。少量历史较久和较大的万寿宫,建筑平面布局多为一进两堂式,面阔三间或五间,与当地的祠堂建筑样式较为接近,但必定有 "戏台" 这一建筑形式,这一点与城隍庙又较为相似,而且似乎更为强调戏台建筑的重点性。

　　赣南的万寿宫,基本上都出现于清代中期,主要存见于赣南各县城镇、集市及人烟较稠密、交通较发达的地方,一般都由当地 "真君会" 主持建造。其信仰习俗:以每年农历八月初一(许逊去世日)定为 "福主日",家家斋戒奉祀,从初一到初十,信徒到万寿宫朝拜,并举行庙会。万寿宫内大部分都是主祀许真君,同时,在殿内往往还会配祀观音或其他地方神。还有部分万寿宫性质的信仰,又合祀在其他地方诸神庙内,其中又多见于敬祀在诸如水口庙、水府庙之类的庙宇中。

　　2. 赣南现存的主要万寿宫

　　(1) 小布万寿宫

图 6-2-4　宁都小布 "福我西江" 万寿宫

位于宁都县小布镇老街的墟场核心地带中,坐东南向西北,周边是传统古街(俗称鱼街)、民居、小布河和石拱桥,建于清嘉庆十八年(1814)。其外观如同当地祠堂建筑,青砖封火山墙,小青瓦屋面,砖木结构。正立面为四柱三间三楼牌坊式门楼,装饰和线饰繁复,额书 "福我西江" 四字。平面布局由三条轴线组成,均为一进两厅式,但左右不对称。中路为主厅,面阔三间,下厅三间打通形成一大厅,上厅底部为神台神像,左右次间为器具间。左路和右路皆为配殿性质，面阔均为一间，所供为佛道神像。

万寿宫门前两侧分别是"土地庙"和"白马庙"，两座庙皆高两层攒尖顶楼阁式结构，是赣南所见体量最大、等级最高的土地庙，庙前均设有一高大的石香炉。正对万寿宫大门的是一木构大戏台，这也是赣南现存最大的古戏台，戏台与万寿宫之间铺地全部是鹅卵石精铺，四周被民居所包围，右为狭长老街和其他巷道及民居，成为当地集庙会、商贸、街市于一处的庙宇建筑，是赣南最具代表性的万寿宫之一。

（2）良村万寿宫

位于兴国县良村镇良村圩，坐北向南，砖石木混合结构，封火墙硬山顶，四柱三间三楼牌楼式门面，遍饰彩绘，门额竖书"万寿宫"三字，两侧次间门门额横书"海晏""河清"字样。整个万寿宫由前后三幢建筑组成。前栋为戏台，砖木结构，顶棚置四角藻井；中栋为宝盖亭，砖木结构，顶棚有三层八角藻井，并饰有油漆彩画；后栋为许真君正殿，抬梁式梁架，殿深处设有万年台，台上安放许真君塑像。三幢间有迴廊相连，占地面积约600平方米，保存现状基本完整。

万寿宫主祀许真君，始建于明代晚期，后多次修葺，"文革"期间中断活动，1985年经县政府民族宗教事务办公室批准，恢复正常的道教活动。1999年2月，公布为兴国县文物保护单位。

（3）麻州万寿宫

位于会昌县麻州镇圩坪，建于清乾隆三年（1738），坐东朝西，砖木结构，占地面积为384.8平方米。其平面为一进两厅堂，面阔三间，正立面设三孔红麻条石大门，大门门楣上雕饰五条龙头，上部书"万寿宫"三个大字。上厅堂有神龛摆放三位菩萨，中为"真君"，两边为护法神，下置一张神案，中为天井。前厅原为戏台，已拆除，现还保留有木架。顶部有四角藻井。麻州万寿宫地处湘江河西岸，老圩坪北边，原系麻州圩场中心，热闹非凡，香火很旺，是当时商贸和宗教活动的重要场所。

（4）葛坳黄屋万寿宫

位于于都县葛坳黄屋乾村，据传为清代早期重修。万寿宫坐西南向东北，依山而建，由坐落在半山腰的万寿宫及其石刻门楼、台阶、戏台组成，万寿宫与戏台之间，是20余级的台阶，形成自然的观台。砖木与土木混合结构，有硬山顶、悬山顶与歇山顶等形式的单体建筑，占地面积约2200平方米，建筑面积1500平方米。万寿宫正立面为红石构成的牌楼式

图 6-2-5　于都葛坳黄屋万寿宫正立面

门面，四柱三间三楼，面阔 6 米，高 7.7 米。门饰多层浮雕，主要纹饰有许真君擒龙，郭子仪拜寿图，牡丹忍冬花卉纹，平安图等，工艺精致，有凸雕、镂孔雕、减地雕、浅浮雕、线雕等多种手法结合。右侧柱上有"石匠兴邑洪昌兴造"字样，正脊两端装饰有透雕鳌鱼哒吻。其平面为"假一进二厅无天井"形式，前厅设歇山顶高阁内装饰藻井，此设计既有突出华丽的效果，同时也是为了解决室内采光的目的。宫内主祀许真君木雕偶像，前厅两侧配祀佛教四大天王等偶像。宫内现存乾隆四十七年（1782）青石碑一通，嵌于宫前墙体，万寿宫两侧附设有横屋。万寿宫正前方 150 米是戏台，为清咸丰年间（1851—1861）重建，由前台与后台（化妆间、宿舍）组成，歇山顶，面阔 16.3 米，进深 15.8 米。戏台台高 1 米，台上立 4 柱，立柱的前侧及内侧各有对联。

这里位于梅江之畔，古代商旅往来频繁，文化交流活跃，相传以前香客遍及于都、宁都、兴国、瑞金、石城五县，每年农历八月初一是庙会日。该建筑历史悠久，文化底蕴丰富，宫观与戏台并存，保存较为完整，雕刻工艺精美，具有重要的文物价值，其中石门楼于 1984 年公布为于都县文物保护单位。自 20 世纪 80 年代起，当地群众自发对万寿宫经过多次修葺，但缺乏文物保护维修知识，造成局部文物保护性破坏，失去文物原有风貌。

（5）桥头上楼前万寿宫

又名水阁、许真君庙。位于于都县桥头乡固石村上楼前组，清末重建，1991 年曾维修并重塑部分神像。坐东南向西北，砖石结构，马头墙与歇山顶相结合顶式。平面为一进二厅，面阔 3 间 11.5 米，进深 15.5 米，高 9 米，占地面积 178.25 平方米。正立面为四柱三间三楼式牌坊门，额书"万寿宫"三字，花枋及檐下设灰雕及彩绘神仙图与花卉卷草纹等，具有"三雕"艺术。前厅上方设长方形藻井，后厅为正殿，抬梁式木构架。上下厅之间的天井上设一歇山顶楼盖，中央四周檐口设罗锅椽围绕成正方形冲斗采光，上设三层式藻井，满饰彩绘诗画，周边框以"喜"字纹连续图案，使用宝相花纹瓦当。两侧次间楼面彩绘戏曲人物故事图。厅内柱头雀替饰透雕凤凰纹或花卉纹。寝殿前设卷棚，两侧设正房，神龛主祀许真君，上悬木匾"净明福地"，上款"光绪廿八年"（1902）。该道宫布局紧凑，建筑工艺精巧，装饰手法丰富多彩，具有较高的文物价值。

（二）诸神庙

1. 概述

如上所述，赣南客家人的宗教信仰观是诸神并重的多神崇拜。由于客家人所经历的磨难史，以及定居山区后时常受到天灾人祸、疾病兽害等威胁，因此，相信"举头三尺有神明"，在天地间冥冥之中有一种超乎一切的主宰神，至于那是什么神，并不考究。对他们来说，不管哪路仙客，何方神祇，也无论是儒、佛、道，还是鬼神巫术，只要说能祈福免灾、百事呈祥，保佑老少安康、子孙兴旺便供奉。大部分客家人既崇佛道，又重儒术，更信鬼神。真正规矩的忠诚虔教徒较少，对佛教、道教并无严格的信仰束缚，也很少严格遵守教徒的清规戒律。在赣南常能看到在一座道观或寺庙中，佛道偶像同堂并供，有些乡村庙宇往往是将观音、许真君、龙王爷、米谷神、福神及其他民间土神之像合供一室，彼此并无信仰抵触，各信各的，信者有不信者无，如同诸神信仰超市。他们往往平时不烧香，遇急就临时抱佛脚，病急乱投医，见庙就烧香，见神就磕头。因此，其敬神态度明显表现出随意性和功利性。

众神集处敬祀，有利于充分利用庙宇空间，满足不同民众的精神需求。这种习俗由来已久，查阅有关历史资料，至少从明代起便流行。如清同治版《赣州府志·舆地志·寺观》载：兴国西门外观音寺"中有许旌阳道院，明万历中，知县何应彪改题观音岩，……国朝嘉庆二年，圮于水，移大士于上，……迤左为痘娘宫。……右为药王殿，……又右为真武阁"。

这类庙宇建筑，大多体量小，一般为"一进两堂"，很少三堂以上者，外观形式较接近当地民居、祠堂。有的往往局部使用楼阁、歇山顶以及装饰藻井、民间彩画、彩瓦等，以显示不同于一般民宅。其影响范围也极为有限，多以村、镇为限，鲜有以一庙之影响力覆盖全县之信仰者。

图 6-2-6　赣县白鹭村福神庙

图 6-2-7　龙南临塘盘古庙

根据 2011 年赣州第三次全国文物普查资料显示，赣南现有各种各样传统地方性神庙 120 余处，当然这只是个不完全统计，而且这应是有古迹古建并有一定传承的古庙。这些庙中较为多见或有影响的主要有：汉帝庙、福主庙、真君庙、老官庙、仙娘庙、妈祖庙、将军庙、七仙庙、东平王庙、胡仙庙、盘古庙、三仙庙、水口庙、江东庙、灵山庙、赖公庙、董公庙、杨公庙、康王庙、储君庙、水府庙、火神庙、夫人庙等。

上述汉帝庙，主祀汉皇帝刘邦，主要流行于以宁都县为中心的辐射县；水口庙和水府庙，还包括有称龙王、龙神、水浒庙等的，应同属祀水

神性质；真君庙，还包括称许真
君和旌阳庙者，则同属主祀许逊；
赖公庙，性质与老官庙、福主庙、
赵公庙等有交集，主祀财神；杨
公庙或杨公祠，自然是祀杨筠松。
而称"某某公庙"者，赣南民间
还很多，如张公、叶公、郭公、
黄公庙等，几凡当地历史上曾有
过大作为或英雄事迹、显赫和传
奇人生者，后人均可为之立庙。
限于本书性质，对这些庙的不同
文化源流、派系和祀礼等，当另
书详述，此处只好一笔带过。

图 6-2-8　会昌筠门岭羊角水堡外水府庙

2. 现存主要古神庙

（1）储潭储君庙

位于赣县储潭圩储君街 83
号，始建于东晋咸和二年（327），
现为 2007 年重修建筑。防火山墙
硬山顶和局部重檐，砖木结构，
高两层，平面为"两进三堂两横"

图 6-2-9　全南中寨遥埠天后宫

形式，面积 1926.6 平方米。储君庙原高一
层，因历史久远，周边建筑和道路逐渐高起
来，这里便成为洼地。2007 年当地香客和热
心者捐款对其进行维修和抬高改造，具体措
施是，将原庙宇整个不改变原状地抬高复制
到原基址的一层钢混梁架上。主要变化，一
是使储君庙增加了一层负一层钢架空间；二
是为增强原主殿的采光度增加了一天井，使
原来的"一进两堂"成现状；三是为强调主
入口，门厅屋改造成重檐形式。

储君庙主祀储君，配祀三清、晏公、风
神、雷神等，属道教性质。据《隋书·地理

图 6-2-10　宁都石上江
背村汉帝庙

志》载："赣有储山，晋刺史朱玮置储君庙于此。"清同治《赣州府志》又载："相传晋咸和二年，州守朱玮提兵讨苏峻，次储潭，夜梦神人告曰：我为储君，奉帝命司此土，府君能为庙祀我，当有以报。玮如其请，乃行，果克敌而返。遂立庙。"南宋绍兴年间又名广济庙。原建筑规模宏大，依地势由低到高分前、中、后三楹，有庙房二十余间。1990年因重点工程万安水电站建设，前、中楹部分拆除，2008—2011年，先后修复了储君庙临江码头、山门、戏台和两侧厢房等仿古建筑。

图 6-2-11　赣县储君庙

储君庙因处原赣江十八滩源头，历史上凡过往赣江之船只、木竹排筏，必虔诚驻足，祈望平安。由此保留下许多历史名人包括唐孟浩然、宋苏轼、明解缙等所留下的诗赋词句，庙内尚保存蒋经国等人的碑刻。2003年12月公布为赣县文物保护单位。

（2）东龙玉皇宫

位于宁都县田埠乡东龙村。为青砖封火山墙，硬山顶，砖木结构，坐西朝东，高两层，面阔三间，两进三厅，大门为六柱五间五楼八字形牌坊式门楼，门额中间镶嵌有"玉皇宫"褐色竖书石刻一块。宫内门厅供王灵官，前厅设有神龛供位。上厅楼下为观音殿，供奉观世音及其金童、玉女神像。楼上为玉皇殿，供奉玉皇大帝、李老君、托塔天王李靖。

原玉皇宫建在布头道堂左侧，不知始建于何年，20世纪30年代失火烧毁。因村民笃信本神，故1942年由李英士等人牵头在现址重建玉皇宫，目前保存基本完好。玉皇宫是一处亦道亦佛亦儒"三教合一"的民间宗教活动场所，也是全村民众精神崇拜的主要中心。

图6-2-12　宁都田埠东龙村玉皇宫

（3）寒信水府庙

位于于都县段屋乡寒信村。为清代重建，历朝有修葺，最近一次维修是20世纪80年代。坐北向南，由院落、门廊及正殿组成。平面为"一进两厅"形式，面阔三间7.7米，通进深10.2米，高6.2米，砖木结构，硬山顶，马头墙。大殿天棚设藻井，并做出小歇山顶楼阁，正脊中墩装饰三戟压脊，喻连升三级。大门设门廊，装饰罗锅椽卷棚并彩绘八仙及花卉图案，廊柱出雕花挑拱，廊柱间用月梁连缀。

庙主祀温公、金公、赖公、杨公、龚公等众神，每年农历七月廿四日为庙会日，举办唱戏、赛神、会缘、祭祀、祈福等活动。该庙位于梅江之滨的峡口上，地势险要，水陆交通便利，庙之左、后侧邻萧寿六祠及萧玉新祠。相传水府庙原来贡奉的"温、金"二公神像，是萧寿六迁至寒信开基的第三年，先后在梅江边垂钓所得，遂建庙以祀。庙内存有石香炉1件，传系河水里捡来，双铺首耳，具有一定文物价值。2004年9月，结合"寒信古建筑群"的意义，公布为于都县第四批文物保护单位。

（4）段屋胡仙庙

位于于都县段屋乡要前村，清代建筑，分别于1988年和2013年重修。坐西北向东南，砖木与土木混合结构。平面为"假一进二厅无天井"形式。这种平面形式，在赣南普通庙宇中较为常见，尤其是于都、瑞金等地。面阔13.98米，进深18.75米，高7.5米，占地面积181.88平方米。正立面为四柱三间三楼牌坊式门面，设三孔拱门，柱坊间饰灰雕人物故事

图 6-2-13　于都宽田寒信村水府庙

图 6-2-14　于都段屋胡仙庙

纹，花枋嵌石匾横书"胡仙庙"三字。前厅为弧形防火山墙，前厅坡顶中央出歇山顶楼阁，并饰三叠式素面藻井，同时解决室内采光问题。后栋为正殿，悬山顶，正殿中央以矮墙隔为两殿，左殿悬木匾"胡恩辉殿"，主祀胡仙；右殿悬木匾"佛光普照"，主祀如来佛，殿左侧附坊神庙，主祀高太公。此庙道、佛、坊神合为一庙，反映了当地一定时期的宗教信仰状况。

（5）七里镇仙娘庙

位于章贡区水东镇七里村。是座以供奉天花圣母"三霄"（金霄、琼霄、碧霄）娘娘为主，兼祀七姑、麻姑、文昌、观音诸神的神庙。清代建筑，封火山墙硬山顶，砖木结构，大门上饰四柱三间三楼牌楼式门罩，并满饰雕塑彩绘，外墙亦有彩绘窗头装饰。平面为"一进两厅两横"形式，正厅面阔三间 11.65 米，进深两进 31.9 米，占地面积约 372 平方米。中轴依次为戏台（门厅）、内院、大殿，中轴两边建有观楼和管理用房。

现存主体建筑在清道光二十三年（1843）经过大修，两侧建筑为民国初年兴办学堂而增设的附属建筑。2000 年 6 月公布为赣州市文物保护单位。

图 6-2-15　赣州章贡区七里镇仙娘庙

三　耶稣堂

（一）概述

耶稣堂，是赣南普通群众对基督教、天主教教堂的俗称，大概是因礼堂中敬拜的都是耶稣吧？同时，在此也将其附属的如神职人员住所、教会医院等建筑也纳入其内考虑。

耶稣与基督的关系按《圣经》的意思：耶稣就是基督，是神差来拯救世人的救主，是神的儿子。通俗地理解应为：基督是耶稣在天上的身份，耶稣是基督在地上的名字。耶稣死在十字架上，替人偿还了罪债，使凡相信他的人都不再被定罪并得到永生。在《圣经》里，经常出现"耶稣基督"和"基督耶稣"这两种称呼，把"耶稣"放在前面，主要目的是突出他作为救主的身份，是要人们注意他是来拯救人们的。

耶稣与天主教、基督教的历史渊源关系大致为：天主教是耶稣亲手创立的教会。公元 1054 年，基督教东西教会大分裂，东部称正教，亦名东正教；西部称公教，亦名天主教。16 世纪，西部教会内又发生反教皇统治的宗教改革运动，分化出脱离天主教的新宗派，即新教；新教又不断分化，繁衍出若干派系。

基督教与天主教的区别：在世界范围内，天主教、东正教、新教被统称为基督教，都以《圣经》为经典。天主教以自己的"普世性"，自称公教，信徒称其所信之神为"天主"。天主教以梵蒂冈教廷为自己的组织中心，以教皇为最高领导，实行"圣统制"和"教阶制"。天主教堂中，一般有圣母、耶稣、圣徒等塑像。天主教教职人员均为男性。主教、神甫、修士、修女，必须独身。天主教主要节日有复活节、圣诞节、圣神降临节、圣母升天节四大瞻礼，教徒在节日和星期日要到教堂望弥撒。

基督教在中国，则专指"新教"，又称为"福音教"或"耶稣教"。基督教不接受教皇的领导权，没有自己的权力中心，废除了天主教的教阶制，认为教徒无须神职人员即可与神直接交通。基督教堂中一般没有塑像，只挂一个十字架。基督教的教职人员是主教、牧师、长老、传道员。有男性，也有女性，可以结婚。基督教主要节日有复活节和圣诞节，节日和星期日，信徒到教堂做礼拜。

基督教堂与天主教堂的主要区别：基督教堂（专指新教）外表上看比较朴实简单，有点像仓库或礼堂。教堂内一般布设有很多供教友坐的排凳，会有讲台，有的会有祭台，墙上有十字架，而且基督教堂的十字架只是一个十字架，十字架上没有耶稣的苦像。

天主教堂外表一般比较高大华丽，多用罗马式和哥特式建筑风格，墙上有塑像，楼顶有钟楼。教堂里面除了有排凳，还有供人跪的跪凳，有讲台、祭台、圣体盒、长明灯等，前台顶上一般会有壁画，内容为天主（上帝），有的教堂前台上也会有十字架，而且十字架上面有耶稣的苦像，两边的墙上还会有耶稣受难的画，称为苦路善功，一般有 14 幅；教堂里还会有木头的房子，一般叫告解亭或修和亭。

耶稣教最早传入赣南时间为明万历二十三年（1595），是意大利籍天主教耶稣会传教士利玛窦神父自广东赴南京途经赣州停留时所传入，成为赣州有天主教之始。此后，基督教各派及其天主教、新教等相继传入。但因受清朝前期打击和禁止洋教活动的影响，这期间赣南耶稣教影响很有限，更没有记载或留下教堂之类的建筑，直到 1840 年两次鸦片战争爆发和系列不平等条约签订后，洋教才明目张胆地进入赣南，其进入形式都是外国传教士以某某修会如耶稣会、方济会、信义会、方爵士会、内地会、浸信会、长老会、圣公会、宣圣会等形式来到赣州传教。因此，现在能查明的洋教活动和能看到的古教堂及其附属建筑，都是晚清时期的，而且主要集中在光绪年间（1875—1905）。但也就在此期间，赣南发生了著名的反洋教事件，史称"南康教案"。光绪二十六年（1900），南康民众集聚太窝，大闹天主教堂，打死打伤洋教士或洋人多人，事后清政府诛杀反教群众28人，赔款若干；继在光绪三十三年（1907），南康太窝群众又与教民互斗，引起周边乡镇民众的武装暴动，杀死意籍神甫江督烈和洋教士多人，捣毁天主教堂3所，并波及上犹、大余、赣县、崇义等县反洋教、烧教堂、杀洋人的斗争。后遭清府镇压，赔款天主教堂白银13.6万两，银元12.2万元。

赣南的耶稣教派以天主教为强势，这也许与其最早传入赣州有关。分布状况成线状，似乎与当时的水、陆主要交通有关，如寻乌、会昌、瑞金、于都、赣州一线，这条线主要与来自广东、福建的传教师有关，属较多较早的一路；另一条线是宁都、兴国、赣州、南康、信丰、龙南，这条线属较晚但呈后来居上之势。赣州，作为赣南各县的首会和这两条线上产交汇点，自然成为天主教、基督教的核心中枢，先后被天主教、基督教教廷宣布设定为"赣州教区"，并设立主教座堂、主教、副主教等神职人员。

赣南现存民国之前的教堂约20座。就其建筑质量和规模来讲，与相邻地市比，还是显得偏差、偏小，影响力不算大。许多虽属天主教耶稣堂，但也没有做足罗马式、哥特式建筑风格的那种华丽和气派，大多教堂都较为简陋，与20世纪六七十年代城乡普建的大礼堂差不多，当然，现在所讲的"礼堂"建筑，其实也就是从这类教堂演化而来的。

赣南现保存下的耶稣堂质量较差，个中原因不外乎晚清以来赣南动荡不安的社会局势和地处边鄙的经济地理环境以及信徒的数量和质量情况。但就这些能保存下的老教堂，很多还借助因是革命旧址旧居，否则，与赣南众多的寺观庙宇一样，在"文化大革命"中被损毁。如寻乌县现尚存3处耶稣堂，全部是革命旧址，而且都是有重大意义的革命文物，它们分别是全国重点文物保护单位"寻乌调查会议旧址"、江西省文物保护单位"罗塘谈判旧址"、寻乌县文物保护单位"中共寻乌县委旧址"。此外，宁都和于都县城的两处耶稣堂："宁都起义指挥部旧址"和"中共赣南省委旧址"，也都是全国重点文物保护单位。还有赣州健康路和南康太窝的天主堂，虽不是革命旧址旧居，但也是市级文物保护单位。这在赣南其他古建筑类型中所占文物比例，无出其右者，可见赣南耶稣堂建筑的历史文化分量。

（二）赣南现存的古耶稣堂简介

1. 赣州健康路天主堂和西津路基督教堂

天主教堂位于今章贡区健康路 37 号（原章贡区委内），系欧式建筑风格，始建于清顺治八年（1651）。当时驻赣州的南赣总督佟国器（康熙帝之母舅）给在赣传教的法国耶稣会传教士刘迪我神父城内一块土地，遂建立一座教堂。清康熙三十五年（1696）柏理文主教来赣州主持教务，为赣州天主堂有常驻主教之始。清道光十八年（1838），圣味增爵会传教士接任教务，重建教堂。清光绪二十五年（1899）圣味增爵会传教士在今大公路与生佛坛前之间重建教堂和房舍，东以中山公园（现赣州军分区）、南以大公路、西以达龙巷、北以生佛坛前为界，总占地面积约 4300 平方米。内建有教堂、主教神父住房、修女住房、修道院、修女小经堂、工作人员住房等。新中国成立后，赣州天主堂由中国籍神父负责管理。"文化大革命"期间，教堂被改作他用并遭到损毁，其他附属建筑也大多被改建成为区政府办公场所。1983年落实宗教政策，折价补偿赣州天主教会，并于 1984 年在罗家巷10 号兴建小经堂作为天主教活动场所。2000 年 6 月，将现存的"亚纳堂"等建筑公布为赣州市文物保护单位，2005 年 11 月，对亚纳堂等五栋房屋进行修缮并归还

图 6-3-1　赣州建康路卫府里天主堂

教会。亚纳堂，建于清末至民国，原为赣州天主教堂的"圣亚纳会"驻地，系仿罗马式建筑，面阔 9.1 米，进深 24.4 米，坐北朝南，南、西两面建有圆额门窗，其他 4 栋附属建筑为砖木结构，系民国初年所建。

赣州城作为天主教、基督教两大教派在"赣州教区"的首府，为使知识完整些，故有必要介绍一下赣州市的基督教堂情况，但因现存基督教堂不属古建筑，故只是顺便说说而已。

赣州基督教堂始建于清光绪十七年（1891），由美籍马设力牧师在原卖钗坡购建，又称东堂，教派属基督新教内地会。1951 年 3 月原赣州市基督教六个宗派（内地会、浸信会、浸篆宣道会、宣圣会、圣公会、安息日会）负责人及信徒代表开会磋商，进行联合礼拜，成立基督教"三自"（自治、自养、自传）革新委员会。后教堂被毁，改革开放后，恢复大公路耶稣堂（福音堂），2011 年 8 月搬迁到西津路 35 号。这座基督教堂（福音堂）是座新建的仿欧式教堂建筑，主建筑分三部分构建：主堂、副堂及地下室，可容纳数千之众。

2. 太窝天主堂

位于南康区太窝乡太窝村禾场。始建于同治三年（1864），清光绪三十三年（1907），因"反洋教"运动，天主堂被烧毁，次年由官方赔款重建。该教堂名为"圣母堂"，由经堂、钟楼及附属房三部分组成，总建筑面积 1310 平方米。堂为仿欧式建筑，坐北朝南，砖木结构，其中经堂面积 969 平方米，可容纳千人。经堂正面设有三扇圆拱西式门，中大门上首呈尖状形，负载着铜色十字架。经堂内两侧设有木门，可上二楼。经堂大厅立有 6 根大方柱，神台悬挂着耶稣画像，两边悬挂着圣母玛利亚、约瑟与天使画像。经堂东侧连接钟楼，钟楼为重檐，四角起翘，方攒尖顶，顶上立有十字架。钟楼后为一排附属建筑，与经堂相连，附属建筑为悬山顶，面积 316 平方米，现作神职人员宿舍、膳堂使用。

该教堂建筑年代属赣南现存最早的几座天主教堂中的一座，建筑规模是目前赣南遗存的天主教堂中最大的一座，也是赣南现存古教堂中最具代表性的西式教堂建筑。1993 年列入南康第一批文物保护单位。由于长期的使用和风雨的侵蚀，2003 年 3 月，对教堂进行过一次维修，现保存状况完好。

3. 宁都大东门耶稣堂

即今之"宁都起义指挥部旧址"。位于宁都县梅江镇沿江路 27 号，

图 6-3-2　南康大窝天主教堂

图 6-3-3　宁都县城大东门耶稣堂全景

坐西向东，东临梅江河，西、南、北均靠近居民住宅区。耶稣堂为欧式建筑，砖木结构，四面坡屋顶，高两层半10.8 米，一、二层四周有拱券式回廊、砖花栏杆，底部半层为高 1.2 米的防潮防水砖基楼面，总占地面积为 356.35 平方米。现耶稣堂内一层有"宁都起义历史陈列"，二层设"赵博生卧室""宴会厅"复原陈列。

该耶稣堂始建于 1916 年，是由县城教堂首届执事会执事温期沛等向信陡们募捐购得谢屋坎下地营建的，是赣南现存耶稣教建筑中保存真实性、完整性最好的建筑之一。现称其为"耶稣堂"，其实，原为耶稣教牧师邰亚当等的住所，可能后来特殊情况下曾起过耶稣堂的作用，真正的耶稣堂是在其左边的基督教堂。1931 年 12 月，国民党第 26 路军 1.7 万余人，在该军地下党组织中共特别支部委员会的策动、组织下，由赵博生、

董振堂、季振同、黄中岳率领，
在此举行起义加入红军，成立
中国工农红军第五军团，这就
是中国现代革命史上著名的和
有重大历史意义的"宁都起
义"，并因此于1988年1月公
布为全国重点文物保护单位。

图6-3-4　宁都县城大东门耶稣堂细部

4. 于都环城路天主教堂

当地俗称"耶稣堂"，即今
"中共赣南省委旧址"。位于于
都县城环城东路，县人民医院对面，建于清宣统元年（1909），相传是美
国传教士设计的，与其同时期的建筑还有一栋；神职人员用房，现为县人
民医院改造使用，尚未进行修复。该教堂是座中西合璧式砖木结构建筑，
坐北朝南，屋面三面坡顶，面阔三间宽12.5米，进深五开间长25.8米，
占地面积约250平方米。正立面和内部均用洋水泥粉饰，特别是正立面，
全部是用丰富的洋水泥线脚装饰，每间之间内外均砌有往外凸出的青砖壁
柱，室内天花板为细木板条钉成，表面粉刷纸筋白灰。内墙粉白灰，外墙
清水墙做法，是典型清末民国初年洋教堂输入中国时的那种常见的建筑
形式。

1934年7月，中央苏
区第五次反"围剿"遭受
重大挫折，为了保证中央
红军实行战略转移，在于
都县城设置成立赣南省，
先后辖过于都、登贤、赣
县、杨殷、寻安会、于西
等县，为中央红军在于都
成功集结，顺利突破敌人
第一道封锁线做出了重大
贡献。1982年，于都县人

图6-3-5　于都县城天主教堂

民政府公布为县级文物保护单位，1987年江西省政府公布为省级文物保
护单位，2006年5月公布为全国重点文物保护单位。2012年国家文物局

拨款 50 余万元对其进行了全面保护性维修。

5. 寻乌马蹄岗耶稣堂

即今"寻乌调查会议旧址"，包括耶稣堂（红四军大队以上干部会议旧址）、牧师雪莱·鲍斯费尔德住房（毛泽东旧居暨寻乌调查会议旧址）、褪民医院（红军医院）。位于县城马蹄岗中山路 136 号，今寻乌县革命纪念馆和寻乌中学校园内。始建于 1917 年，2013 年公布为全国重点文物保护单位。

耶稣堂，为土木结构二层楼房，坐西朝东，底层墙为鹅卵石三合土砌成，楼层为土墙，屋顶为两面坡青瓦顶，东西长 23.85 米，南北宽 18.56 米，顶高 8.02 米。底层中央为走廊，两侧排列 14 个房间，楼上东端为正门，并有耳房两间，正中为教堂大厅，正门口有石砌台阶直接从楼下进入教堂大厅。1930 年 5 月，毛泽东进行寻乌调查的同时，在此主持召开过红四军大队长以上干部会议，会议主要内容是总结和贯彻古田会议决议的经验，并针对军队中存在的各种问题进行了系统的讨论，同时，把军队管理教育方法归纳成七条原则。红军走后，1933 年被国民党军队焚毁，1976 年，经江西省革命委员会批准，并拨款按原貌修复，后并入寻乌中学使用。

图 6-3-6　寻乌马蹄岗耶稣堂

牧师雪莱·鲍斯费尔德住房，坐东北朝西南，为前廊式上、下两层楼房，土木结构。说土木结构，其实是三合土（巨卵石、黄泥、石灰）墙，木构梁柱、门窗，悬山四面坡顶。面阔六间 25.2 米，进深两间 14.2 米，高两层 8.65 米，前廊宽达 2.8 米多，是幢中西结合的教会建筑，建筑面积 350 平方米。其布局：楼下北面有四间住房，南面东、西两边各两间也是住房，中间是大厅堂，唯东边中间还有一过道，左、右两边设房间。楼上正中有八字台阶上下，中为厅堂，红军占领时为前委会议室，东侧山墙正中也有台阶可登上楼，东边房到中间也是过道，左、右两侧各有两间房，西边是四间住房。红军占领时，楼下住的均为警卫战士，楼上是前委机关和毛泽东同志的卧室。1930 年 5 月，毛泽东及前委机关在此住了 40 多天，开了十多天会，作了大规模的社会调查，后来形成了《寻乌调查》和《反对本本主义》两篇光辉著作，即著名的寻乌调查。1933 年，房屋被国军焚毁，但墙垣尚存。1939 年，由耶稣教会出资修复。1968 年，寻乌县成立"宣传毛泽东同志伟大革命实践委员会办公室"（后改名为寻乌县革命历史纪念馆），馆址迁入此地。1972 年，由江西省革命委员会批准并拨款按原貌修复旧址。

褪民医院（耶稣教会医院）。1930 年 5 月，红四军来到寻乌时，接管了此医院，成为寻乌、安远、平远的红军中心医院，红四军离开寻乌时，成为地方红军医院，楼上为红四军教导大队驻地。1990 年，被县党校拆除，2003 年寻乌县委、县政府拨款按原貌重建。

马蹄岗耶稣堂，是赣南现存最齐全的耶稣堂及其附属建筑，虽建筑的工艺性和文物的真实性不如上列范例，但建筑外观效果与功能布局没有改变。

第七章 桥梁、牌坊、风雨亭

桥梁、牌坊和风雨亭都属于民间公共建筑，主要由民间集资或官方倡议、补助建造完成。因此，这类建筑具有公众参与性和全民使用的特点，保存下来的数量较多，建筑形式也极具个性。

一 桥梁

"桥"和"梁"在古代是异名而同义的两个单词。大概先秦时多称"梁"，秦汉之间便出现了"桥"字，单称"梁"的古称后来便少用了，因此，我们现在通称"桥梁"。桥是种为了解决跨水或者越谷而建的交通设施，其意义简单地说，就是架空了的道路。

桥梁经过漫长的发展演变，因材料和构造的不同，形成了丰富多彩各种各样的桥型，随着近现代科学技术的高速发展，桥梁的形式更为复杂多样，并成为一门专业工程。然而，无论桥梁怎样变化发展，若追究起其根源来，均未超出古人所创造的梁桥、浮桥、拱桥和索桥这四大类型[①]。

桥，在赣南现存古建筑类型中，其数量仅次于祠堂民居类。2011 年第三次全国文物普查资料显示：赣南现保留下来的代表性古代桥梁总计有236 座。当然，这其实只是个参考数据，因其中兴国县 80 座、于都县 41 座，仅此两县便占其总数的近半；而大余县阙如，宁都和龙南两县又各只登记了 1 座古桥，这显然不合实情。如据清道光四年（1824）版《宁都直隶州志》卷十五《关津志·桥》所载宁都一县的桥梁便有 392 座，这还是能选入志书的有名称和地点，甚至还有年代的桥梁数字。因此，受各县文物普查员的认真态度和专业水平限制，这应是个很不完全的统计数字。笔者依据相关登记数据情况概测：整个赣州市现存古桥至少应在 500

---

① 相关论述详见万幼楠《桥·牌坊》一书，上海人民美术出版社 1996 年版 2013 年修订版。

座以上。

兹就上述数据所登记信息进行研究，大致也可以了解到赣南古代桥梁的以下情况。

传统的四种桥型中，赣南尚存梁桥、浮桥、拱桥三种。其中梁桥 19 座、浮桥 2 座，余皆为拱桥，约占总数的 90% 以上。如果又将其进行细分的话，梁桥：一墩两孔以内的石梁桥 9 座（厚度约 30 厘米内，长度 2.5 米左右），两墩三孔以上的石墩梁桥 2 座，属廊桥性质的石磴梁桥 7 座。浮桥：2 座。拱桥：两墩三孔石拱桥 22 座，三墩四孔以上的石拱桥 11 座，属廊桥性质的石拱桥 12 座，余皆为一墩两孔以下的石拱桥，约占总量的 60% 以上，这其中的单孔石拱桥（约 12 米）又占其 60% 以上。古代索桥：赣南现已很难看到了，笔者最后见到的索桥，是 2000 年前后尚存的龙南临塘黄陂索桥，为石墩木板铁链索，长约 30 米。以上这些桥梁中，有绝对纪年或年考的 57 座，其中明代 3 座、清代 43 座、民国 11 座。

图 7-1-1　龙南临塘黄陂索桥

研究这些资料会发现这些特点：廊桥主要存见于河西地区如信丰、安远、"三南"等县；于都多两墩三孔以上的石拱桥，而兴国 80 座古桥中约 85% 以上的都是单孔石拱桥；于都 41 座古桥中只有 4 座有绝对年考，而崇义、寻乌县的古桥绝大部分都有绝对纪年；赣南的古桥除部分桥身刻

图 7-1-2　定南县鹅公的李子岗桥

图 7-1-3　定南县鹅公的李子岗桥仰视

有纪年外，有的还刻有桥名、首事人、主捐人、对联、吉祥语等。此外，赣南向有视"修桥铺路"为积阴德的慈善行为，具有广泛的参与性和公益性，因此，大多数桥建好后都立有修桥碑记、桥约（禁）碑记等，只是很多没有保存下来，这也是古桥多有绝对年考的原因；约有一半一墩两孔以上的桥面都经过了改造，特别是那些两墩以上的梁桥，几乎 100% 的都已改成现代材料桥面，很多多墩多孔的拱桥因拱券垮塌，只保留下桥墩，又因现代通车的需要，于是改成现代梁桥面。

最后来重点介绍一下赣南的廊桥。

2013 年 3 月，赣州市向国家申报了 3 座需重点保护的古代桥梁，结果全部入选并公布为全国重点文物保护单位。有趣的是这三座古桥均为廊桥，它们分别是安远的永镇桥、信丰的玉带桥、龙南的太平桥。这三座桥在技术与艺术上都有其独特性，成为桥梁史上的一枝奇葩，详见后文介绍。

廊桥，又称屋桥、风雨桥、亭桥，赣南称瓦桥。主要见于南方山区，由于南方雨水多、阳光强，木板及木梁容易朽坏，所以常在桥梁上再加盖木构长廊或建屋、亭，故名。廊桥的出现本来是因保护木质桥面的，后因交通发达使人气汇聚便演变出其他应用功能，故后来即便是石拱桥上也覆盖廊屋。这种桥两侧一般做有板壁，桥头建有门屋或亭阁。因此，不仅能保护桥面，且能供行人驻足小憩、观光乘凉、挡风避雨，甚至摆摊设店，兼作墟场使用。大多数廊桥中一般都还设有神庙，以方便路人敬拜。

根据"三普"资料登记，赣南现存廊桥20座，其中梁式廊桥7座、拱式廊桥12座。当然，实际数字肯定还更多，而且从有关资料看，许多古桥原来都是有廊屋的，后因失于管理和维修而慢慢不见了，还有一些则因利于现代交通工具通过的需要而被人为或自然淘汰的。赣南廊桥的形式，一般为两端建高出桥廊的亭阁，长桥则在桥中也建一亭阁，神供便布设在亭阁中，有的短桥则在桥中设一亭屋。赣南廊桥上的廊屋材质，全木构、全砖构和砖木混合结构三种形式都有，这与福建、浙江基本都是全木构的不同，特别是全砖构的廊屋别地更为少见，因这种做法将会增加桥梁的荷载，一般不会采用此样式。赣南现存最长的廊桥，是瑞金建于道光三年（1823）的双清桥，全长九拱十孔95.67米，廊屋为2009年修复，而最小的廊桥可能要算定南县历市寨上村的寨口瓦桥，为单孔石拱桥，长约20米，桥上廊亭长4.2米、宽3.4米。各县廊桥中又以定南最多，样式也最齐全，梁式、拱式、伸臂式、廊式、亭式等都有存见。

（一）梁桥

1. 概述

梁桥，又称平桥、跨空梁桥，是以桥墩作水平距离承托，然后架梁并平铺桥面的桥。这是应用最为普遍的一种桥，在历史上也较其他桥形出现为早。它有木、石或木石混合等形式。先秦时梁桥都是用木柱做桥墩，但这种木柱木梁结构，很早就显出其弱点，不能适应形势的发展。因此，起而代之的是石柱木梁桥。约在汉代时桩基技术发明，于是便出现了石桥墩，标志着木石组合的桥梁能够跨越较宽大的河道，能经受住汹涌洪浪的冲击。但由于石墩上的木梁不耐风雨侵蚀，于是便在桥上建起了桥屋，保护桥身，此桥型（廊桥）后多见于南方，但最早都见于黄河流域。至于中小型的石梁或石板桥，因构造方便，材料耐久，维修省力，更是民间最为喜用的一种桥形，尤其是江南水乡地区和福建沿海地区。梁桥若中间无桥墩者，称单跨梁桥；若水中有一桥墩，使桥身形成两孔者，便称双跨梁桥；若两墩以上者，便称多跨梁桥。

赣南现保存下来的古梁桥，在 2000 年之前，还能见到一些中型以上的石墩木梁桥，在广大乡村大河小溪上，则能常见木柱木板桥，洪水来时被冲垮或预先拆除，洪涝季过后便又搭铺起来。然而，现在这两种桥型都很少见了，偶或偏远山区尚能看到一些小型的木柱木板桥。但现存的梁桥几乎都属小形石墩石梁，木质梁桥已经很少见了，中型以上的石墩石梁桥和木梁桥几乎不见了。

图 7-1-4　宁都石上木柱木梁桥

2. 赣南现存古梁桥简介

（1）五渡水永镇桥

又名五渡水瓦桥。位于安远县新龙乡永镇村甲江河上（五渡水），当时桥所在的甲江河将五指嶂和赖山嶂隔为南、北两块，使两边的村民行走很不方便。为了沟通南北交通，清顺治年间，当地著名善士融六首事在此建桥。据清同治《安远县志》卷一"津梁"记载："五渡水瓦桥，名永镇桥，在里仁上堡，顺治九年（1652）僧融六募造瓦桥、茶亭，买虎栖坑等处田三百五十把，永赡，后洪水冲圮。乾隆十四年（1749），邑人募石重修，同治丁卯（1867）被灾。"又载"融六"其人：名"湛愚，释字融六，本姓欧阳，里仁堡嶂坑人，初削发于永安坊西霞山，刻苦修行，云游主化，建造设赡桥梁四（五渡水、实竹坝、大桥头、西洴桥）、茶亭七、庵寺三"。

永镇桥是一座两墩三孔叠梁伸臂式廊桥，全桥长 38.5 米，宽 4.31 米，其中北桥头凉亭长 4.36 米，南桥头凉亭长 3.78 米，正桥长廊 30.36 米，由八个抬梁式屋架分长廊为 9 间，两侧檐柱间设栏杆组成护栏。桥头两凉亭门额均墨书"永镇桥"三楷字。其桥墩迎水面呈船尖形，俗称"鹅胸"，即"分水金刚墙"形式，尖头微微翘起，以减轻上游水流对桥

墩的冲击，用花岗岩条石
垒砌而成，高 5.6 米。墩
台上用木梁横四纵五叠作
三排，高 1.5 米。桥面建
有长廊，长廊两边有栏
杆，高 2 米，并设有长条
矮座凳，供游人歇憩。桥
两端建有桥门屋，门额上
书"永镇桥"三楷字。永
镇桥最大的技术特征或者
说文物价值，主要是采用
木构悬臂梁建造技术，为
增加跨度，它用杉木伸臂
（也称悬臂）层层叠建，
以增强纵梁的抗弯矩度。
但在纵梁排列上却南北有
别，南梁为疏排法，每层
平铺条木 12—13 根，每根
之间留有约 15 厘米的间隔
距离。北梁为密排法，每
层平铺杉条木 22—23 根，
无间隙。为什么南、北会
有不同的排法呢？据群众
反映，当时造桥时有两个
师傅各负责一半，故在做
法上有上述的区别。从科
学原理分析，疏排法比密
排法更为科学，既省料减
重，又有利于通风防腐，
故今南梁比北梁坚固。

永镇桥，为江西省现
存罕见（另一座类似的是

图 7-1-5　安远新龙永镇桥全景

图 7-1-6　永镇桥悬臂细部结构

图 7-1-7　永镇桥内景

定南县鹅公的李子岗桥，长 21 米，宽 4.5 米，）的石墩木梁悬臂式廊桥，保存完整，形式独特，是一座将交通、廊亭、敬神等功能融为一体的古代传统桥梁形式，同时，又是一种介乎梁桥与拱桥之间的古桥形式，为研究我国古代桥梁，从石墩木桥梁向石墩石拱桥的发展过渡，提供了极其宝贵的实物资料。2013 年被国务院公布为全国重点文物保护单位。

（2）东门口步云桥

又名"抑洪桥"。位于会昌县老城区东门口，横跨湘江，连接老城与城东区。该桥为八墩九孔，桥墩用麻条石砌成，桥墩高 5 米，每孔跨度 11.4 米不等，桥长 180 米、宽 8.05 米，是赣南现存最长的梁桥。

步云桥始建于明代万历十一年（1583），由士绅欧舜雍倡建，初名"抑洪桥"。万历十四年（1586），桥被洪水冲毁，知县崔允升捐俸修复，增高二尺，更名"步云桥"，后又被水毁。万历四十一年（1613）知县昌梦龄照旧墩重建，到明末桥又毁。清康熙三十七（1698），处士欧有俊倡芳重修，康熙四十七年四月，桥始落成，六月洪水陡发，桥又毁。雍正十一年（1733）知县范兴谷立薄劝捐未就，仅存桥墩。道光十九年（1839），城郊水东慈善家欧阳斯济倡重修，桥墩改用大麻条石，桥面围栏杆。此次重修工程浩大，于道光二十三年（1843）秋竣工，此后又经咸丰七年及同治五年两次整修。民国以后，因现代车辆通行的需要，对桥面进行了改造加固。新中国成立后，于 1965 年拆除了原有栏杆，向桥身两侧各伸展 1 米增设人行道，外护以水泥栏杆，并加铺了钢筋水泥路面。1991 年 12 月至 1992 年 10 月，又进行了一次拓宽桥面，改建引桥。现为县级文物保护单位。

（3）坪市永安桥

位于南康区坪市乡坪市村，始建于民国 10 年（1921），民国 15 年完工。该桥为石墩石梁廊桥，全长一墩两孔 13.2 米，宽 4 米。桥身与桥墩均为麻条石垒砌而成。桥墩形式为船形分水金刚墩，前尖后方。桥上盖有木构小青瓦廊屋，两端青砖清水墙形式构筑防火山墙式门楼，廊中做成象征式开间重檐顶形式，桥两侧设置木栏杆。

完整的"石墩石梁桥"在赣南保存较少，此桥保存是最好的。该桥现为县级文物保护单位。

图 7-1-8 南康坪市永安桥

（二）拱桥

1. 概述

拱桥是上述四种基本桥型中出现最晚的一种，同时，我国又是最早建造出拱桥的国家之一。有关考古资料显示，我国大概在东汉时期便出现了拱桥，而像隋代石匠李春首创的那种敞肩式石拱桥——赵州桥，比外国早了七个世纪。拱桥出现虽晚，但拱券结构一经采用，便迅猛发展，成为古桥中最富生命力的一种桥型。现根据我国拱桥的构造情况以及拱券的圆弧和排列形式可分为：陡

图 7-1-9 定南车步单拱独屋桥

拱和坦拱式拱桥、尖拱和圆拱式拱桥、连拱和固端式拱桥、单孔和多孔式拱桥、实腹和空腹式拱桥以及虹桥等。其拱券的圆弧则有半圆、马蹄、全圆、锅底、蛋圆、椭圆、抛物线圆及折边等形式；排列形式则有并列和横联两种，并派生出镶边横联券和框式横联券两种；按拱桥的材质分则有木拱、石拱和砖拱之分。

　　赣南现存的古桥约 90% 的都是拱桥，其中单孔式拱桥又约占 85%，在这些拱桥中，约 95% 的都是石拱桥，少数砖拱桥，不见木拱桥。石拱桥中又以横联式、圆拱式应用最多。

　　2. 赣南现存古石拱桥简介

　　（1）虎山玉带桥

　　俗称"瓦桥"。位于信丰虎山乡中心村，因其形状如同"玉带"飞跨于崇山峻岭之中、凌架在滔滔激流之上，故名。又因系当地富绅余凤岐牵头募捐兴建，故又名"凤岐桥"。建于清乾隆五年（1740），民国 21 年（1932），余氏宗族筹资维修，1954 年当地村民筹资再次修葺。2005 年当地政府组织维修并在桥头立维修碑记，2016 年国家文物局拨款 68 万元，对其进行全面保护维修。

图 7-1-10　信丰虎山玉带桥全景

　　玉带桥是座古驿道上的桥梁，这里是古代信丰通往广东兴宁、和平等县的交通要隘，也是安西、龙州至隘高的必经之地。该桥横跨在虎山河三摺水处，为二墩三孔式石拱廊桥，平面呈弧形，桥面全长 80.84 米，宽

4.32 米，桥两侧建有"十"字砖花栏杆。桥台和桥墩全由花岗岩打制方体石块砌成，石灰勾缝，桥面由灰麻条石和河卵石铺成。墩高 5.7 米，拱跨 14.3 米。桥面建有重檐砖木结构的廊屋 23 段（间），另在南、北两端建有砖木结构的歇山翘角凉亭各一间，桥中间建有一间神庙阁

图 7-1-11 信丰玉带桥内景

（现并祀建桥者余凤岐和观音像），也是砖木结构，歇山顶，高 5.5 米。

玉带桥为缩短两岸引桥造价，选点在两岸山体的最狭隘处，并利用两岸坚固的山体基础做桥头，创造性地采用弯折弧形连接两岸。特别是，桥梁成功地用条石砌好弯弧桥体，成为本座桥梁技术上的一个难点和亮点，它反映了民间工匠因地制宜的奇异创造力，成就了我国使用传统建筑材料砌筑弯弧桥梁的典型范例和桥梁史上的独特地位，对桥梁史研究和旅游展示均有重要意义和价值。2013 年被国务院公布为第七批全国重点文物保护单位。

（2）杨村太平桥

位于龙南杨村镇太平河上，相传始建于明正德十三年（1518）前后。此地系赣粤边境山区，旧时土匪和农民起义滋事连年不断，官府进剿屡屡失利，朝廷便派都察院左金都御使王阳明前往镇压并于次年平定成功。王阳明为庆祝胜利，便在杨村太平河水口处兴建了该桥，命名为"太平桥"，以示从此

图 7-1-12 龙南杨村太平桥

天下太平（此说，笔者存疑，因在此之前"太平堡""太平河"之名便存在，觉得有附会穿凿之嫌）。后此桥坍塌，到清嘉庆末至道光年间（约1816—1850）又在原桥址下游约50米处重建了现在所见的太平桥。

图 7-1-13   太平桥近景

太平桥为"为一墩两孔式石拱廊屋桥"，全长44.8米，其中大孔直径12、小孔直径11米，桥面宽4米，通高约15.2米。由桥身和桥上建筑两部分组成。桥身为普通船尖形石墩石台金刚分水尖形式，用自然块石及部分青条石砌成。桥上廊屋建筑为当地民居常见的三楼式牌坊门入口形式，券门洞，额上刻书"太平桥"三字。两侧墙面上对砌一高大的拱券，跨径达8.2米，高8米，墙厚1米，用厚实的青砖砌成"五岳朝天"防火山墙样式。为使桥屋构图完美，不惜将整个廊屋重力都落在拱桥的最薄弱点上，又为了减轻桥屋的自重，将桥屋拱券挖大，尽可能地减去非结构性的墙体，以扩大桥屋的视野，使其侧立面形成三个圆孔垒叠的艺术效果。可谓设计精巧，构图奇异，敢为人所不敢为的事，而又合乎情理，充分体现出民间建筑的经济性、实用性和地方传统性的特点，称得上世界上独一无二的桥梁形式。此桥影响甚广，国内外很多书刊都能见到它的身影。2013年，如同附

图 7-1-14   太平桥正立面

近的燕翼围一样直接从县保单位升为全国重点文物保护单位。

（3）高田永宁桥

俗称"瓦桥"。位于石城县高田镇上柏村水口，始建于清乾隆三年

（1738），清咸丰五年（1855）上柏村民熊氏族众重建，同治五年（1866）熊氏五房增建桥上亭阁，中华民国 36 年（1947）村民重修。1989 以来，村民也常有捡瓦、加固等小修，较大和最近的一次是 2005 年，村民集资五六万元，对桥体和廊屋进行的维修。2013 年省文化厅拨款 50 万元，对其进行保护性全面维修。

该桥为单孔石拱廊桥，长 32.7 米，宽 5.2 米，拱跨 9.69 米，矢高 4.1 米，桥上建木构廊屋 11 间，廊顶覆小青瓦，穿斗式构架，两边设直棂式栏杆和通长木凳，供行人歇憩倚坐。当心间为歇山顶阁楼形式，高两层，楼下设有供关帝的神龛。在桥北头栋梁腹下分别

图 7-1-15　石城高田永安廊桥

有前人维修时留下的题款："清咸丰五年乙卯年岁孟夏月　吉旦"，"熊灵聚公太暨男儒士副元道加道亨公鼎建"，"中华民国三拾陆年岁次丁亥孟秋月　吉旦"字样。2000 年公布为江西省文物保护单位。

（4）绵江云龙桥

位于瑞金市城区南面沿江路，南北横跨绵江河。整座桥全部用红条石构筑，桥墩上下游皆做有金刚分水尖形式，分水尖长 5 米，宽 4.2 米，桥高 9.3 米，拱跨 7.1—15 米不等，桥宽 5 米、长十墩十一孔 177.52 米，是赣南现存最长的古代石拱桥。

云龙桥宋代时为浮桥，名"绵福"，明嘉靖十九年（1540）改作石墩木梁桥，因"桥界青云坊而跨龙池"，故更名为"云龙桥"。清康熙三十六年（1697）改成十墩红条石拱桥。1988 年，由瑞金市文化局牵头发起修复名胜古迹倡议，集资 60 多万元对其按原貌维修，于当年年底动工，1991 年 11 月竣工。云龙桥是瑞金通往福建的枢纽通道，苏区时期，毛泽东、周恩来、刘少奇、朱德、邓小平等共和国开国元勋都曾频繁过往云龙

桥，因此，是座具有著名红色背景的古桥，1991 年时任国家副主席的王震亲笔题写了"瑞金云龙桥"桥名。1988 年 8 月公布为瑞金市文物保护单位。现整座桥保存较好，结构稳定。

（5）聂都章源桥

位于崇义县聂都乡聂都村。建于清乾隆十四年（1749），东北向西南跨聂都河。为两墩三孔石拱桥，桥长 35.2 米，宽 4.3 米，高 5.4 米，面积 151 平方米。河中两金刚分水墩上各置一长 0.9 米、宽 0.3 米镇水兽。桥面两侧分列 28 根雕花石望柱，柱间镶以栏板，板刻花草、动物等不同图案，雕刻技法精巧。桥头原有石碑联："路通楚粤行人笑，桥架章源舟子羞"，现已散失。中拱内条石上有楷书阴刻"乾隆十四年罗若圣首事监造"字样。桥头一侧"夫人庙"大门两侧墙上，嵌有道光七年（1827）"重修章源桥护脚碑"、道光十九年（1839）"三修章源桥护脚碑"和道光二十一年（1841）"四修章源桥护脚碑"桥碑 3 方。2006 年该桥被山洪冲塌，省文化厅拨款 15 万元对其按原样修复。

章源桥为赣江上游章水源头第一桥，又是楚粤古驿道通道桥，还是一座典型的水口风水桥。名为章源，实指章水之所出。该桥对研究水源文化及当地的桥梁建筑具有重要的历史和艺术价值。1992 年 10 月，崇义县人民政府公布为县级文物保护单位。

（6）柱石初石桥

位于定南县鹅公镇柱石圩上，建于清同治十二年（1873）是一座单拱石拱廊桥。全长 13.5 米，高 5 米，宽 4.8 米，桥上盖有"观音亭"高 11.4 米。民国 14 年（1925），在桥面观音亭上又增建一阁，称为"初玉亭"，于是使桥的总达 16.4 米。亭阁为木质结构，分上、下两层，用木柱支撑整个亭阁，底层为长廊，廊内中间有观世音泥塑，两侧由花纹窗格装饰四壁；上层为阁楼，呈八角形，四壁有圆形花纹窗格，底层瓦檐四角翘起，立有卷草装饰物，瓦面均为古铜色缸

图 7-1-16　定南柱石初石桥

瓦。此桥为廊、亭、阁相结合与交通、集市、敬祀相结合的廊桥，造型少见，存世不多。1983 年 11 月公布为县级文物保护单位。

（三）浮桥

1. 概述

又称舟桥、浮航、浮桁，因其架设便易，在古代常用于军事目的，故也称"战桥"。是一种用数十百艘木船（也有用木筏或竹筏）连锁起来并列于水面，船上铺木板供人马往来通行的桥。若按严格意义上的桥：是以跨空和有柱墩为标志的话，那它还不是十足意义上的桥。浮桥主要建于河面过宽及河水过深或涨落起伏大且非一般木石柱梁桥所能济事的地方。浮桥两岸多设柱桩或铁牛、石困、石狮等以系缆。若河面太宽时，也有在河中再加系缆的柱、锚以固之。这种桥约出现于商周时，《诗经·大雅》载有周文王为了娶妻，在渭水上架浮桥的事，即"亲迎于渭，造舟为梁"。浮桥目前在我国南方如江西、浙江、广西等地方仍能见用。浮桥的优点：一是施工快速。清咸丰二年（1852），太平军围攻武昌，只用一夜时间就建成了两座横跨长江的浮桥。二是造价低廉。明代邹守益在《修凤林浮桥记》中，曾对石桥与浮桥作过比较："若用石梁桥，要费千金，而用浮桥，则费五百金便可。"三是移动方便，可根据需要而定。四是开合随意，拆除和架设都很方便。缺点是载重量小，随波上下动荡不定，且抵御洪水能力弱，常需及时拆撤，并要人照看，管理烦琐，舟船、桥板与系船的缆绳要经常修葺和更换，维护费用昂贵。因此，很多浮桥的最后归宿，都向木梁桥、石梁桥或石拱桥发展。

赣南现存三座浮桥，即赣州东河浮桥、赣州南河浮桥（2006 年复原重建）和南康凤岗浮桥。

2. 赣南现存古浮桥简介

（1）赣州浮桥

赣州老城东、西、北三面环江，南面是深沟高垒。因此，在宋代以前只有船渡。到北宋时由于赣州城政治、经济地位大大提高，商业空前繁荣，舟渡显然不能满足人们交通的需要。可是章、贡二江平时水位就宽200 米至 400 余米，在这样的大江上架设梁桥或拱桥，宋代的工程技术水平显然是有困难的。再者，即使能修建起梁桥，也不利于赣州城的天然防卫和通航。因此，在北宋熙宁年间，即刘彝整理城区、拓建福寿沟之后，其知州继任者刘瑾，率先在章江上修建了一座浮桥，名"西津桥"（又称"知政桥"俗称"西河浮桥"）。南宋乾道年间（1165—1173）权知虔州军洪迈在建春门外贡江水面建东津桥。南宋淳熙年间（1174—1189），权知赣州军周必正在城南章江水面上再建一座浮桥，名"南桥"（俗称南河浮桥）。从而缓解了赣州城的内外交通，加速了它的繁荣步伐。浮桥每段用船三只，上架梁板，各段间用篾缆相连，桥长可随水位的涨退而增减船只，过往船只，只要解开一二段，便可通行。三座浮桥的尺度，据民国年间不同时期维修时的统计数字：东河浮桥长140丈，宽1丈1尺，用船110条。西河浮桥长70丈，宽1丈1尺，用船55条。南河浮桥长60丈，宽1丈1尺，用船57条。

　　三座浮桥皆建于宋，并沿用至近现代，古人诗咏为"三桥隐隐似龙卧"。1986年建成西门人行梁桥后，西河浮桥被拆除；1991年，南河大桥落成后，南河浮桥被拆除，后在2006年，又在原址按原样修复南河浮桥，现唯有东河浮桥一直保存并沿用至今。

　　东津桥（又称"惠民桥"俗称"东河浮桥""建春门浮桥"），桥长约400米，桥面宽5米，构造方法系每三只木舟为一组，然后在木舟上架梁，梁上再铺木板。每一组木舟之间用竹缆绳捆绑，然后用铁锚固定在江面上，整座浮桥用了33—35组，约100余只木舟连接而成。东津桥，是赣州原三座浮桥中，唯一相延至今的古浮桥，也是其中最大、最长的一座浮桥，现已成为赣州这座历史文化名城特有的人文景观并公布为市级文物保护单位。

　　（2）风岗浮桥

　　位于南康区三江乡和凤岗镇之间的上犹江江面上。全长235米，宽3.2米，32驳，浮桥船70只，其中钢筋混凝土浮桥船12

图7-1-17　赣州浮桥——龙年海摄

只，南北两端各建有码头。

据1993年3月版《南康县志》记载：该处原为船渡口，1957年建成唐江大桥后，将原唐江浮桥迁此替换。而原唐江浮桥，北岸在唐江镇，南岸为大岭乡钟屋村，由40只木船连缀而成。民国20年（1931）募建，其经费由大码头义渡会移拨，有店房16所出租收入，由唐江商会浮桥股管理。新中国成立后，修桥经费由县财政拨给，唐江镇人民政府负责管理。唐江浮桥移此后，原由凤岗公社管理，1957年凤岗、三江分社后，改名三江浮桥，由三江公社管理，维修费用由县财政拨给。1985年有护桥工2人。

2015年元月，因南康区三江大桥当年将新建，于是，这座浮桥是拆是留，引起了当地群众和媒体的热议。

图 7-1-18 南康凤岗浮桥

二 牌坊

牌坊，是封建礼教下的产物。当它作为独立的纪念性建筑物时，常建于人们易看见或要经过的地方。如村头、街口、祠前、桥端等处，这时它的主要功能是：标榜功德、颂扬节烈、表彰忠勇、褒奖孝义。当它作为一种标志性、装饰性建筑物时，则常建于大型建筑物组群的前端或引道中。如寺观、坛庙、官苑、衙署、街道、陵墓等建筑中。这时它的主要功用是：导向、分隔、衬托、象征和丰富视线。因此，牌坊的意义，主要可以从两个方面去理解和领会：一方面是它所包含在意识形态上的意义，如社会学、文化学上的意义；另一方面是它建筑本身所具有的建筑学上的意义，如建筑美学、建筑景观学等。

牌坊是种门洞式单体建筑。它所创造的空间艺术，不同于一般建筑那样，是通过顶盖和四面墙壁围合形成的空间，而是一种隔而不断、仅起划分和限定作用的空间艺术；它所体现的环境艺术，则是通过其建筑构造本身所具有的纪念性，装饰性和门洞式特点，从而创造出的一种庄重性、工艺性和引导性的环境艺术。

牌坊，又称牌楼。但严格来讲二者是有区别的，前者为冲天柱式构造较简单，后者则起楼有檐顶。其构造大致由基础、立柱、额枋、字牌和檐顶（牌楼才有）这五部分构成。因此，牌坊的类型，如按建筑形式分，则有牌坊和牌楼之别；按建筑材料分，则可分为木牌坊、石牌坊、砖牌坊和琉璃牌坊四大类；按功能性质划分，便可分为功名坊、道德坊、陵墓坊、门式坊和标志坊五类[1]。

（一）赣南牌坊概况

受古代赣南在政治、经济以及礼教文化相对较落后的影响，赣南的牌坊无论数量、质量还是类型，都不如赣中、赣北地区丰富。据"三普"登记资料：现赣州市所辖各县市区尚存牌坊 23 座，经笔者调查研究，减去其中 3 座现代门坊，加上其他资料显示选入的 7 座，加减后总共为 27 座古代牌坊。其中会昌、兴国各 6 座，占了总数的近半，而上犹、崇义、寻乌和"三南"等县 1 座也没有留下。其实，这一定意义上反映了这些县在古代的政治、经济和文化的封建化程度。当然，以上数字也只是个不完全统计，而且主要是针对独体或具备显著牌坊性质的牌坊而言，但赣南实际上还有些牌坊结合在祠堂、民居、路亭、庙宇大门中，这些只选了个案分析，其余几乎都没有统计进去。

---

① 相关历史文化与建筑形式的论述，详见万幼楠《牌坊》一书，台湾锦绣出版社 2001 年版，中国建筑工业出版社 2015 年版。

通过分析赣南现存的这些牌坊资料：从立面形式上分，赣南几乎所有的牌坊都属有檐顶的牌楼类型，只有兴国的"社门前牌坊"为冲天柱式坊，其中又主要是"四柱三间三楼、五楼"形式，只有 3 座为"两柱一间"形式；从材质上分，其中 25 座均为石质，这里面，除石城县的多选用青石或花岗岩石材外，其余基本上都以红砂岩（习称"兴国红"石）为主，约占 70%。另两座是木牌坊，分别是于都水头的"步蟾坊"和瑞金密溪的"善行流坊"坊；从功能类型上分，节孝坊 13 座，占了近半；从历史年代跨度来看，从明中期（实际可能稍晚些）到清晚 400 余中均有建

图 7-2-1　兴国潋江社门前村功名坊

图 7-2-2　石城县桂竹节孝坊

图 7-2-3　会昌右水梁氏节孝坊

树，其中建于清乾隆年间的牌坊便有 15 座，超过总量的半数，而且其中 14 座都属节孝坊，可见乾隆年间节孝道德教育之盛行。

表 7-1　　　　　　　　　　　　赣南现存古牌坊一览

名称	地点	年代	类型	结构形式	价值评估
水头步蟾坊	于都县岭背镇水头谢屋村	始建于明正统六年（1441）现存应更晚	功名坊	四柱三间四楼重檐式木牌坊，	年代早，历经维修，用 45 度斜拱、菱形斗等斗拱形式，工艺较复杂，现为省保单位
南康旌奖坊	南康泰康中路	明代嘉靖年间（1522—1566）	功名坊	原为四柱三间三楼，花岗岩石结构	现仅存一次间。品相、工艺都较好，只是残缺了三分之二，市保单位
密溪尚文坊	瑞金九堡镇密溪村东门街	康熙四十七年（1708）重建，现存应更晚	标志坊	两柱一间一楼式，木结构	跨古驿道而建，保存基本完整，工艺一般，市保单位
黄石牌坊	南康隆木乡黄石村老下组，	清康熙年间（1662—1722）	不确定	四柱三间三楼，花岗岩石结构	雕饰较丰，但残损严重（牌匾版缺失），工艺较高，市保单位
盘古山山门	会昌县筠门岭镇民范村	清康熙五十六年（1717）	标志坊	四柱三间三楼式，红砂岩石结构	有局部残缺，工艺较高，风化较严重。县保单位
廖屋谬氏旌表牌坊	兴国县梅窖镇三僚村	清乾隆二年（1737）	道德坊	四柱三间三楼，红砂岩石结构	保存基本完整，体量不大，工艺一般，品相较差
庄埠刘氏节孝牌坊	会昌庄埠乡庄埠村新屋小组	清代乾隆二年（1737）	道德坊	四柱三间五楼，红砂岩石结构	保存较完整，两次间为石构盲门，雕饰较丰富，工艺精美
高多节孝牌坊	兴国县高兴镇高多村	清乾隆戊午年（1738）8 月	道德坊	四柱三间三楼形式，红砂岩石结构	保存较完整，工艺较高、雕刻较精细，县保单位
蓝氏节孝牌坊	会昌筠门岭镇羊角水堡城东街	清乾隆四年（1739）	道德坊	四柱三间三楼，红砂岩石结构	保存较完整，工艺一般，雕饰风化较严重，现位于国保建筑群和中国传统村落内
河源李氏贞节牌坊	石城高田镇琴生村河源小组	清乾隆八年（1743）	道德坊	四柱三间三楼，青条石结构	保存完整，与房祠大门结合为一，材质较优，做工较细，雕饰较简

名称	地点	年代	类型	结构形式	价值评估
田迳功德坊	兴国县杰村乡田迳村	清乾隆乙丑年（1745）	功名坊	四柱三间三楼式，红砂岩石结构	所雕物态工艺精细，保存基本完整，县保单位
梁氏节孝坊	会昌右水乡田丰村来石下组	清乾隆十二年（1747）	道德坊	四柱三间五楼红砂岩石结构	保存较完整，局部被人为损坏，造型雄伟，技艺精工，品相较好，县保单位
三世节孝牌坊	安远县天心镇水头村。	清朝乾隆十三年（1748）	道德坊	四柱三间五楼，红砂岩石结构	有残损，雕刻工艺较高，县保单位
密溪钟氏节孝牌坊	瑞金市九堡镇密溪村	清乾隆十三年（1748）	道德坊	四柱三间三楼，红砂岩石结构	残损较严重，几只剩下骨架，匾额为水泥版取代
安下余氏节孝牌坊	会昌右水乡田高村安下组	建于乾隆十四年（1749）	道德坊	四柱三间五楼，红砂岩石结构	与房祠门合二为一，保存基本完整，雕饰有人为损坏
桂竹罗氏节孝牌坊	石城县高田镇桂竹村	清乾隆十四年（1749）	道德坊	四柱三门三楼，青条石结构	保存基本完整，品质较高，做工细致，雕饰简朴
蓝氏节孝门坊	南康赤土畲族乡秆背老屋村	清乾隆二十年（1755）桂月	道德门式坊	四柱三间三楼，红砂岩石结构，	与支祠大门结合为一，保存完整，工艺较高，后人曾采用不当保护措施，省保单位
朗际黄氏节孝牌坊	宁都肖田乡朗际村	清乾隆三十六年（1771）	道德坊	四柱三间五楼花岗岩石结构	保存完整，构造端庄，工艺精美，省保单位
修田杜氏宗祠牌坊	安远县欣山镇修田村	清乾隆三十八年（1773）	标志坊	原为六柱三间五楼，花岗岩石结构，红条石匾额	残缺左次间，工艺较好，尚存石狮一对
璜村牌坊群	宁都黄石镇璜村祠堂村	乾隆丁未年（1787）	道德坊	均四柱三间三楼式，红砂岩石结构	三座牌坊平面成"品"字形摆布，原状保存度和工艺一般，省保单位
秋坑牌坊	兴国高兴镇老圩村秋坑组	清嘉庆十六年（1811）	道德坊	二柱一间一楼，红砂岩石结构	保存基本完整，体量较小，雕饰少，工艺一般
祖武克绳门楼	会昌周田镇大坑村下新屋组	清中期	门式坊	六柱五间五楼式，红砂岩石结构	与房祠前门楼结合为一，保存完整，工艺精美，雕刻细腻，省保单位
胡氏宗祠牌坊门	宁都黄陂镇山堂村	清中期	门式坊	六柱五间五楼式，砖石结构	与宗祠大门结合为一，保存较完整，工艺较高

续表

名称	地点	年代	类型	结构形式	价值评估
杨村坊式亭	石城小松乡杨村	光绪元年（1875）	门式坊	四柱三间三楼式，花岗岩石结构	与路亭门洞结合为一，保存完整，工艺一般，省保单位
象山庄文昌阁石牌坊	章贡区沙石镇双桥村象山庄组	清代	标志坊	四柱三间四楼花岗岩石结构。	保存较完整，工艺一般，原为书院旧址遗物
桂杏联芳牌坊	安远孔田镇社山村	清代	功名坊	四柱三间三楼，花岗岩石结构	保存完整，结构稳定端庄，工艺较好，现处荒野草丛中
"关西流芳"牌坊	兴国县江背镇江背村	清代	功名坊	四柱三间三楼，红砂岩石结构	檐脊翘等有残损，人物花卉等雕刻保护基本完整，工艺一般，省保待批单位
社门前楼牌坊	兴国潋江镇凤凰村社门前组	清晚	标志坊	两柱一间，红砂岩石结构	具有西教文化风格，是座较为独特的中西合璧式石坊，保存基本完整，做工较细腻

（二）赣南各类型主要牌坊简介

1. 功名坊

即功成名就之坊，主要用来旌表过去在科举、政绩和军功方面取得突出成就的人才。如科举方面，考中举人以上或被推荐为贡生者；政绩方面，政治卓有成效、地方有好名声、受到上司或皇帝嘉奖的，以及辅佐朝廷有功，历官高显者；军功方面，戍边守疆尽职，抵御外敌入侵或平叛镇反战功显赫的，以及在征战中斩将搴旗、克敌制胜、屡建奇功者。这些均可按惯

图 7-2-4-1　江背茂胜"关西流芳"
牌坊门额及门楣照

例或奏请皇上批准建功名坊。受区域历史文化的影响，与相邻的吉安、抚州两市比较，赣南这类坊较少，有也不著名。

（1）水头步蟾坊

位于于都县岭背镇水头谢屋村，始建于明正统六年（1441），为于都知县王琳等人为旌表谢宁中举而建。

该牌坊立在一个低矮的台基上，大致南北向，为四柱三间四楼重檐式木牌坊，歇山顶，面阔 11.2 米，进深 3.55 米，高 10.38 米。坊由四根立柱、八根戗柱支撑梁架，梁架为穿斗、抬梁相结合。明间顶楼正脊中饰"一瓶插三戟"，寓意"平安"

图 7-2-4-2　兴国江背茂胜
"关西流芳"牌坊东南面照

图 7-2-5　安远孔田社山"桂杏联芳"坊

和连升三级，两端饰鳌鱼脊吻。顶楼檐下正中悬挂"恩荣"圣旨牌，明楼檐下正中置"步蟾坊"横匾，匾两侧附有题记和"正统六年冬月吉旦"落款。坊楼檐下均用四层三朵斗拱出檐，檐角起翘。

该坊已知曾于明成化二十一年（1485）维修过，后在 1936 年、1987 年和 2010 年分别维修过。是江西省罕见的，也是赣南现存年代最早且有相对纪年的一处纯木构明代建筑。它构造复杂、工艺精巧，是江西省此类建筑技术的高度结晶，特别是斗拱形式中的 45 度斜拱、菱形斗等，是研究我国古代特别是南方地区古代木构建筑极为珍贵的实物资料，具有很高的学术研究和历史文物价值。1987 年公布为省级文物保护单位，现保存

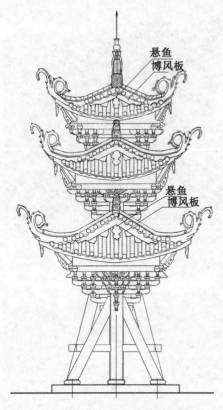

悬鱼
博风板

悬鱼
博风板

图 7-2-6-1　步蟾坊侧立面线图

图 7-2-6-2　于都岭背水头村步蟾坊立面

完整。

（2）田迳功德坊

位于兴国县杰村乡田迳村。牌坊坐北朝南，为四柱三间三楼式，红砂岩石结构，高 5.7 米，宽 5.3 米，占地面积 19.08 平方米。坊檐、柱头和匾额上下枋上雕刻有人物故事、双龙戏珠及多种锦纹装饰等，中间匾额则阴刻"宝树流芳"四个大字，落款有"文信某某谷旦"字样，明间坊柱上对联为"家声丕振重仰东山卧白云，世道发祥已瞻南土垂青史"。据《谢氏族谱》记载，田迳谢升原东晋宰相谢安后裔。七十二世孙谢伯杰，为纪念先祖谢安，于清乾隆乙丑年（1745）秋，集资建造此坊。

该坊石雕工艺精细，所雕物态栩栩如生，保存现状基本完整，1983 年 8 月公布为兴国县文物保护单位。

2.道德坊

即用来表彰过去在道德行为规范方面表现为先进人物的牌坊。凡情操高尚，忠贞不渝、刚正不阿、宁死不屈、敬老爱幼、扶贫济弱、乐善好施等方面表现特别优秀出众成为令人敬佩交口称赞的人，均可打报告申请建道德坊。道德坊是封建礼教的结果，是封建意识形态的具体反映，是维护封建社会统治的精神需要。因此，这类坊是各类牌坊中数量最多、分布最广的。其中又以表现为节孝方面的内容的牌坊最为多见。如赣南现存牌坊中，节孝坊便占了绝大多数。

（1）朗际牌坊

位于宁都县肖田乡朗际村西北 30 米处，周围均为民居。始建于清乾隆三十六年（1771）。牌坊呈坐北朝南向，灰白色花岗岩石结构，立面为四柱三间五楼式，面阔 5.7 米，通高 7.7 米，占地 4.56 平方米。坊的四柱立在长 2.4 米，宽 0.55 米，厚 0.51 米的门枕石上，门枕石的两端饰花草浮雕，上护卷云状抱鼓石，明间宽 2.5 米，两侧门宽 1.3 米，三门均置高 0.33 米的石门槛，坊檐逐级梯升。坊顶两端饰倒立鳌鱼，中央饰怪面兽，脊吻饰龙首。明间门楣

图 7-2-7　兴国杰村田逵功名坊

上嵌石匾额四方，其中南面匾额书"旌表儒童肖行三之妻黄氏坊""节孝""圣旨"等阴文。

朗际牌坊属道德坊性质，也是赣南这类牌坊最具典型的代表。它比例匀称、结构科学，通体饰以精美的花卉浮雕图案，各级之间错落有致，给人以端庄华丽之感，是赣南现存保存最好牌坊之一。1987 年 12 月，公布为江西省级文物保护单位。

（2）王元崑妻梁氏节孝坊

位于会昌县右水乡田丰村的来石下。该坊坐北朝南，四柱三间五楼，坚质红砂岩石结构，通高 7 米，面阔 6.36 米，厚 0.38 米。顶楼檐下竖有微向前倾的"圣旨"牌，四周饰叶脉纹。上层匾额刻有"节孝"两个大字，两边各刻有十行小字和落款。下层匾额刻有"旌表儒童王元崑之妻梁氏坊"等字。匾额的上、下枋及次间石枋上，均饰有人物故事雕像和花卉装饰。这些人物浮雕和雕刻纹饰，工艺精细，人物形象，栩栩如生。坊的四根石柱，正背两面各护压有抱鼓石，明间门枕石上立有石狮一对，石狮通高 1.5 米，其中雄狮的头部被敲损一块。整座牌坊立在一石构基座

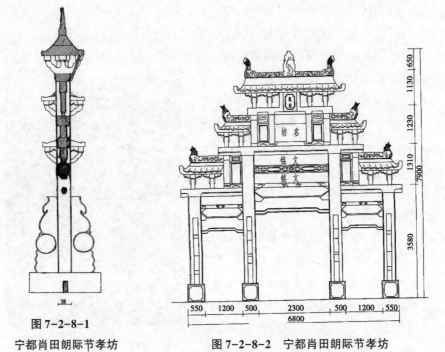

图 7-2-8-1

宁都肖田朗际节孝坊

图 7-2-8-2　宁都肖田朗际节孝坊

上，基座呈长方形，刻有覆莲花卷草纹饰。

图 7-2-9　王元昆妻梁氏石牌坊

该坊建于清乾隆年间（1726—1795）。据《会昌县志》载："王元崑妻梁氏，二十八岁夫死守节，孝事舅姑，卒年六十四。"这座牌坊是会昌县现存四座牌坊中保存较为完整的一座，它造型雄伟，技艺精巧，是此类牌坊中较具典型的一座。1983年4月公布为会昌县文物保护单位。

（3）黄石璜村牌坊群

位于宁都县黄石镇璜村祠堂村小组，由两座节孝坊和一座百岁坊组成。三座牌坊平面成"品"字形摆布，南北朝向，两座节孝坊并列置于百岁坊之前。两座节孝坊属同一建筑工艺、规格和大小。三座牌坊均属四柱三间三楼式，红砂岩结构，四柱底下均设有门枕石、抱鼓石，石枋上浮雕有龙、凤、戏文人物、缠枝花等图案，牌坊顶楼下立有"圣旨"石板。其中百岁坊中门匾额上阴刻有"敕建旌表寿民郭肃昭百岁坊"字样。根据有关资料反映，三座牌坊皆建于乾隆五十二年（1787）冬。

图7-2-10　宁都璜村"品"字形节孝坊

这个牌坊群由于在"文革"期间遭到严重破坏，2007年在新农村建设中又修缮不当，导致保存现状和品相一般。但这三座牌坊的意义在于同出一门，布局考究，年代、形式趋同，在赣南尚属仅见。当然，这种以牌坊群出现的形式在省内或全国范围内却较为多见。其中最出名、规划得最奇巧的当数安徽的棠樾鲍氏牌坊群，它历明、清两代建成，总共7座牌坊依序排列在村口大路中，其中忠、孝、节字坊各 2 座、"义"字坊位于中间，这样无论进出村庄，都是按封建礼教"忠、孝、节、义"的顺序接受洗礼。

（4）高多节孝牌坊

位于兴国县高兴镇高多村钟氏锡朋堂院内。建于清乾隆三年（1738）

图 7-2-11　兴国高多节孝牌坊

8 月，坐北朝南，红砂岩石结构，四柱三间三楼形式，通高 7.6 米，面宽 6.25 米，明间宽 2.9 米，次间宽均为 1.49 米。正楼和次楼上部均为整块红条石修凿而成的硬山顶，檐下皆为丁头拱承挑。脊的两端饰鱼龙纹吻兽，飞檐四出，翘角凌空，柱根上前后立门枕、抱鼓

石。明间上层匾额镌"节孝"两个正楷大字，两端小字刻记有建坊人姓名、官职、年款等注文。上、下枋分别饰"八仙庆寿"透雕和"卍"字纹图案，两侧栏柱刻有"劲节垂千古，封章播九重"对联。背面对联则为"节并乾坤永，坊同日月明"。明间下层匾额镌"族表儒童钟锡朋之妻杨氏节孝牌坊" 14 个正楷大字，背面则刻"天官赐福"四个大字。正背两面上、下额枋分别饰"二十四孝"（部分）、"郭子仪上寿"等人物透雕和"双龙戏珠""狮子滚绣球"及卷云、花卉、寿字图等。

据调查，该牌坊为杨氏 21 岁时，因其夫钟锡朋外出谋生未回，而终生守寡，养老抚幼，杨氏之孙钟世达为纪念祖母而集资兴建。此坊气势雄伟，雕刻精细，凡人物故事、飞禽走兽、花卉卷云，造型逼真、栩栩如生，具有一定的历史与艺术价值。现保存基本完整，1983 年 8 月，公布为兴国县县级文物保护单位。

3. 门式坊

主要是起装饰、象征作用的牌坊。但也有一些兼有功名坊和道德坊的功能，具有三者合一的功能，多见于宅第、祠庙、会馆、苑林，以及部分

官署。如具有装饰性质的各类牌坊门，人们往来必经过的门道等，它与其他牌坊最大的区别是：此类牌坊除可供人出入外，还可以隔断交通，具有较广泛的实用性。它的主要功能体现在"门"字上，仅外形上借用牌坊这种装饰或象征效果而已。因此，门式坊大多数都有可以开启的门扇，规模较一般牌坊要小些。这种坊广见赣南地区，如赣南许多宗祠和祠居式民居大门、万寿宫、福神庙等地方神庙的大门，等等。

（1）祖武克绳门楼

位于会昌县周田镇大坑村下新屋组，系清中期由张蕴典所建，坐北朝南，主材用红砂岩条石砌成，形式为六柱五间五楼式石坊，通高6.1米，通面阔6米，平面为"八"字形布局，门楼两侧稍间成"八"字形翼墙并与两侧青砖清水墙相连接。门楼上石浮雕精美，门额阳刻有"祖武克绳"四个行楷大字，这四字的大意为：后人要继承发扬祖先的尚武精神或丰功伟绩。大字四周雕有八仙过海、双龙戏珠、宝瓶、花草等图案。

图7-2-12　瑞金叶坪凤岗村民居牌坊式石雕门楼

图7-2-13　安远龙布门坊

整个门楼保存基本完整，雕刻细腻精美，内容丰富，反映出赣南这一时期石构建筑的高超技艺，是赣南此类门式坊的代表作之一，具有较高的

图 7-2-14　安远车头丁氏民居门楼

图 7-2-15-1　会昌周田张氏
"祖武克绳"门坊

图 7-2-15-2　张氏"祖武克绳"门坊详部

历史和艺术价值，现为待批第六批江西省文物保护单位。

（2）蓝氏节孝门坊

位于南康市赤土畲族乡秆背村老屋村小组，系本村邱氏宗祠大门与蓝氏节孝坊合二为一样式。门坊为四柱三间三楼，红砂岩石结构，坊额有"松操垂国史，获教沐恩荣"浮雕对联，中间是"圣旨""节孝"高悬门额当中。其他枋额尚有麒麟、鞍马、龙凤、花草和人物故事等雕刻彩绘图案。

据邱氏族谱记载：邱元亨，生于清康熙二十六年（1687），病逝于清康熙五十年（1717）。其妻蓝氏 32 岁守寡，携幼子亨通、亨达艰难度日。畲民蓝氏性格坚强，心地善良。丈夫去世后，侍奉婆婆通宵达旦，毫无厌色。教育子女身体力行，用心良苦。蓝氏辛勤创业事后闻县郡，各级纷纷赠匾赞称，如"霜节冰操""闻誉流芳"等。于是，清乾隆二十年（1755）桂月，上谕圣旨旌表蓝氏，赐建红石门坊一座，以昭示天下以蓝氏为楷模，光大"节孝"之礼教。

这种将祠堂与道德牌坊综合利用的门坊，在别地和赣南都较为常见，但身份作为畲族妇女的节孝坊却较为少见。该坊在 20 世纪八九十年代被村民善意上彩涂污过，2011年拆旧建新过程中，又将邱氏宗祠的中栋和后栋尽数拆除，只留下保存有节孝坊的这栋房屋，2012年省文物局拨款对其进行过全面保护维修。此坊保存完好，构造尺度关系协调，石雕工艺精美，保留了明清时期石坊的一些主要特征和做法，是研究这一时期门坊形式和石雕工艺的重要实物资料，现为待批省级文物保护单位。

图 7-2-16　南康赤土邱氏门式节孝坊

（3）杨村坊式亭

或称"亭式坊""节孝亭"。位于石城县小松乡杨村，这是一座别具一格将路亭和旌表功能融为一体的门式坊。该坊及路亭建于清光绪元年（1875），因为是路亭，因此，有南、北两个对开的门洞，而门面则都做成四柱三间三楼牌坊门形式，花岗岩石结构。通高约 5 米，面阔 4.8 米。庑殿顶，不用脊饰与斗拱，明楼檐下为"圣旨"龙凤牌，额枋间的题字版上刻"节孝"二字，下勒题记："旌表太学生许清涟之妻李儒人之坊。"题字的四周枋柱上，均刻缠枝花纹饰。"节孝"两侧和次间额枋间的花版（计有四块，南北两坊共八块），分别用浅浮雕镌刻"三英战吕布""空城计""郭子仪上寿""八仙过海"等人物故事，周边饰有香叶卷草、牡丹花、莲荷、云龙、麒麟、蝙蝠、花瓶、建筑物等具有象征性、寓意性的花纹图案。

图 7-2-17　石城小松亭式道德坊

这类坊式亭在石城还存有几座，其他县也有存见，但以此坊较具代表性。该坊保存完好，构造坚固、工艺精致，1987年12月，公布为江西省文物保护单位。

（4）胡氏宗祠牌坊门

位于宁都县黄陂镇山堂村，约建于清代中期。宗祠为三进式封火墙砖构建筑，其大门做成六柱五间五楼牌坊门形式。明间和次间均辟门洞安门扇，稍间外撇做成照壁墙形式。庑殿顶，脊端饰鳌鱼，檐下是用小砖雕砌的如意斗拱。明间门额上用三层枋额，两层题字版，次间用两层枋额。额枋和栏额花版上皆为砖雕动植物花纹图案，非常细腻。题版上原刻有"胡氏家庙"四个大字，后被人为粉抹掉。明间大门两侧为大方砖雕成的两扇六抹头的隔扇门。格心窗棂为透雕的团花，绦环板上雕梅花、兰花，裙板正中浮雕一组圆形的动植物图案。门下浮雕一踞坐形墙基，再下为石条基脚。次间大门两侧各饰一隔扇门，形制、图案略同明间。

图7-2-18　宁都黄陂胡氏宗祠

这类坊式祠堂门，在宁都北部乡镇较为盛行，保存下来的也较多，较有代表性的如大布罗氏大宗祠、灵村邱氏家庙等。当然，赣南其他县也都流行，著名的如赣县夏府的戚氏宗祠、谢氏宗祠等。但均没有宁都北乡的这些坊式祠堂门雄伟壮观和砖雕、石雕或灰雕工艺之精美。

4. 标志坊

主要起标志地点、引导行人、分隔空间作用的牌坊。它主要用于寺观、祠庙和大型园林建筑中。如宗教坛庙建筑的大门口或内部单元、院落的过渡；大型湖山名胜建筑中的入口或内部景区空间的划分等，均可用这种标志坊。古代标志坊在赣南保存下来的不多，即使保存下来的名气也不大。

（1）盘古山山门

位于会昌县筠门岭镇民范村，原名盘固山，俗称盘山，因山上有盘古庙故名，是本县的名胜古迹之一。盘古山"山门"，创建于明代，现存山门清康熙年间重修过。山门系优质红砂岩构成，为四柱三间三楼形式，通高约5.5米、面阔约5.8米，但左右次间皆用红石板砌实，只留明间为进山通道。明间门高2.48米，宽1.64米，无门槛。门额横刻"盘古山"三个大字，两端有款识，上款为"康熙伍拾陆年（1717）春 吉旦"下款为"重修僧克念 立"。匾额上枋浮雕人物故事图、下枋饰双龙戏珠图。檐顶为石雕斗拱出挑坡瓦顶形式。檐脊正中竖立一石雕风火轮，左右两端为高0.5米扁形石雕吻兽，石檐四角微翘。

盘古山山门属标志坊性质，起空间分隔作用，表示过了此门便出入属

图7-2-19-1 会昌盘古山山门标志坊

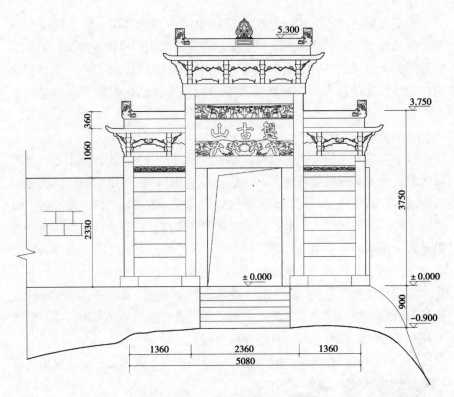

图 7-2-19-2　会昌盘古山正立面图

地，是赣南此类古门坊的主要代表。山门设计精工，造型典雅，具有较高的艺术价值。1983 年 4 月，公布为会昌县级文物保护单位。

（2）密溪尚文坊

位于瑞金市九堡镇密溪村东门街，南北横跨东门街古驿道。牌坊始建于明天顺三年（1459），清康熙四十七年（1708）重建，1993 年进行过局部维修。该坊为两柱一间一楼，高 5.53 米，宽 2.15 米，杉木结构，庑殿顶，复小青瓦。檐下饰网状如意斗拱，拱下枋间嵌有行书"善行流芳"木匾额一块，右题小字曰：皇明天顺三年奉旨建坊旌表义民罗孟稳；落款曰：康熙四十七年八月重建。明间木柱上书楹联一副：善者常怀来者无私即善，行人不是路人携伴同行。

尚义坊是座进出密溪古村的标志坊，本坊与于都的步蟾坊为赣南现仅存的两座木牌坊，且始建年代都在明代。当然，尚义坊规模较小，工艺也

较简，还未列入文物保护单位。由于
年久失修，目前现状残损较为严重，
亟待维修。

5. 陵墓坊

是用于坟墓之前表示纪念、标识
作用的牌坊。这类牌坊主要见于明清
时帝王的陵墓中，一般的臣民百姓是
无权享受此等级待遇的。因系陵园建
筑，又因系帝王一类的身份，因此这
类牌坊多为石构，制作精工，堪称牌
坊中之佼佼者，且规模雄伟壮丽，以
坝其庄重、肃穆的气氛。

赣南现存的一些墓坊基本上都是
近现代所为，如宁都南郊孙诩墓石坊
及其他革命士墓坊等。

图 7-2-20　瑞金密溪村标志坊

三　风雨亭

亭，汉刘熙《释名》云："亭者，停也。所以停憩游行也。"是我国
传统建筑中十分常见的一种建筑小品形式。但本书中所述的"风雨亭"，
与皇家苑囿或士大夫园林中供游玩歇憩的亭，无论是在建筑形式上还是在
主要功能上都有所不同。前者是供上流社会或文人雅士游乐驻足的景观装
点建筑，后者则主要是供基层民众中的脚夫或是行者途中休息的建筑，用
一句文学语言来形容的话：它是沙漠中的一掬清泉，人生道上的一个
驿站。

（一）主要功能和形式

风雨亭，又称路亭、凉亭、茶亭、行善亭等。古时平民百姓出行陆路
主要是人力行走或人力车，旅行中不免要歇歇脚或喝水充饥什么的，有时
还会途遇疾风骤雨或烈日酷暑等，都需有个地方休息躲避一下，因此，在
一些古道旁，往往间隔数里路便建有风雨亭，专供行人憩坐，其性质有点
如同现代高速路中的服务区，但服务区里供应的东西是要钱的，而路亭里

提供的东西是不要钱的。这种亭出现的时间很早，可以说是一种伴随中国传统建筑始终的建筑类型，后在园林中流行和现在所说的那种供休闲游憩的亭子，都是从这类路亭中发展而来。

图 7-3-1　石城高田现代路亭

赣南风雨亭的形式较简单，多为硬山顶，砖木结构，少量石木和土木结构，此两类约只占 10%，其中石构的主要为红砂岩条石、花岗岩条石和块卵石质；土木构的路亭似乎主要集中于安远、寻乌、会昌等县。亭的位置，主要有"跨路"和"路边"两种建筑形式。前者多为小路，行人穿行其间；后者多为马路，因要马车通过。亭两端辟门洞，两侧为墙，墙中设有窗，高档的多为硬山顶并建有马头墙，有的结合旌表功能做成牌楼式门面。路亭的大小也基本上差不多，一般只有一间，宽为 3.5—5 米，进深为 5—7 米，高在 6 米左右，占地约 20 平方米，亭内往往沿墙架石作凳。

在传统社会里，"修桥铺路造凉亭"在乡间是标准的善举，都是种公益事业，是行善积德的事，往往被认为可以捐福捐寿修来世，因此，多由当地一些善良百姓或绅士、财主捐建，也有的是村民共建，官方对此是乐于倡导，而专力于修建官方驿道和驿站。

图 7-3-2　于都车溪路亭

因为是行善积德的事，有人修亭，便有人会在风雨亭中每天摆放一些出行人用得上的东西，如草鞋、斗笠、凉粉、凉茶等。又因路亭这种独特建筑形式及其附着的特殊文化，因此，风雨亭中又往往设有地方神祇，供人顶礼膜拜，而有的又将宣扬封建传统礼教的那一套形式也结合到路亭中来，如将当地一些忠孝节义人物事迹，如节孝坊、功名坊的形式与路亭建筑结合起来建造，达到宣扬礼教和供人休息观瞻相统一的目的。

风雨亭，在交通工具不发达的古代社会，是十分常见的建筑小品，赣南流传一句俗语："一座山，一行人，条条道路有茶亭。"其形式多样、数量众多。此据赣州市第三次全国文物普查资料统计：赣南各县（市、区）共登入名录的总计有56座，其中于都16座、瑞金15座、宁都9座、兴国8座。同前，这也仅是个参考概念的数据。兹以宁都县为例，据清道光四年（1824）版《宁都直隶州志》卷十五《关津志·亭》所载宁都县的风雨亭就有272座，这应当是当时全县较为著名的风雨亭。赣南现存风雨亭各县都还保存不少，但随着现代公路的急速大发展和古驿道及传统路径的废弃，风雨亭的消亡也十分快。具有代表性的有石城的杨村坊式亭和迳里坊式亭、瑞金的洗心长春亭、于都的坝脑茶亭、孔田中心亭等。

（二）赣南现存主要风雨亭

1. 新河拱券式风雨亭

位于石城县木兰乡新河村北约5公里的山顶废弃古驿道中。该亭于2014年因修路伐山而发现，是为两座亭连贯形式：北边的那座较为常见，即马头墙、硬山顶，全麻条石结构，属跨路而建的路亭，门额上自铭"福寿亭"，应为清代所建；南边的即为石拱券式路亭，人从拱中通过，拱顶为山顶路面。根据拱内壁所镶立的修亭碑记，其名为"风雨亭"，碑记中有大字"万古长春"四字，落款为"明万历四十二年"（1614）并记有修此亭的由起、捐资人、首事人、工匠等内容。两亭并串相距不过五六米，其地原为石城县与广昌县古驿道的分水岭，北亭由广昌人建，南亭由石城人建。

图7-3-3-1　木兰新河与明代
石拱式路亭并列的福寿亭

图 7-3-3-2　石城木兰新河
明代石拱式路亭

图 7-3-3-3　新河风雨亭明代碑记

该亭形式为赣南仅见，但类似路亭在南城、南丰两县偶有所见。此亭因现代交通的改变而被遗弃近百年，至今也仍完全淹没在杂草灌木之中，现在去考察也要通过砍刀砍出一条道路方能抵达。目前两座石路亭保存较为完整，它不仅形式独特，而且年代早，具有较高的文物价值。

2. 迳里节孝亭

位于石城县小松镇迳里村横巨村猪坑里。该亭始建于光绪三十一年（1905），是宁都东龙村李达周之子儒凰及孙学圣、学贤为表彰李达周原配郑氏的"节孝"奉旨所建。砖石结构，木梁小青瓦硬山顶，东西走向，宽5.11 米，进深 6.51 米，坊高 5 米。东西门面造型为两座完全相同的石牌坊形式，坊顶标"圣旨"竖牌，中嵌正楷阳刻"节孝"横匾，其建筑形式和性质与"牌坊"一节同地的小松杨村节孝亭基本相同，现为县级文保单位。该亭为坊、亭合一形式，它巧妙地将"节孝""行善"等道德意识形态范畴与"茶亭的避雨、歇脚"等实用性功能结合在一起（可结合参阅前文"牌坊"一节），此类型路亭在宁都直隶州所属的宁都、石城、瑞金三县较为多见。

图 7-3-4　石城小松迳里坊式亭

3. 河源诵芬亭

位于瑞金市沙洲坝镇河源村。建于清代，坐西北朝东南，砖木及卵块石混合结构，硬山顶，马头墙门面，亭宽 6.7 米，长 5 米，总面积 40.2 平方米。亭在东、西、北各辟一门，东西向为驿道走向，北向为田园风光，三孔门的路亭，这在此类建筑中较为少见。该亭东、西正门上方横额为石刻"旌表儒童詹武兰之妻萧氏节孝坊"，其上刊刻"诵芬亭"三个大字，顶部刻有"圣旨"龙首雕饰牌，其余枋额部位均浮雕或镂刻花鸟

图 7-3-5-1　瑞金沙洲坝诵芬亭

图 7-3-5-2　沙洲坝诵芬亭细部

虫鱼亭台楼阁人物故事等图案；北向门额上镌刻"节孝"二字，上、下枋额部亦饰有雕刻纹饰，因此，这也是座牌坊与路亭相结合的类型。诵芬亭形式独特，雕刻工艺精美，保存较完整，现为市级文物保护单位。

4. 洗心长春亭

位于瑞金市壬田镇洗心村，建于清乾隆五年（1740）坐东南朝西北，长8.6米，宽4.8米，高6米，石木结构，亭墙体由红砂岩条石砌成，木构梁架，青瓦覆顶，对开二门，一门上方题"长春亭"三字，左右石刻"玉关□驻马；驿路暂留宾"对联一副。亭内正中栋梁上留有红漆所书"皇清乾隆五年孟冬月熊登翰"诸字。该亭有绝对年代可考，保存较完整，是赣南这类风雨亭的代表之一，具有较高的文物价值。

5. 太南同德亭

位于于都县黄麟乡太南村岭背组火烧排。砖木结构，南北走向跨路而建，硬山顶，五岳朝天式防火山墙门面。一般所见风雨亭山墙都是三段式，此为五段式，十分罕见。面宽4.92米，进深5.4米，建筑面积26.6平方米，山墙高5.6米。亭之两端为拱券门洞，门洞两侧有仿"八"字牌楼的檐顶、照壁装饰，门额原有字现不可辨。1957年由九户陈姓人家出资修建。据说南、北两门原均有对联："永朝溪水声如曲，安行此亭乐开怀"，"同建金亭利过客，德高玉度照行人"。门额字为"同德亭"。室内木梁上有墨书"陈世洪、发通、世森、世清……等立"。室内墙壁上嵌

有青石质《同德亭碑》一方，记载了修造本亭的缘由、捐修人、时间等。该亭具有较完整的路亭构成元素，保存完整，风格独特，是研究赣南路亭发展及两县边贸和交通情况不可多得的实物资料。

图7-3-6　于都黄麟太南村火烧排同德亭

6. 小孔田中心亭

位于安远县新龙乡小孔田村。该亭建于清代，新中国成立后曾维修过，为土木结构，四角

和门边分别加有砖构角柱和门柱。坐东朝西，悬山顶，为保护土墙，故在山墙上加有一披檐，远观以为是歇山顶，实为悬山出际做法。长 6.2 米，宽 6 米，占地面积 7.2 平方米。在西边门额上书"中心亭"，北面门门额上

图 7-3-7　安远新龙小孔田村路亭

书"乘风阁"。土木结构的风雨亭在赣南主要见于安远县，该亭加砖柱和披檐的做法，很有特色，是此类路的代表作之一。

第八章　书院、会馆、老戏台

书院、会馆和戏台均为古代经济文化发展的产物，是属集体所有的公共性建筑，而且建筑形式与官式建筑不同，都具有强烈的地方特色。但此三种类型的建筑，赣南现保存下来的无论是建筑品质、建筑数量还是知名度，在省内都不算最好、最多和最出名的。主要原因，就是它们都受当时的经济文化背景影响，这在本书"概论"中已有论述；换句话说，研究它们的发生发展，也可折射出赣南当时经济文化的一些现象。

一　书院

书院，是唐宋至明清时期的一种独立的地方教育机构，开始主要是私人所设的聚徒讲授、研究学问的场所，多由富室、学者自行筹款，于山林或风景园林僻静之处建学舍，或置学田收租，以充经费，后也多由官府倡导、资助创办。其史况大致为：产生于唐代，兴盛于宋元；明初衰弱，明中期因王阳明而重振，明后期因东林书院事件而没落；清初受抑制，雍正后转为政府提倡支持，直到1900年"庚子新政"诏令将全国书院改制为新式学堂后，书院制度才逐渐瓦解。

江西是书院的发祥地，高安的桂岩书院创办于中唐，是我国最早的书院之一。同时，江西也是全国书院最发达、数量最多的省份，据有关资料显示，鼎盛时期全省有1000余处书院，这也是宋明时期江西文化与科举成就位列全国前茅的原因之一。而且全国四大书院之首便是庐山的白鹿洞书院，正式的书院教育制度就是在此由朱熹确立的。此外，全国最著名和最具影响力的书院，还有沿山的鹅湖书院、九江的濂溪书院、吉安的白鹭洲书院、南昌的象山书院等。书院作为一方文脉兴起的策源地，改革开放以来，尤其是近几年来，江西省内学者一直对江西书院的研究十分关注，有关对它研究的方方面面，成果也很丰富，因此，本书在此也就不必赘述。

（一）历史概况

　　赣南书院的历史沿革情况，现主要根据赣南清代"两府一州"最末编修的、由赣州地志办校注 1986 年刊印的《赣州府志》、《南安府志》（含《南安府志补正》）、《宁都直隶州志》中涉及"书院"的内容，列表并考略如下。

表 8-1　　　　　　　　　　　赣南晚清方志载书院名录

书院名称	地点（最晚）	始建年代	创建人	兴毁沿革
清溪	章贡区郁孤台下	北宋嘉祐年间	原为赵清献与周濂溪讲学处	早年被毁。当时赵抃为知州，周敦颐为通判，两人共事，又都是学者，故常有切磋
濂溪	章贡区赣一中内	北宋嘉祐年间	原为周与二程讲学处	约毁于清末。原位于郁孤台下，后迁水东玉虚观傍建祠并立书院。明弘治十三年，知府何琪改建郁孤台下。明崇祯十三年随县学迁光孝寺左侧，由知县陈厦中重建。清光绪二十四年，赣州府致用中学堂附于濂溪书院内。清光绪二十八年，濂溪书院改为赣州府立中学堂，民国初年改为省立赣州一中。有记
阳明	章贡区今赣一中内	明正德年间	原为王守仁讲学处	毁于清末民国。现赣一中的阳明院，为民国所建。始位于郁孤台下濂溪书院之后，后毁。道光二十二年知府王藩于旧址重建。民国 22 年为纪念王阳明，建"阳明院"于现址。有记
先贤（义泉）	章贡区东门井附近	宋淳熙元年	提刑赵希龙	约毁于明末清初。明代五书院之一。原为宋寓贤杨方宅，宋赵希龙改为书院。后毁。明正统年间通判郑遥重建，明正德间知府邢珣清出后改名"义泉"
正蒙	章贡区坛子巷附近	明代	不详	约毁于明末清初。明代五书院之一
镇宁	章贡区老城察院前，具体位置失考	明代	不详	毁于明末清初。明代五大书院之一
富安	章贡区文庙附近	明代	不详	约毁于明末清初。明代五书院之一
夜光澄清	章贡区青龙井，具体位置失考。	明代	不详	约毁于明末清初。明代五书院之一
见山	失考	明代	榷使顾大申	约毁于明末清初。明代五书院之一。以上明代五书院，均与纪念王阳明有关，具体名称或还有商榷，如还有"镇宁""龙池"书院之称等

书院名称	地点（最晚）	始建年代	创建人	兴毁沿革
爱莲	章贡区城北赣七中后面	宋乾道年间	通判罗愿	毁于清末。原为通判署有周敦颐遗迹。宋罗愿因构爱莲堂其中。后废。清道光二十八年，巡道李本仁将旧址捐赎作书院。同治二年，署道王德固易之，署府丛占鳌筹款创建。有记
云从	赣县云泉乡，（今五云乡）	清同治十年	知县黄德溥、绅首谢蒙柱等	不详
龙溪	于都城南25里龙口庵	明正德年间	赣州知府邢珣改	毁于清晚后。原为龙口庵，邑金事袁庆祥曾读书于此。武宗毁寺观时，邢珣将之改为龙溪书院，遂得全
恩皇	于都城南生佛寺附近	明万历年间	知县窦启皋	毁于清前期
濂溪	于都罗田岩	明代正德、嘉靖间	明儒何廷仁、黄宏纲等	毁于清晚以后。原为何、黄和罗洪先讲学处，后毁。现存为2005年前后，将"文革"期间所建的培训楼改造而成，其下，同时还重建有"濂溪阁"
龙门	于都城西门外	不详	不详	
雩阳	于都城内试院附近	清乾隆十四年	知县左修品	毁于清末至民国间。由城西郊原阳明先生祠改建。道光三年移至城内试院傍。后屡毁屡修。有记
桐山	信丰县城儒学内	康熙三十六年	知县方正玉	约毁于清晚后
桃溪	信丰桃江口	失考	邑人卢敏	不详
壶峰	无考	无考	无考	可能毁于清中期。事见于《游法珠书院文会碑记》中。有记
崇正	信丰县城儒学右侧	明正德年间	知县冼充	毁于清末民国。清道光三年，邑士移于试院内。有记
桃江	信丰县署西侧	乾隆二十九年	知县程化鹏	毁于晚清。程化鹏改建未竣工，至嘉庆十三年，知县陈源懋完善之
莲山	信丰城水东九莲山左麓	乾隆三十二年	知县吴大勋	现无存
安湖	兴国衣锦乡今古龙岗江头上	南宋咸淳八年	县令何时	毁于2000年前后。元毁，明洪武间知县唐子仪重建。正德十四年知县黄泗迁于城内大乘寺中。明晚废，清咸丰十一年邑绅钟润兰等寻访得衣锦乡旧址重建，改为一乡之义学。宋文天祥、元吴澄、明罗洪先等有记
鸿飞	兴国西门外普惠寺之北	明万历三十一年	知县何应彪	约毁于清前期
长春	兴国南门外普惠寺之南	明万历四十三年	知县吴宗周	同上

续表

书院名称	地点（最晚）	始建年代	创建人	兴毁沿革
南山	兴国南门外	不详	无考	早年毁。
潋江	兴国文庙傍	乾隆三年	知县徐大坤	现存。原为县文庙旧址上建。乾隆三十八年知县陈椿年重建文庙时，将书院移于左侧。土地革命时期曾为毛泽东旧址和土地革命训练班会址。1954 年拆建为县人民武装部（兵役局）。1979 年，按原貌重建。现为国家级文保单位
文澜	兴国原回龙阁旧址	咸丰元年	合邑捐资	毁于晚清以后。是众人集资将原回龙阁改建而成。有记
飞鱼	兴国宝城乡，今城岗乡	同治七年	里人杨和、杨守清等	无考
宝贤	兴国枫边乡枫边圩西侧。	道光十六年	邑人夏侯显、郑耀焜	毁于 20 世纪六七十年代。有记
湘江	会昌老城射圃后	明嘉靖四十年	知县沈桂、邑人赖贞捐建	毁于清前期
新湘江	会昌老城南门外	道光十一年	邑人欧阳俊捐	毁于清晚以后。有记
紫云	会昌县周田北冈	乾隆五年	邑人筹建	现无考
敬承	会昌承乡大陂堡	道光二十七年	邑人胡拔能兄弟	现无考
濂溪	安远县城老教场	明隆庆六年	知县周眜	毁于明末清初
太平	安远南乡太平堡	明隆庆六年	知县周眜	已毁。后改为公馆
聚五	安远重石乡	雍正三年	乡绅众筹	已无考。有钟文奎五书院记
片云	安远版石镇原妙相寺东	雍正年间	失传	现无考。有陈王化片云书院记
濂江	安远城隍庙右	道光十六年	知县陈隽倡捐	据说还有残存，尚待考
龙城	龙南县城南门内	康熙二十八年	知县郑世逢捐	毁于清晚后。有郑世逢龙城书院记
玉屏	寻乌试院内	道光三年	知县李景昌	已毁。知县李景昌将之与县试院合二为一
石溪	寻乌老城司署	康熙四十八年	知县邵锦江	毁于清晚后
忠文	寻乌八付堡朱村	明晚	村民捐	无考。原明末吏部尚书李邦华曾随父读书于此处，后村民为纪念之改作书院以志之
文明	寻乌项山堡	失考	失考	待考

书院名称	地点（最晚）	始建年代	创建人	兴毁沿革
莲塘	定南老城乡文庙侧	乾隆七年	知县余应祥	毁于民国后。乾隆二十九年知县黄恂改建于东郊云台山，后又迁厅署左
吴公	定南老城乡明伦堂下	康熙三十五年	知县吴迩立	早毁。后为儒学斋署
道源（东山）	始在大余县学之东，后在水南东山	南宋淳祐二年	漕臣江万里、知军林寿	已毁。现丫山所建为旅游产物。始初是在原军学郭见义、知军刘强学等在县学之东所建的周敦颐祠改建而成。后在知军郭廷坚呈请下，理宗赐名御书。明代将县学、濂溪祠和书院或分合、或损益反复多次。清雍正十年知府游绍安改建于水南东山，现尚存遗址。有记
山堂	大余常乐里约今池江乡	元至元年间	乡绅王邦叔	无考。属宗族书院性质。有记
梅国	大余城西门外	明嘉靖十二年	都宪陶谐	已毁，现大庾岭尚存书院石铭额匾。"梅国"为刑部侍郎刘节别号。有记
碧莲	大余文昌宫左侧	明代	知府黄鸣珂	已毁
旭升	南康县城东门外清惠寺左侧，今旭山	乾隆八年	知府游绍安允绅士之请	毁于晚清后。有记
兴文	上犹城东1里观音阁左街	明宏治年间	县令章爵	毁于清同治年间前。有记
东山	上犹东山上	明嘉靖年间	知县谷同	毁于清代
太傅	上犹营前	南宋淳祐十二年	知军陆镇	约毁于明清之际。宋末废，元大德重修过，明代已失考
永清	上犹城东资寿山下	乾隆九年	邑士钟峨捐建	毁于晚清以后。有记
阳明	崇义城西	乾隆三十年	知县罗洪钰捐修而成	已毁。罗洪钰改原上宪驻节行署为"旗阳书院"。同治二年，知县汪宝树易现名
梅江	宁都县城南门外龙神庙右侧	南宋淳祐六年	县令凤子兴建	毁于晚清后。原址在城北拱辰桥，后毁于元末明初。乾隆三十三年，督学金海柱、进士邱时随等在南门外重建
锦江	瑞金城西旧学旧址。	明嘉靖年间	知县王釱	现失考。有记
文成	瑞金县城西门	康熙三十三年	知县田俞倡率绅士	毁于晚清后。原始建于明后期，祀王阳明。顺治五年被寇倾毁殆尽。后在旧址重建
琴江	石城县城北门外	乾隆四十五年	知县杨柏年倡合邑绅建	已毁。原位于城南，建于宋代，后改为府馆
龙门	石城县城西骑马岭	明万历三十五年	知县黄廷凤	毁于晚清后。有记

通过对表8-1的制作和阅读疏理，可以获取如下信息。

1. 书院数据。表8-1总共录入61座书院，这肯定是个不完全统计数字，因它只是清道光四年（1824）宁都直隶州及清同治十二年（1873）赣州府和清光绪十二年（1886）南安府的书院数据，这以后或与其他版本的府、州、县志记载情况肯定还会有出入。但主要内容应已在其中了，本书的意图只是通过做这项工作以获得一些概率和相关的主要信息，如对数字有兴趣，当然也可参考《赣州地区志》所载的91座书院的数据①，这个应比较全面，也颇具权威性。但尽管如此，赣南书院的数目距全省平均数还是相差甚远。

2. 书院兴毁。表8-1 61座书院中，其中始建于宋代8座、元代1座、明代22座、清代26座，年代不详4座。毁于明末清初以前的书院约13座，毁于清末民国后的约31座，其他为失考。然而，上表61座清晚以前的书院，至今基本属原环境、原构建的完整书院，一座也没有保存下来。现在据相关资料和笔者勘察研究，目前所存清代以前原环境、原构建的书院只有两座：一座是安远县车头镇官溪村建于晚清的"永兴山书院"，另一座是石城县高田镇建于清光绪二十六年（1900）的"鳌峰书院"。这两座书院均不见方志记载，而且也不太完整了，建筑与规模也较普通，详见后文简介。其他均为民国以后原址或异地重建的，但其中兴国

图8-1-1　赣州厚德路赣一中内阳明书院

的潋江书院，情况有些特殊，也在后文中简介。另外，在赣州老城区：梁屋巷尚保存有清代"新安书院"的门楼及两翼建筑，但残损很严重（参见后文"安徽会馆"叙述）；白马庙尚保存下一座建于道光五年（1825）的"会昌学宫馆"，约当于供会昌籍学生在赣州学习应试的会馆，但保存

---

① 赣州地志办：《赣州地区志》第3册第23篇《教育·科技·卫生·体育》，新华出版社1990年版，第2334页。

图 8-1-2　赣州梁屋巷
"新安书院"砖铭

较完整并已整修（详见后文简介）。

　　赣南最早的书院都与周敦颐及其弟子"二程"有关，如赣州清溪、濂溪和大余的道源书院，均与周程讲学有关。但赣南真正成制度的书院，其实都始自南宋，上述三座书院，也是南宋后才定书院正式规制的。但在元代到明初这一阶段，赣南的书院又衰弱下去，一直到明正德年间，因王阳明的推动，才迎来了赣南办书院兴文教的一个历史高峰，赣南大部分书院都是这时期创建和奠定的，明末清初虽受大政治背景压抑的影响，赣南也没有中断过书院的创建。清雍正以后，在大政治环境影响下，赣南的书院也迎来了一个振兴发展期。

　　3. 书院创建者。从表 8-1 可以看出，赣南的书院绝大部分都有官府背景。别的地方大多是清代以后才多由政府倡建或资费，但赣南似乎始终都是知府、知县主导创建。这也反映了赣南自宋以降社会背景与别处不一样，其中原因在概论中也已说到，如与地理、人口、王化程度、原有文化基础等都有关。

　　4. 赣南较著名的书院。若以是否名人创建、历史延续时间长短和出的名人多少而论的话，则有：赣州的濂溪、阳明、爱莲书院，兴国的安湖，于都的濂溪，大余的道源书院，宁都的梅江书院等。

　　5. 书院建筑。从阅读赣南书院的一些《记》以及别处书院建筑的记载看，其平面布局兼含有园林式与庭院式，一般都有中轴线，但总平面不一定对称，只是中轴线上摆放几栋主体建筑而已。书院中建筑，往往用楼、堂、舍、阁等来表现各个单体建筑，各单体建筑之间或配置园林设施。因此，其选址也往往追求一种安静优雅、闲适自然、利于诵读的环境。

（二）贤哲过化影响

　　从上文分析中可以知道：一是赣南的书院史，与中国书院的发展史大体上是吻合的；二是赣南书院的数量与质量，在省内比较还相对落后。但是，在赣南却孕育了在中国书院史上不可或缺的两个重要人物或者说两个体系，即宋代的周敦颐和明代的王阳明，他们不仅推动和奠定了赣南的书院史发展，同时，也是江西乃至全国书院史的推动者和奠定者。

周敦颐于北宋庆历四年至八年（1044—1048）和嘉祐六年至治平元年（1061—1064）先后在南安军任司理参军和虔州任通判。这期间他公务之余，一边从事哲学研究，一边从事讲学授徒活动，其中高徒便有程颢、程颐，史称"二程"。后来"周程"并称，成为宋明理学的开山祖。南宋初年在"二程"和朱熹的进一步发扬光大下，形成了中国哲学史上著名的"程朱理学"学派。而朱熹不仅仅是"周程理学"的继承者、完善者，同时，也是"孔孟之道"的集大成者，并成为步孔孟之后的第三个"圣人"。更令人敬重的是他在南康军（今九江星子县）的任职上，制定的《白鹿洞书院揭示》（也称"教条""教规"）成为书院教学制度的真正制定者和完善者。后来，吕祖谦为了调和朱熹"理学"和陆九渊"心学"之间的理论分歧，邀请朱熹和陆九龄、陆九渊兄弟到今上饶沿山县的鹅湖书院，就各自的哲学观点展开了激烈辩论，于是造就了中国思想史上著名的"鹅湖之会"经典佳话。综上所述，"周程"之说便是理学之源，他们开创的以讲学来推广其学说的方式，后来成为宋明书院教学的主要形式。又因其所创的"理学"，史书上也称"道学"，因此，南宋时，大余将周敦颐为"二程"等讲学的场所，命名为"道源书院"并得了理宗皇帝的御书赐额认可。

王阳明于明代正德十二年至十六年（1517—1521）以左佥都御史职巡抚南、赣、汀、漳等八府一州，公署常驻地为赣州府、南安府。与当年周敦颐任职赣州一样，王阳明在公务之余，一边从事"心学"的修行研究，一边所到之处从事授徒讲学活动，终成一代宗师，成为心学的集大成者，其路径和地位类似朱熹，故史称"陆王心学"，与"程朱理学"并驾齐驱。不过，王阳明在赣南因手执尚方宝剑（上赐军旗牌令，提督军务："一应军马钱粮事宜，俱听便宜区画""文职五品以下，武职三品以下，径自拿问发落"①）集四省八府一州军权、政权于一身，因此，较之周敦

---

① 详见吴光、钱明等编校的《王阳明全集》上册卷十之《交收旗牌疏》、《换敕谢恩疏》等，第281、282页。另在《横水桶冈捷音疏》中载明："南赣等处都御史，假以提督军务名目，给以旗牌应用，以振军威。一应军马钱粮事宜，径自便区画，文职五品以下，武职三品以下，径自拿问发落。"上海古籍出版社2012年版。

颐能量要大得多，所产生的社会影响力，以及对振兴当地文教所采取的推动力，都不是周敦颐所能比拟的。如赣州义泉、正蒙、富安等五大明代书院都与王阳明有关，其实，整个赣南书院真正的兴起、发展，都是自王阳明强化之后的事。

纵观赣南文教发展的历史节点，仔细考究，无非是"周王"二人，赣南一些重要的书院和重要的文教振兴措施，几乎都与此二公有关。如赣南有六座（赣州、于都、安远的濂溪书院和青溪、道源、爱莲书院）重要书院与周敦颐有关；以"阳明"命名的书院也是三座（赣州、南康和崇义）。但以王阳明的权势和地位，他在赣南更多的是制订推动赣南文教振兴发展的措施，如《兴举社学牌》《颁行社学教条》① 等。他在总结赣南多盗的原因时便说"风俗不美，乱所由生②"，并认为"破山中贼易，破心中贼难③"。因此，王阳明任职南赣巡抚，虽然主要是从事捕盗平乱工作，但他是弭盗、兴教两手抓、两手都硬，采取的是军事开头、政治善后、文教巩固三管齐下的方式，总是剿灭一处盗贼，便在其地兴立一处新县治，他认为"变盗贼强梁之区为礼义冠裳之地，久安长治无出于此④"。后来，出于对"周王"二人为当地文教兴起所做贡献的尊敬，兴建的"濂溪祠""阳明祠"几乎遍布整个赣南。作为理学的祖师爷、前任，王阳明对周敦颐也是十分推崇，他在赣南是继承和极大地发扬了周敦颐在赣南的所作所为。可以说，设使没有"周王"的积极倡导和影响，赣南的文教可能还要落后。所以方志中总概赣州的学校时便称："赣州文教始盛于宋，其地则周子、二程子辙迹之所到也。明王文成继之。"⑤ 也因有他们，《南安府志》才敢说：大庾"为先贤过化之邦，有中州清淑之气⑥"，

---

① 详见吴光、钱明等编校《王阳明全集》中册卷十七《别录九》，第511、517页，上海古籍出版社2012年版。

② 详见吴光、钱明等编校《王阳明全集》中册卷十六《别录八》之《告谕》，第479页，上海古籍出版社2012年版。

③ 详见吴光、钱明等编校《王阳明全集》上册卷四《文录一》之《与杨仕德薛尚谦》，第144页，上海古籍出版社2012年版。

④ （明）王阳明：《立崇义县治疏》，清同治版《南安府志》卷二十四《艺文》七，赣州地志办校注，1987年版，第626页。

⑤ 清同治十二年《赣州府志》卷二十三，《经政志·学校》，赣州地志办校注，1986年版。

⑥ 清同治七年《南安府志》卷二《历代沿革志》之其土俗，赣州地志办校注，1986年版，"序"第55页。

"理学渊源，文章气节，接踵渐濡"①，于是，苏东坡称："南安之学甲江西。"② 更是因为赣南有这些，才无愧并构筑起了"江西书院甲天下"的美誉。

上文提到王阳明在赣南大办社学的话头，这里顺便将县学、书院、义学和社学的关系稍作介绍。

县学或者府学，便是传统"学校"的称谓，或简称"学""学宫"。其性质为纯官办学校。一般一个县域只有一座县学，一个府辖区只有一座府学。县、府学往往都与文庙或孔庙合于一处。如赣州阳明路的府学也就是府文庙所在地，厚德路的赣县县学也就是县文庙的所在地；书院性质，本来是民间办学，至少明代以前大部分地区是这样的，但赣南情况有所不同，似乎大多有官府后台。其产生的原因主要还是教育发展的需要。正如赣州方志所言："书院者，所以辅学校之所不及，而加意俊髦者也。"③ 义学性质，在赣南更接近于外地的书院特征，绝大部分都是当地乡绅义士所捐创办的，只是缺少名人效应或官府支持的力度。社学性质，基本上都属村庄、社区创办的基层学堂，层次相当或略高于"私塾"。它与私塾的区别，可能前者属集体所有，可满足一个较大的聚落或多个姓氏共有，后者则基本上属于家族或家庭私有。义学和社学在赣南地方志中所载约占书院总量的三分之一，但这无疑不是实际数字，因并不是所有义学和社学都会收录到方志中，其数量应大于书院才对。

（三）现存主要书院简介

1. 潋江书院

位于兴国县城横街。书院为庭院式建筑群，坐北朝南，由主次两条中轴线组成。主轴线上的单体建筑由南而北，分别是围墙、坊式门楼（设于东侧）外庭院、门庭、内庭院、讲堂、拜亭、魁星阁和文昌宫组成。在中轴线两侧还有东、西两排围屋，以及如厨厕等生活附属建筑。次轴线

---

① 清同治七年《南安府志》卷一《旧志序文》之迟维玺《序》，赣州地志办校注，1986年版。

② 清同治七年《南安府志》卷二十《艺文三》之苏轼《南安军学记》，赣州地志办校注，1986年版，第498页。

③ （清）向应桂《雩阳书院记》，详见清同治十二年《赣州府志》卷二十六，《经政志·书院》，赣州地志办校注，1986年版，第926页。

建筑位于主轴线的东边，自南而北单体建筑由围墙、内院、石牌坊（建于 1978 年）、平川中学旧址（建于 1924 年）和崇圣祠（建于嘉庆九年，公元 1804 年）组成。除平川中学这两栋房子是土木结构外，余均为砖木结构或石木结构。总占地面积 4903.8 平方米。

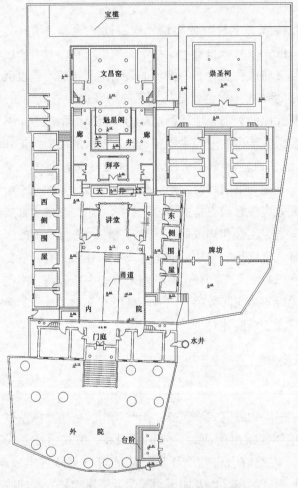

图 8-1-3　兴国潋江书院平面图

整个建筑群主次分明、尊卑有序，严格按照封建礼制建筑的等级规制而建。地势均为前低后高，轴线的后部是一堵高达七八米的"宝槛"（挡土墙），并因地就势，次轴线上的建筑高于主轴线上的建筑。

书院始建于清康熙五十七年（1718），乾隆三年（1738）迁建于现址，后又在乾隆三十八年、嘉庆十六年（1811）和咸丰七年（1978）重修。1924 年乡绅钟广京，在书院崇圣祠前首议并联乡捐资共建了两栋土木结构的"平川中学"。

1929 年 1 月，红四军主力向赣南闽西进军，4 月中旬，毛泽东入住潋江书院文昌宫。在此期间，毛泽东召开了系列会议；制定了《兴国县土地法》和《兴国县革命委员会政纲》；举办了有陈奇涵、胡灿、萧华等 48 人参加的土地革命干部训练班，留下了丰富的革命史实。

1933 年 3 月至 1934 年 10 月，兴国县苏维埃政府驻此，因工作努力，在第二次全国工农兵代表大会上，毛泽东赞扬说："兴国的同志们创造了第一等的工作，值得我们称赞他们为模范工作者。"并题写了"模范兴国"四个大字，从此名闻遐迩。

1952年书院内驻兵役局，1954年拆除中轴线上的建筑，改建为县人民武装部（兵役局）。后因它重要的历史文物价值，1957年7月，公布为省级文物保护单位。1977年县武装部搬迁，书院按原状全面修复并移交县革命纪念馆。1990年始，在书院内举办了"兴国籍将军生平展览"，至2003年搬到将军馆。2006年5月，公布为全国重点文物保护单位。

潋江书院历史发展脉络清晰，主轴建筑虽经20世纪50年代的拆改，但旋即按原状修复，其平面格局、建筑形式没有改变，基本信息损失不大。因此，仍属赣南保存下来的历史最久、规制最完整、面积最大、文物价值最高和最具典型意义的古代书院。潋江书院承上启下，是兴国文脉涌起的地方，它见证了兴国自清代至民国初年的文教历史。潋江书院因其红色文化而得以保存和延续，也因其革命历史价值而成为双料的历史文物。

2. 鳌峰书院

位于石城县高田镇高田村高田中心小学内。书院为砖木结构，悬山顶建筑形式，原建有魁星阁、讲堂、书舍等建筑，现只存一栋集讲堂、教室和宿舍于一体的主体房屋。书院正立面入口为当地祠堂建筑常见的门廊，门额题"鳌峰书院"四个蓝底白字。其整个平面布局为"一进两堂前后两栋"形式，面阔七间27.51米，进深两间23.41米，占地644平方米。进深方向中间以三个天井并列排放，将整个房屋分成前后两栋；面阔方向以中轴线的上下厅堂为中心，将整个房屋分成左、中、右三个相对独立的分区。左右两个以天井为中心的空间为两层楼房，中间上下厅堂组成的空间为敞厅，完全相同当地客家民居的厅厦形式，可以看到其从民居发展而来的痕迹，但两侧合院似的两层楼房，已完全是民国风味，似为民国改建。

书院创办于清光绪二

图8-1-4　鳌峰书院正立面

图 8-1-5 "鳌峰书院"额匾

十六年（1900），是由乡绅温和美等人捐资建造。当时，书院设学长 3 人，对各村童生、秀才进行辅导，每月初一、十五两日，由学长出题测试、评分、定级并张榜公告，然后针对优秀者从众筹的"膏火费"中支取奖学金。清光绪三十一年（1905）朝廷下令"立停科举，以广学校"后，鳌峰书院改为"鳌峰初等小学堂"。民国 2 年（1913）改为"高田区立高级小学"。中央苏区时期先后利用为红军医院和赤水县苏维埃政府驻地。1935 年设为第五区中心小学。现为高田镇中心小学。1997 年 10 月列为石城县文物保护单位。

鳌峰书院是清末创办并一直沿用至今从事教育功能的书院，它反映了从古代书院发展到现代学校转型鼎革的全过程，是赣南研究和展示这一变化重要的、唯一的实物资料。同时，也是赣南乡村级书院的典型代表。

3. 永兴山书院

位于安远车头镇官溪村永兴山半山上，山上还有主体建筑——永兴山庵，书院位于庵左侧路坎下依坎而建。书院为土木结构，悬山顶，平面布局为面阔五间一字顺山坡排开，占地面积约 153.46 平方米。上下两层，

图 8-1-6 安远车头永兴山书院

因是依坎而建，高差约 2.5 米，上层楼面恰好平庵地面，可进入庵庙活动区。书院建筑工艺很简单，背坡设廊，上下均有小径通达、周边树林翠竹环绕。

永兴山庵，始建于明洪武七年（1377），后历有兴毁。书院相传也是始建于明代，但在永兴山到

底是先有庵还是先有书院，史书失载。现存书院建筑从风貌工艺情况看，约为清代后期所建。相传书院曾为安远培养了大批人才，其中著名的有明代举人陈文北、清代廪生刘镜心等。民国初年，由于战乱，车头、龙头的乡办小学曾多次迁到此地办学。1933 年，安远县苏维埃政府主席黄火炎率领政府机关工作人员，从县城转移到永兴山，以书院楼作为临时办公地点。1959 年 7 月至 1985 年的 30 年中，书院楼被改为安远县皮肤病院。1989 年，经上级批准，车头乡政府成立永兴山旅游区筹建委员会，组织群众集资对永兴山书院进行过修葺。2016 年国家文物局按革命旧址，拨款对其进行全面维修。

永兴山书院地处当地名胜中，始建于明代，具有历史和革命文物双重价值。这座书院是赣南保存下来的最基层、档次最低的民办书院，它为研究安远乃至赣南的书院情况提供了珍贵的实物资料。1993 年 1 月，安远县人民政府公布永兴山庵及书院为县级文物保护单位。

4. 会昌学公馆

位于章贡区白马庙巷南侧 47 号，大门门额有"会昌学公馆"铭匾，落款为"道光五年"（1825）。建筑坐南朝北，悬山顶，砖木结构，平面为"两进三堂三开间"形式，山墙采用穿斗式木架，竹骨泥墙，水板墙裙，内部房间均用木板墙隔出。内外粉灰墙上保存下较多吉祥花卉、人物等民间世俗墨画，线条流畅，形态可爱，非常珍贵。

明清时，赣州府各县学子于考试期间，都要来到州府所在地参加考试，同乡在一起居住，各方面都有个照应。这种馆舍叫"学公馆"，也称"试馆"，是科举之士居停聚会之处。清康熙二十九年（1690）赣州府衙搬迁至今新赣南路后，府衙旧址便改作试院，为方便各县子弟应试学习，试院周边多设有各县官

图 8-1-7　赣州白马庙巷会昌学宫馆

办或民间集资所建的学公馆，会昌学公馆便是其中之一，是专为会昌学子来赣州府考试提供方便的会馆，现只见这一处。2014 年郁孤台历史街区改造时，进行了全面复原修缮。

二　会馆

　　会馆，是明清时期都市中由同乡或同业组成的乡帮、商帮团体。最早出现于明初的北京。本是在京同乡官僚、缙绅和科举之士居停聚会之处，故又称为"试馆"；明朝中期后，随着工商业城市的发展，以及清初大量移民的迁徙，逐渐形成以同业、同乡为主的会馆。因此，会馆是科举制度、移民迁徙和工商业活动的产物。

　　会馆的基本属性使其具备如下特点：一是会馆建筑一般都建于大中都市中，也就是说，应该在府州级别以上的城市中多见，当然少量重要的商业重镇、港口城市也会有建设。如北京，据 1949 年的统计，全市有会馆550 余座，成为全国会馆最多的城市。二是由于会馆都是同乡或同业商帮集资共建，这就势必会出现攀比现象。因此，会馆建筑往往都是当地最奢华的建筑，而且凸显原乡建筑特色特点，使人一观建筑形式或供的什么地方神，就知道这是什么乡帮的会馆。如江西会馆是"万寿宫"式建筑，福建会馆是"天后宫"式建筑，广东会馆是"南华宫"式建筑等。除闽粤赣三省会馆外，我国较多或较著名的会馆，还有晋陕、江浙皖、云贵川的会馆。有的根据竞争或功利的需要，还有两省或两地合建的会馆。较多见或著名的如"山陕会馆"。会馆的多少，在一定程度上反映了会馆所有者的原乡，以及所在地的工商业发达情况。

（一）赣南会馆概况

　　如上所述，由会馆的性质所决定，赣南的会馆建筑，几乎都集中在赣州。已知赣州清末民国的会馆情况，主要有省级和县级两种类型。

　　省级会馆，民国前期在今解放路尚存"七省会馆"。新中国成立后主要就是广东会馆、南临会馆、安徽会馆、福建会馆，号称"四大会馆"。其中南临会馆是指南昌与临川合建的会馆，原位于中山路，新中国成立后损毁；福建会馆原位于建春门内，在打造宋城公园时被拆除；安徽会馆位于梁屋巷，即原"新安书院"。新安书院，根据谢宗瑶老人《赣州城厢古街道》一书载①：　"是清乾隆五十一年（1786）迁建过来，嘉庆六年（1801）续建。"民国年间，安徽商帮获得该书院后，改为会馆。抗战胜利后，安徽籍旅赣商人利用原新安书院及其公积金，创办私立"新安小学"，新中国成立后与南临小学合并为"中山小学"。会馆（新安书院）原有三进，而且二、三进之间有人工泮池，现二三进已毁，只存第一进院的门楼及两翼厢房，且十分破败。广东会馆经2014年全面复原整修后，保存完整。详见后文简介。

对于"四大会馆"的建筑品质，老赣州城厢流传有这样一首民谣："南临会馆一枝花，广东会馆赛过它。安徽会馆平平过，福建会馆豆腐渣。"

县级会馆现保存有三所四个点：于都会馆，位于章贡区九华阁4号。建于清代，原为于都刘氏所建，后为民居。为一进两堂三开间、前后有小院形式。2014年郁孤台历史街区改造时全面维修；龙南会馆，有两个点，一处位于章贡区九华阁3号。建于清代，原为龙南会所，传为龙南举人中举后所建。大门额匾上有"桃川裕行所"字样，平面为一进两堂三开间形式，后有院坪。另一处位于章贡区大新开路14号，即"章亚若旧居"。也是一进两堂两层民居形式，砖砌牌坊式门楼。民国年间蒋经国主政赣州期间，章亚若曾居住于此。筠阳宾馆，位于章贡区灶儿巷23号，"筠阳"为今江西高安县古称（详见后简介）。

从上文可知，赣南老城区所遗县级会馆，除"筠阳宾馆"装饰装修较高级些外，余皆属本地乡土客家民居形式，且规模都较小，主要是起个暂时驻足停留或聚会联络的作用。

（二）现存代表性会馆简介

1. 广东会馆

有两处。一处位于赣州市西津路8号。建于清同治五年（1866），硬山顶，砖木石混合结构，琉璃瓦屋面，屋脊堆塑繁复的琉璃人物故事饰件。山墙以曲线型弓式镬耳山墙为主，具有典型岭南建筑风格。整个建筑坐北朝南，依田螺岭而建，受地势所限，两边左、右路建筑并不对称。其平面形式为三路三进三开间布局，长61.9米，东西宽19.8米，前后三

---

① 谢宗瑶：《赣州城厢古街道》之《七十二条巷·梁屋巷》，2011年，第68页。

进，建筑总占地面积 1908.97 平方米。其中中路三进分前堂、中堂和后堂。各堂之间均为庭院，其中后堂与中堂之间庭院形式为两水池，中间是石板路桥面形式。当是仿自孔庙泮池，也是南方会馆常见的形式，但这里是取"聚财"之风水意义。

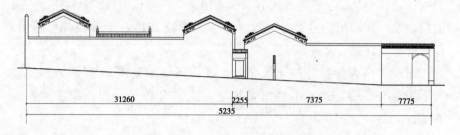

图 8-2-1-1　赣州广东会馆侧立面图

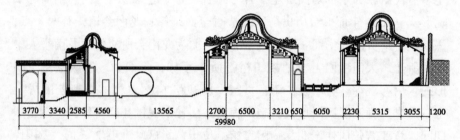

图 8-2-1-2　赣州广东会馆剖面图

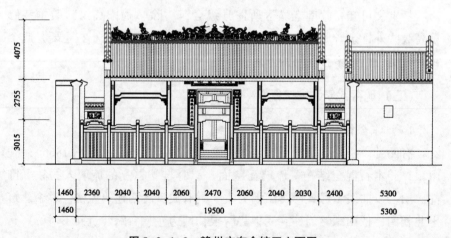

图 8-2-1-3　赣州广东会馆正立面图

1926 年 11 月 3 日赣州工人第一次代表大会在此召开，参加大会的有

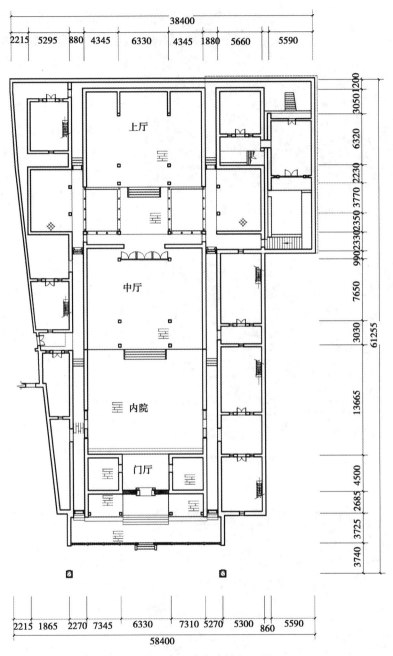

图 8-2-1-4　广东会馆平面图

各基层工会和工会支部的代表以及兴国、于都、会昌、万安等县的特邀代表共 110 人，大会历时 3 天，陈赞贤当选为赣州总工会委员长，钟友仟为

图 8-2-2　广东会馆俯瞰

图 8-2-3　广东会馆木雕装饰

图 8-2-4　广东会馆石雕装饰

副委员长。因此，被列为首批市级文物保护单位。新中国成立后，由于被挪作市染织厂作厂房使用，其内部拆除、改造严重。如中路中栋基本上拆除，左右两路厢房也只剩下外壳，但基础尚存。2014 年郁孤台历史街区改造时，按原状全面复原修缮。

现广东会馆不仅是赣南会馆中最好最具代表性的会馆，而且也是赣南建筑艺术最精美的建筑。它用料高尚，做工精细，集石雕、木雕和灰塑、琉璃塑于一身，具有很高的艺术价值。同时，它作为一个载体，又真实地记录了那段轰轰烈烈的大革命历史，成为进行革命传统教育的重要历史物证，具有较高的历史与社会价值。

另一处广东会馆，位于章贡区均井巷 19 号。约建于清末，原属于西津路广东会馆。坐北朝南，砖木结构、硬山顶。为一进两厅三开间民居形式，后设一小院。

2. 筠阳宾馆

位于赣州市灶儿巷 23

号。建于清光绪十九年（1893），木结构，防火山墙坡顶屋，四周虽为青

砖清水墙构筑，但基本上不承重，主要是起围护作用。平面形式为前院后廊、中为"两进三堂三开间"布局，占地面积693平方米，中轴线上空间为厅堂和天进，两侧均为宾馆房号。其房号命名不用数字，而是以一吉祥字命名，如"福""禄"

图 8-2-5　赣州灶儿巷筠阳宾馆外立面

"康"等。其临街立面入口大门上设有一木构门罩，门额上书"筠阳宾馆"四字，门两侧有一副对联："筠节挺生美饶竹箭，阳和布渡香暖梅开"。入门为一小院，第一进门额上也是"筠阳宾馆"四字，但较院门更为高级，是堆塑鎏金的，并有"光绪十九年"落款。门头上也有一个门罩，并较院门门罩更加精细高级，使屋檐乍看上去似重檐形式。大门原为双重形式，即外为板门，内为格子门，现只留下破烂的内门。中轴院落、厅堂、天井等皆青砖墁地，天花板皆有雕花抹金；两边宾馆房间皆为木地板架空地面，顶上多有明瓦天窗。

图 8-2-6　筠阳宾馆院门

图 8-2-7　筹阳宾馆上厅天花板鎏金饰

灶儿巷属宋代赣州城六条主要街道——阴街的东段，明代时称作姜家巷，清初因巷内多住官府皂隶故名"皂儿巷"，后谐音为灶儿巷。筹阳宾馆，是灶儿巷历史街区中的精品建筑之一，被列为首批也是本街区唯一的一处市级文物保护单位，具有较高

的艺术品位和较深的文化沉淀。"筹阳"即今高安县古称，现高安县城区尚称"筹阳镇"，"筹阳宾馆"实际上是明清时代高安籍在赣州做生意的商人集资建造的公共建筑，它名为"宾馆"，实属"会馆"建筑性质。

三　老戏台

戏台是戏曲演出的专门场地，戏台即戏剧舞台，是指为戏剧演出而建的专门场所。中国古代戏台基本为木结构建筑，从高度讲大致可分为单层、双层两种类型。单层指戏台建在一个台基上，台基一般高度为 1 米左右；双层指戏台建在通道之上，通道多为堂门、山门，高 2 米左右。从开口角度讲，可分为一面观、三面观两种；亦有介于二者之间者，把舞台区分为前台和后台两部分，前台两边无山墙，可三面观看。

（一）赣南的戏曲戏剧概况

戏台，是因要满足戏曲的表演需要而产生的，换句话说，戏台便是戏曲、戏剧的载体。因此，研究戏台，还得先了解一下本地的戏曲的历史文化概况。

赣南古代流行的主要戏曲剧种有：东河戏、赣南采茶戏、宁都采茶戏、兴国赣剧（南北词）、祁剧等。其中又以东河戏和赣南采茶戏流行时间最长、覆盖面积最广、影响最大。

1. 东河戏

起源于贡江水系的赣县、兴国交界区的田村、白鹭、清溪、睦埠一带，因贡江位于赣州的东边，故名"东河戏"。东河戏最早源于江浙、湖广一带每年来田村契真寺赴庙会的朝拜者，他们进香拜神之余暇，往往吟唱高昆曲子消遣，年复一年，田村人便对高腔曲渐感兴趣，纷纷学唱传心，日久遂聚唱成风。于是在明嘉靖年间（1522—1560），田村便出现了唱高腔的坐堂班，故田村人自豪地说"没有契真寺便没有东河戏"。后在明万历、清顺治、康熙年间几个节点，又经名人或专业人士提振、引导，又吸收了宜黄调、安庆调、弋阳调等，于是趋于成熟。

东河戏的舞台语言以中州韵为基础，杂以赣州官话，有时也用本地客家话插科打诨。东河戏主要流行于赣县、兴国，后往东北发展到于都、宁都、瑞金以及吉安南部各县和闽西北各县，往南发展到南康、信丰、安远和粤东北各县。其剧目主要为传统历史故事，如《西游记》《三国》《岳飞》等，多达 1000 余种。因大都为传统正剧、大戏，为区别同时在赣南流行的以短小精简为主的"三角班"赣南采茶戏，故又称之为"赣州大戏"。

2. 赣南采茶戏

起源于明代中期赣南流行的采茶歌、采茶灯，在此基础上，慢慢形成一种有简单情节和人物的小戏，大概到明代晚期，赣南采茶戏的形式与特点便逐渐成熟和固定起来。其始祖剧目为《姐妹摘茶》和《板凳龙》。因它的角色主要是由三人（两旦一丑或生旦丑）组成，故民间多称"三脚戏""三角班"，至 20 世纪中叶方统称为"采茶戏"。

赣南采茶戏的舞台语言是当地客家方言。它载歌载舞，气氛轻松活泼，语言幽默风趣，融民间口头文学、民间歌舞、灯彩于一体，具有浓郁的生活气息。其剧目多以喜剧、闹剧为主，很少正剧和悲剧。题材上多以下层群众尤其是手工业工人、艺匠的日常生活为表现对象，其中又以男欢女爱的情戏为大。其音乐唱腔属于曲牌体，以茶腔和灯腔为王，兼有路腔和杂调，俗称"三腔一调"。伴奏均为民间乐器，主要有勾筒（二胡类）、唢呐、锣、鼓、钹和笛子（民间将这些乐器组合一般统称为"吹打"）。人物通常由二女一男组成，女的叫大姐、二姐，男的叫茶童。三人中仅男的（生或丑）有行头，一般是头戴罗帽，身穿三花衣，腰系白堂裙，脚穿灯笼裤。表演时姐妹对唱，茶童手摇纸扇插科打诨。其舞蹈主要运用矮子步、扇子花、单袖筒及模拟动物形象。这些动作皆来源于劳动生活，形式十分独特。

赣南采茶戏诞生后，深受基层群众的欢迎、很快传遍与之相邻的闽、粤、湘等地，尤其是客家人聚居地区，竞相传演，蔚然成风，成为客家人最喜爱的戏曲形式之一。据《赣州地区戏曲志》[①] 载，赣南采茶戏传播情况：其路线"一是自赣南传入闽西后，分为两支：一支沿武夷山流传到赣东、赣中和赣北；另一支'流行到漳州一带，并传至台湾，成为歌仔戏形成的基本因素之一'（见《中国戏曲志·福建卷》）。二是经粤东、粤北传入湘南、桂南"。

但是，由于赣南采茶戏以底层民众为服务对象，以基层人民的生产生活内容为题材，表演较为粗俗直接，对白多为诙谐俚语，且多为情戏，因此，被传统道学者们斥为有伤风化的"淫戏"。从安远、赣县以及粤东北地区的诸多关于禁演采茶戏的碑记中，可以知道，自清乾隆年间便开始受到统治阶级的打压，禁演。

3. 宁都采茶戏

也叫"宁都三角班"，起源于清代乾隆年间赖村、青塘一带。它是在茶歌、灯歌、山歌和小调的基础上吸收邻县兴国、永丰、宜黄等地的演唱艺术发展起来的。其舞台语言为当地客家话，表演有特定的程式，着重载歌载舞。行头、彻尾极其简单，短装便裙，满额假髻，都是生活中用物；舞台陈设，一桌两凳，极少铺陈装点，不局限于正规舞台使用幕布。道光年间，由于东河戏、宜黄戏、吉安戏等大戏的影响，宁都三角班戏慢慢发展，处于大型戏与小型戏之间，俗称"半班"；发展到清末民国初年，又融合了祁剧等戏班，于是又形成俗称"半整杂"的戏班。也就是说，宁都采茶戏自清乾隆中叶至民国初期发展经历了"三角班—半班—半整杂"三个历史阶段，民国中期后因战争而走向衰微。宁都采茶戏供奉清源祖师，剧目以传统大戏为主，早期主要有《补背褡》《接姨娘》《打茶兜》；后有《清风亭》《卖水记》《山伯访友》《十五贯》《秦香莲》等。流行地域前后有宁都、于都、兴国、瑞金、会昌、石城、广昌、永丰、宜黄及福建西北各县。

4. 兴国赣剧（南北词）和湖南祁剧

皆流行于清末至民国，覆盖地域、时间和影响都很有限，与本书讨论

---

① 陈邦昆主编：《赣南地区戏曲志》之《志略·赣南采茶戏》，赣州地区文化局编印，1991年，第104页。

的问题关系不太大。前者属兴国地方剧种，主要根植于"南北词"，后杂以东河戏、祁剧等。后者即湖南祁阳戏，进入赣南后结合宁都采茶戏、兴国赣剧、东河戏等，主要流行贡江流域各县。

通过对上述赣南戏剧基本情况的了解，我们可以整理出：一是除赣南采茶戏外，其他四个剧种基本上都是大戏。其中宁都采茶戏初始为小戏，但很快也向大戏发展，而大戏是更需要舞台来表现的。而且这四个戏种，皆发源于贡水流域，主要流行于赣南北部及东北相邻省市县域，并没有覆盖到整个赣南。二是五个主要戏种中，只有赣南采茶戏流行于整个赣南乃至整个闽粤赣边客家地区。而且我们还知道，清乾隆年间正当赣南采茶戏兴旺发达的鼎盛时期，受到封建统治的打击禁止。赣南采茶戏从此走入地下或半地下活动中，而宁都采茶戏则因此转向传统大戏发展。

由上两点我们又可得出：由于观赏戏剧是种高级的精神文化消费，经济文化越发达需求量越大。赣南古代北部府（州）县的经济文化发达高于南部，因此，赣南北部五大戏种均有流行，尤其是传统历史大戏，这便是北部府县至今保存下的戏台，远远多于南部的主要原因（详见表8-2）。而赣南采茶戏由于受到打压禁演，迫使赣南采茶戏向民众基层纵深发展，以逃避统治阶级的打击，反而打造出赣南"三角班"戏三人成班、短小精干、贴近群众、机动灵活的特点。只要墟场中占据一地，吹打一响，围成一圈便能出演，若有风吹草动，转身就能跑脱。因此，使赣南采茶戏占领了更为广阔的乡村地区。同时，这种采茶戏几乎不需要舞台也能演，这便是南部属县戏台的另一个原因。

（二）赣南古戏台保存状况

表8-2　　　　　　　　赣南古戏台建筑保护情况调查　　　　　　　单位：米

戏台名称	年代	地点	面积（长×宽）	戏台高	备注
汉帝庙	始建清光年间。现代重建	宁都安福乡庙前村	7.5×6.3	0.9	完好
三元庙	80年代重建	宁都田头王坑村	7.2×17.7	1.2	基本完好
老官庙	始建于清初	宁都安福乡老街	5.7×5.5	1.53	基本完好
坳背村	清代始建，近代重修	宁都青塘镇坳背村	6.8×5.3	1.2	基本完好
真君庙	1915年建	宁都石上镇湖巅村	5.1×7.8	1.25	基本完好
汉帝庙	始建清初	宁都安福乡上楼村	4.7×6	1.4	基本完好

戏台名称	年代	地点	面积（长×宽）	戏台高	备注
山神庙	始建于清中叶，现改建	宁都梅江镇水东村	7×6.6	1.3	基本完好
万寿宫	1803年	宁都小布镇老街	9×10.26	1.3	完好
老官庙	清代	宁都黄陂镇栖依村	4.9×5	1.3	较好
真君庙	清代	宁都黄陂大桥壩村	7.1×5.5	1.2	完好
街上庙	始建清末1998年重修	宁都青圹镇老街	6.8×5.8	1.2	完好
东岳庙	始建清雍正三年	宁都田埠新街	5×9.5	1.1	基本完好
胡氏东庙	清代	宁都黄陂镇山堂村	5×6	1.65	基本完好
汉帝庙	始建清光绪年间，后重修	宁都安福乡杜溪村	5×5.3	1.15	基本完好
严氏家庙	始建宋，后重修	宁都东韶乡上村	6.3×6.5	1.35	较好
万寿宫	始建清中叶后重修	宁都钧峰乡老街	5.5×5.5	1.3	完好
三宝庵	始建清初后重建	宁都钧峰乡曾村	5.5×7.7	1	完好
虎井	始建清中叶后重修	宁都赖村镇虎进村	6×6.25	1.1	完好。露天戏台
莲子老街	始建清末后维修过	宁都赖村莲子老街	5.3×5.6	1.5	基本完好
三帝庙	始建民国初年，2000年农历九月重建	宁都竹笮乡老街	7×6	1.3	完好
水西村新圩	始建于明末2002年重修	宁都赖村镇水西村新水圩	9.36×7.2	1.35	完好
城隍庙	始建明嘉靖二年，1961年重修	宁都田头镇老街	8.5×9.4	1.3	基本完好
真君庙	始建清光绪年间，2002年重建	宁都竹笮竹园水阁	7.2×5.7	1.25	基本完好
赖屋祠堂	始建1935年	宁都石上镇莲湖村	5.1×6.8	1.2	完好
东岳庙	始建1913年	宁都石上镇玉田营村	4.8×6.1	1.7	基本完好
汉帝庙	始建清光绪年间，后重建	宁都固厚乡蜀田村	5.3×7.4	1.45	完好
白石仙	始建于清顺治年间，"文革"时改建	宁都东山坝大布天蓬下	4.3×7.5	1.15	较残破
庙前	始建清光绪年间，后重建	宁都固村镇中村	6.45×9.6	1.38	基本完好
田垄	1940年	信丰安西镇	6×5	1.8	较好
新村	1945年	信丰大桥镇	8×4	1.2	完好

戏台名称	年代	地点	面积（长×宽）	戏台高	备注
洞高圩	1918 年	信丰嘉定镇洞高	6×4.5	2	完好
钟氏宗祠	清同治四年	大余黄龙大合村河	6.4×5.8	1.9	基本完好
双江庙	清代	赣县梅林镇桃源村	6.8×6.1	2.1	较好
万寿宫	清光绪三十年	崇义丰州乡古亭老街	6×6	总高 5.1	很差
密溪祠堂前	清	瑞金九堡镇窑溪村	6.8×7.6	2.3	保存完好。位于祠堂前水塘上，每年正月初十搭建，十六拆除
鲍坊	清嘉庆始建 1992 年改建	瑞金黄柏乡鲍坊圩	8.8×6.6	2.45	按原面积高度改建为钢混结构
金星戏神庙	清	瑞金沙洲坝镇金星村	4.7×4.8	1.5	保存完好。因修赣龙铁路而搬迁，按原貌修复
关帝庙	清嘉庆四年	石城小松镇胜和村塘塍岭	13.8×6	4.4	完好
万寿宫	清雍正年间	兴国县良村镇圩上	7×5.7	2.1	完好
东里堂	民国初年，后维修	兴国龙口镇睦埠村	5.8×5.7	1.4	完好
文昌阁	清末	兴国杰村乡杰村村	10.1×11.8	3	完好
财神庙	民国初	兴国高兴镇高兴村老圩	16×8.8	通高 9.1	破损
财神庙	清乾隆年间	兴国县均村乡高溪村	5.8×10.9	通高 3.9	完好
万寿宫	清嘉庆年间	兴国良村镇约溪村	9.3×11	通高 5.8	完好
万寿宫	清乾隆年间	兴国樟木乡肖南村	7.3×10.5	2	完好
仙娘庙	清末	赣州章贡区水东镇七里镇	9×5.5	通高 9	完好
刘氏宗祠	清末	赣州市章贡区藕塘里 2 号	7×6	通高 7	残缺
万寿宫	清	赣州市章贡区湖边乡永安村	10×7	通高 7	残缺

续表

戏台名称	年代	地点	面积（长×宽）	戏台高	备注
文信国公祠	清康熙年间	会昌县城文家塘内	101.7	通高13	基本完整
万寿宫	清代	于都黄龙乡公馆	9×11.3	通高8.5	基本完整
万寿宫	清代	于都葛坳黄屋前	8×10	通高8	基本完整
高兴圩	清代	于都仙下镇高兴圩上	9.3×12.3	通高9	完整

资料来源：此表根据2004年前后的戏台专项普查成果汇成，有的现在也可能没有了。

表8-2共记录了52处古代戏台，其中宁都便占28处。在此只是取个概率，以便说明问题。其实在1991年编的《赣州地区戏曲志》中①，也有个表，只是没有建筑尺寸及好差情况介绍而已，共收录当时还能演出的古戏台137座。其中也是宁都最多，计33座，其他县依次为瑞金30座、赣县29座、信丰13座、兴国12座，以上总计117座，其他各县总共20座。当然这两个时隔十余年的统计表，也只是不完全统计，主要是对附设于祠堂内的戏台，难以统计。赣南祠堂众多，祠内有的设戏台，有的又不设；有的原来有，后来因功能丧失又没有了；有的是平时拆除，需要时临时再架构起来等情况。但通过这两个表以及第三次文物普查资料还是透露出如下情况。

1. 宁都、瑞金等贡水流域保存下的古戏台远远多于章水流域各县。像龙南、定南、全南和寻乌四县，两个表中都阙如，崇义、上犹、石城也极少。当然，这些没有或少见戏台的县，并不能说明没戏看，也许说明这些县赣南采茶戏很受欢迎。但戏台多的县绝对是戏剧盛行、经济文化发达的地方。

2. 从表8-2所附的现状照片以及笔者的实地考察看，赣南现存的戏台建筑质量和保存情况均不算好，建筑年代都在清中期以后。其中大多已破残不堪，稍好些的又大多经"文革"期间或以后乡民用现代建材简单重修过。本来戏台应是极具铺张奢华的建筑形式，但赣南的大多较为简陋，只能满足演出功能而已，若与景德镇乐平戏台比，那简直是天壤之

---

① 详见陈邦昆主编：《赣南地区戏曲志》，第384页，《古戏台·现存古戏台表》，赣州地区文化局编印，1991年。

别了。

3. 赣南古戏台的形式，主要是附属于神庙和宗祠中。其性质，前者主要是通过娱神（实际上是娱人）活动，促进当地经济文化的发展。如万寿宫的娱神演出便是典型代表。后者主要是通过看戏敬祖收族，增强宗族的凝聚力。经费来源主要靠众筹，如拜神香火钱和祠堂公积金等。当然，也有很多人是因家逢喜事，个人出资延请戏班子来唱戏，以传承上古"独乐乐不如与众乐乐"的优良民俗。

4. 赣南古戏台大都为木结构，歇山顶或悬山顶，翼角高翘。装饰一般为木雕（多在檐口部位）、藻井、彩绘、对联等。建筑形式总体来说较为普通，面阔多为一间，少量三开间。附属于祠堂庙宇中的戏台，一般可供平地观和楼观（位于两侧廊上的"雅座"）。现存较好的古戏台主要有赣县七里镇仙娘庙戏台、湖江戚氏宗祠戏台、宁都小布万寿戏台、宁都石上王田营东岳庙戏台、赣县梅林双江庙戏台、于都葛坳黄屋万寿宫戏台等。

图 8-3-1 宁都小布万寿宫戏台

图 8-3-2-1 于都葛坳黄屋万寿宫戏台

图 8-3-2-2　于都葛坳黄屋
万寿宫戏台细部

图 8-3-2-3　于都葛坳黄屋
万寿宫戏台藻井

图 8-3-3　于都黄龙公馆万寿宫戏台

图 8-3-4　章贡区永安真君庙戏台

图 8-3-5　赣州七里镇仙娘庙古戏台

图 8-3-6　赣县夏府戚应元公祠古戏台

图 8-3-7　宁都黄陂杨依古戏台

第九章　山寨、关隘、古驿道

古代的山寨、关隘与古驿道密切相关，主要是服务或取利于驿道上的行人商客。当然，山寨和关隘在历史上还有更为广泛的功能。山寨，有的是官府所设，也有的是村民所建，更有的是匪盗巢居，因此，山寨不一定都建在古驿道附近；而关隘则基本皆属官府所为，其主要功能就是征税和拒寇，因此，基本上都建在交通节点上。

一　山寨

寨，是古代防守常用的一种设有围合障碍物的构筑体，如砖石砌体、竹木栅栏等。若为官府建设的寨，在方志中置于"关隘"目下，性质也类"关"和"隘"，这个意义上的寨，则不一定都设在山上，而且也早已无存了。本书所述的寨，主要是指赣南现在尚存的且都位于山上的古代寨子，因此称之为"山寨"。

寨，还与村相提并论，因上古时，村落不仅要防敌人，还要防野兽，普遍均有设防，因此，村寨并称。今西北、西南等乡村至今仍常见将村称为某某寨者，赣南乡村也多见诸如上寨、下寨、寨上、寨下等古村落地名，而赣南现尚保存下来的村围，便是古代村寨防御的延续。"寨"本义的进一步延伸，便是有设防性质的民居，像客家地区的"围""堡""楼"，在民间习称或方志记载中，也概称之为寨。如闽西的土楼，当地民间传统称谓是"方寨""圆寨"；《赣州府志·武事》中也见"（清顺治）十年，番天营贼流劫安远境长沙营、孔田各寨，掳掠男妇千余"[1]，这里所说的寨，应是指安远长沙、孔田等地的村围和围屋。

---

① 清同治版《赣州府志》卷32《经政志·武事》，赣州地区志编委会点校本，1986年，第1034页。

（一）赣南山寨概况

如前文"古村落·围堡式"和"民居·围堡防御式"两节中所述，由于地处四省交汇山区，古代赣南基层社会几乎从来就没有真正被"王化"过，长期处于"治与乱""贼与民"和"政区与盗区"之间。因此，赣南古代山民居住山寨的情况十分常见，形成赣南围屋、村围、山寨三种防御式民宅并存的现象，而且居住"山寨"的形式几乎贯穿整个古代赣南。此以寻乌革命纪念馆馆藏的一方明天启七年（1627）饭箩祖寨碑说明。此碑为红砂岩质，残高48.5厘米、宽41厘米、厚6.5厘米。碑文共219字，现据发现者刘承源先生的考识录于后。

> 世之以来，自鸿朦开辟，故国家有城墉，民间有围寨。我乃汀州宁化相传，始居大竹园，路口枭险，思得近方饭箩石四固周密，堪作庐为子孙长久。已捐请匠人凿开石路，坒平屋基。因正德年间（1506—1521）黄乡叶楷作叛，久居祖寨，至万历三年（1575）四月，蒙南赣军门江（指南赣巡抚江一麟——译者注，下同）、守道爷爷张（分守岭北道张士佩）、巡道老爷朱（分巡岭道副使朱茹）、本府大爷叶（赣州知府叶梦熊），兴兵剿贼，幸得太平，示民竖屋耕读。万历五年下寨，李坊做屋。遗嘱子孙永远常守，倘有世乱，异姓亲戚借寨者，要写借纸，不能紊争，至天启七年，因闽粤变乱，复上祖寨，故立石碑为子孙长久之志矣。谨序。天启七年丁卯岁冬月吉旦。钟洪赞、积、庆、舜、纲、奈、纪仝立。
>
> 石匠姚通所。

此寨，现名"花箩寨"，位于寻乌县吉潭与澄江交界的大竹园村，碑文虽短但信息量较大，不仅记述了钟氏来历、居围寨和离开山寨的原因，还从一个侧面反映了叶氏家族割据黄乡（寻乌）百余

图 9-1-1　寻乌吉潭明代花箩寨碑记

图 9-1-2　石城县山寨集锦

年最后被剿灭的情况。而此类宗族割据势力在明清赣南屡见不鲜，赣南古代依险居山寨情况于此也略见一斑。对此，刘承源先生根据《礼坊钟氏族谱》中之《礼坊流传事迹》《饭箩土寨二寨合记》《饭箩寨全图》等相关资料发表有博客网文《明天启七年饭箩祖寨纪事碑》，可供参考。

赣南现在尚存的山寨，根据"三普"资料统计只有 19 处，但这不足为凭，因为此类古建筑不典型，往往被各县普查员所忽视。此据黄运群2015 年主编出版的《走遍石城》一书中所录的古代山寨，便有 17 处，而谢直云等著的《山水宁都》一书中仅翠微峰景区就尚存 18 处山寨。现根据笔者调查研究的情况分析，赣南现存古代山寨数量，至少在 200 座。

现依据已掌握的资料看，赣南现存最早的山寨为于都银坑南宋初年的岳飞寨，晚则可到清末，其中现存数量较为集中的历史时期是清代咸丰年间，主要为防太平天国农民起义军所建，因访问时，皆称是"防长毛贼"的。其多的主要原因跟当时政府倡导以及太平天国运动是距今最近的一次以冷兵器为主的大动乱有关。如《清史稿·列传·周祖培列传》，咸丰三年，疏言："贼匪滋事以来，屡谕各省办团练，筑寨浚濠，仿嘉庆年间坚壁清野之法……"又如《瑞金县志·武事》载："咸丰三年（1853），太平军石达开部进逼瑞金邻县石城，县民受其鼓舞，纷纷起事，瑞金知县刘遵侃奉令办团练，在城设局，每户一丁，十丁一牌，十牌为甲，十甲为团，负责警守险隘，保卫县城、仓库等重要目标。"从赣南各地县志与《清史稿》等记载来看，自咸丰三年开始，各地乡绅都有出资兴办团练，捐资

图 9-1-3-1 于都宽石寨寨门残构

在聚落险要之处修堡寨，对太平军实行坚壁清野的记述。山寨的建筑形制主要是根据山上情况而定，没有规则可寻，多为环顶随地形高低而建，寨内建有简易房舍屋宇、水源、防卫等生活和防御设施，以圆或椭圆为多，几乎都是石构墙体，其中又以自然山石或片石为主，高度在 2 米左右，常设三座至四座寨门，寨门多为加工条石制成。

赣南是丹霞地貌的主要分布地区，几乎各县都有因丹霞地貌而闻名的自然或人文景观。如赣州的通天岩、于都的罗田岩、瑞金的罗汉岩、宁都翠微峰、石城的通天寨、兴国的宝石寨、会昌的汉仙岩、龙南武当山等，因此，赣南山寨选址还有一个特点是：大多为丹霞地貌。这主要是因丹霞地貌所特有的顶平、身陡、麓缓、雄奇险峻和易守难

图 9-1-3-2 于都城郊宽石寨远景

图 9-1-3-3 于都县宽石寨石构寨门远观

攻，海拔高度大多为 200—400 米，相对高度大多为 100 米左右，有丰富的水源、靠近生产和方便生活等特点而成为首选。这些自然特点，同时，又形成赣南又一特别的古文化现象，即在这些丹霞地貌山上往往有先秦时期的古文化遗址。如宁都翠微峰南侧缓麓地，20 世纪 80 年代第二次全国文物普查时，采集到的遗物有石矛、石镞、石锛、印纹陶片、青釉瓷豆残片等，其中，印纹陶片的纹饰有小方格、菱形回字、回纹加点、组合云雷纹、梳齿刮纹、三角窝纹等。据考证，其文化性质应属一处商周时期的游猎临时场所遗址。又如于都宽石寨山上，也采集到磨制精细的有段石锛和大量古陶片，其中陶片几何形纹，主要有方格纹、网结纹、回纹、弦纹、编织纹、蓝纹等。从采集的陶片看，器型有鬲、尊、罐、鼎等，由此初步认定为商周时期文化遗址。此外，赣县三溪乡的寨九将军寨、瑞金市武阳镇的石狮脑寨和寨崈脑山寨等丹霞地貌山寨中，均同时发现还是一处古文化遗址，看来，这应是一种较为普遍的情况，可能更多的是文物普查中还没有注意到这一现象。

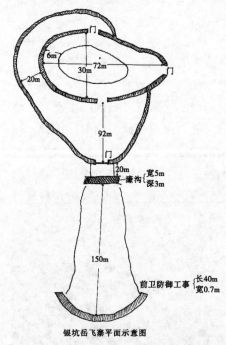

银坑岳飞寨平面示意图

图 9-1-4　于都银坑宋代岳飞驻扎的
山寨遗址测绘图

（二）赣南现存的主要山寨

1. 岳飞寨

位于于都县银坑镇银坑圩东 1 公里。主寨占地面积约 2000 平方米。原设 3 个寨门，现已毁。在主寨东北面是外围防御工事，现残存自然块石围墙长 40 米，宽 0.7 米，高 0.3—0.8 米。

南宋绍兴三年（1133），岳飞奉诏"征讨"吉州彭友、李满和虔州王彦、陈颙等数支农民军。破彭友后，岳飞移师虔州，王彦、陈颙率部踞守于都五石洞（旧史称"固石洞"）。五石洞为五座石山（马安石、斧头山、头巾寨、中石、天心岩）的简称，地处银坑、马安、桥头一带的 20 华里之间。岳飞率

兵来到银坑，在银坑东约 1 公里的比邝山安营扎寨，后当地居民称作
"岳飞寨"。1984 年 6 月 5 日公布为于都县文物保护单位。现因年久失修，
自然损毁严重，遗址虽存，但遗迹已被丛林覆盖，仅见一段残存墙基。

2. 通天寨

位于石城县琴江镇大畲村村后约 500 米，距县城约 5 公里，因寨中的
通天石而名。山寨遗址面积约 6 平方公里，海拔高度 600 米，相对高度
360 米，是一处发育完美和典型的龟裂丹霞地貌，因此，成为赣南著名的
自然景观旅游点。其中"通天石"，又名石笋干霄、阳元石，为一丹霞岩
柱，高 295 米，是为主景，也是石城古代八景之一。

通天寨，原寨上四面各设一寨门，现尚存三门，其中西门门额上题有
"长庚门"三字。由于山势险恶，历为兵家必争之地。元末，陈友谅被朱
元璋击败，余党熊天瑞残部踞此筑寨，曾多次在此与官府军队发生争夺
战，现仍可见多处残垣毁垒，因此，还是一处古战场遗址。

图 9-1-5　石城城郊通天寨远景

3. 寨九将军寨

位于赣县三溪乡寨九村横山寨小组，距县城约 55 公里。据村民相传，
将军寨始建于南宋时期，当地有关于岳飞部将剿灭将军寨的传说。从实地
调查采集到的酱褐釉陶片、芒口青白瓷片等古代陶瓷片情况来看，与当地
的传说大致吻合。

将军寨地处一座丹霞地貌的山顶，周边都是悬崖，只有一条仅容一人

通过的山脊小道通往山顶。整个山寨的基本格局尚存，寨门朝南，用红砂岩砌成，石券门拱高 2.3 米，宽 1.4 米，寨门两侧还保留有厚度达 0.6—1 米的寨墙，寨墙残高 0.6—1.8 米不等，残长 6—8 米。寨墙 25 米，就地取材由块片石砌成，总面积约 4500 平方米。将军寨的顶部还保留有数个当年建筑的柱洞，顶部的土层较厚，残存有历代的陶瓷器残片。

图 9-1-6　崇义桶岗明代蓝凤天盘居的牛栏山山寨寨门

4. 牛栏山山寨

位于崇义县思顺乡山院村牛栏山，当地人俗称"石门框"。明代正德年间，以谢志珊、兰凤天为首的盗寇，割据横水、左溪和桶冈（史称"三巢"）为根据地，自称"征南王"。正德十二年（1517）十一月，南赣巡抚王阳明擒横水、左溪贼首谢志珊，毙桶冈贼首蓝天凤，遂设崇义县于横水。牛栏山山寨是蓝天凤盘居桶冈的主要集聚地和巢穴之一，现仅剩山寨的第一道寨门和山寨的残墙断壁，山寨门坐北朝南，花岗石门框，两边为依山而建的块石结构防御寨墙，寨门旧址总长 18.18 米，宽 7 米，高 2.3 米，其中石门高 2.3 米，宽 1.68 米。

牛栏山山寨还是古代思顺通往桶冈的必经之路，古道穿石寨门而过，现已另辟公路，但仍有部分居民步行经过此古道。牛栏山现有 3 户人居住，姓氏为张、游。这座山寨遗址，对研究崇义县的历史以及王阳明的南赣平乱和谢志珊、蓝天凤其人其事具有重要意义。

5. 岩陂寨遗址

位于安远县长沙乡长沙村。据传为明代时当地钟氏望族因避寇而建。相传当年山寨上建有几百间房子，山寨四周围墙，辟有东、南、西、北四门内居住有钟氏千余人。现在山顶尚存用山石砌筑的断壁残垣和岩石上开凿出的栈道、阶梯、柱洞和倒塌的石砌寨墙。

该山寨上坦下险，南河北溪，满山怪石嶙峋，四周悬崖重叠，地势非常险要，是一处易守难攻的山寨。山寨方圆约2公里有余，清代时山寨遗址中部建有方广寺，东南部建有金城庙。

6. 翠微峰山寨群

位于宁都县梅江镇翠微峰景区，距城区约3公里。是一处发育完美的4A级丹霞地貌风景区，也是国家森林公园和省级文物保护单位，它集自然景观与人文精华于一身，是宁都人民心目中的圣山，也是宁都的自然标志与精神象征。

翠微峰，是整个丹霞地貌景区的主峰，因东南峭壁平直，色如丹霞，故俗称"赤面寨"。翠微峰自然景区，主要由著名的24峰、8洞、3湖5涧12瀑、21岩穴、36特形构成，总面积约为78平方公里。人文景观方面，主要有商周古文化遗址、宋代道家七十二福地之一、18座古寨门、明末清初"宁都三魏"和"易堂九子"的隐居遗址和活动旧址，以及1949年攻取翠微峰的战斗遗址（其战斗故事，20世纪50年代拍成电影《翠岗红旗》）等。其中，18古寨门分别为三献峰、石鼓峰、凌霄峰、瑞竹峰、莲花峰南、莲花峰西、东旸峰山口、东

图 9-1-7　宁都翠微峰主峰

旸峰半山、骑龙岑、莲塘岩、蘑菇峰、黄连岩、小石寨、冠石、盘石、天

池岩、飞泉岩、集贤岩寨门。这些山寨都是唐宋以来士民隐居、避乱或战争留置下来的遗迹遗构。这 18 座有山寨门的山寨中，又以三献峰寨、东旸峰寨和黄连岩寨（黄竹寨）保存最为完整，建筑年代据《翠微峰志》疑为宋代，1993 年 6 月均列为县级文物保护单位。

三献峰寨，位于三献峰东北端，"仙人卖药"西北侧。寨门墙用麻条石砌成，南北纵向，全长 18.7 米，高 3.2 米，最低点 2.4 米，墙厚 2 米，寨门朝东，高 2.3 米，宽 0.9 米，拱券形门，框有石槽闸门及石斗扇门，两层设置，纵深 2.35 米。据《翠微峰志》载：清初，"易堂九子"之彭任、李腾蛟、曾灿、彭士望曾隐居寨内，筑有"一草堂""半庐""值松草堂"等授徒造士，现原宅已毁，遗址尚存。

黄竹寨，又称"黄竹峰"，因黄（皇）竹丛生，故名。又因"丰首低尾，色如渥丹，状如腰鼓"，也称"石鼓峰"。位于黄竹峰与凌霄峰之间裂罅连接处陡壁上，门两边墙南北走向，高约 5 米，全长约 20 米。峰顶广平，可筑室结庐供千人居住，据《翠微峰志》载："旧时，峰上建有飞升堂、凌云亭，山高堂前云缭绕，路险壁陡鲜人至。"成为古代士绅避乱隐居之地。明代邑绅赵东林曾多年隐居于此。

东旸峰寨，因峰极似旭日东升状，故名。位于东旸峰东北端山脊，由东旸峰登山口寨和东旸峰寨构成，两寨门之间相距约 200 米。前者为第一道关隘，寨墙下部凿石壁而，上部用红麻条石沿石势呈弧形砌成。长约 38 米，最高处为 5 米，最低处约 2.5 米，厚 2.35 米，寨门高 3.85 米，宽 1.4 米，门额有隶书线刻"东旸峰"三字，大约建于唐末至宋代。后者寨墙同前构筑形式，长 22.7 米，厚 2.35 米，最高处 5.1 米，最低处约 3 米，寨门朝东南，高 2.8 米，宽 1.3 米，门两侧刻有门联。南唐（937—975 年）礼部尚书衷愉曾弃官于此筑庐隐居奉母，故称"衷愉庐"。据《宁都直隶州志》载："岩藏木钟，金精木鹤鸣，则木钟应之。有泉曰仙液。州人衷愉结庐奉母隐此。"

7. 东龙鳅篓寨

位于宁都县田埠乡东龙村，当地又习称为"石砦""石寨"。东龙村诸峰环峙，山清水秀，土地肥沃，形如"架上金盆"，具有"高山盆地"之称。明、清时，为闽赣商贸交通要冲，一度商贾云集，村中祠庙林立，屋宇参差，富甲一方，但地处偏僻，四周山峦重嶂，盗寇迭发。为抵御匪患，东龙村将全村划为四片，在附近四隅择险要高地建起四个山寨，此为入村口北面山寨，因状如盛装鳅鱼的竹篓，故名"鳅篓寨"。

图 9-1-8-1　东龙鳅鱼寨北寨门

图 9-1-8-2　宁都田埠乡
东龙鳅鱼寨东寨门

图 9-1-8-3　宁都田埠乡
东龙鳅鱼寨远观

　　现存山寨保存基本完整，寨长约 90 米，宽约 80 米，占地约 720 平方米，石寨用片石砌筑，残高约 2 米，厚约 1.5 米。分别在东北、西南面开两个寨门，寨门为花岗岩条石砌筑，门宽约 1 米，高约 1.8 米，山寨内为一相对平整区域，原建有房屋，掘挖有水井，现已塌废，仅存四周寨墙。

　　8. 寨崇脑山寨

　　位于瑞金市叶坪乡云山岐村小组。建于太平天国时期，东西走向，面积约 15000 平方米。2010 年为配合高速公路建设，江西省考古所对其进行过抢救性考古发掘，计发现寨内有营房两栋，50 间房舍遗址。出土文物多为晚清时期的生活用陶瓷片，主要为碗，少量盘、杯、勺、镭钵、炉、罐、缸片等。其他还有少量的火钳、铜筷、门扣等。防御城墙一道。长 39 米，底宽 4.3 米，顶宽 0.5 米，高 1—4 米，横断面呈梯形，石、土混筑结构。整个防御墙体依山势而建，且利用两侧山体拦断山谷，并筑坝成塘，形似城墙，非常雄伟，有易守难攻之功能。石阶路三条，一条位北面悬崖绝壁上，另外两条位于南面石坡上。墓葬 4 座，主要为长方形土坑竖穴墓，每座墓前都修有拜祭的明堂。

从发掘出土的遗迹与遗物来分析，寨崇脑遗址可分为商周与明清两个历史时期，具有赣南其他类似地貌山寨的共同特征。商周时期出土遗物有石器与陶器两类。石器有斧、锛、凿等。陶器多为碳砂陶，少量泥质陶，按颜色分有灰陶、红陶、白陶三种。器形有罐、鼎、钵、器盖、圈足器、折肩器，纹饰有网结纹、方格纹、细方格纹、菱形纹、网窝纹、弦纹、蓝纹、菱形凸点纹、回纹、云雷纹、梳篦纹、刻划纹等。明清遗址根据出土遗物与史料结合来分析，考古发掘报告认为：这处军寨建筑应是清代晚期当地豪绅组织乡民捐资修建的对抗太平天国起义军的军事堡寨，一是躲避太平军，实行坚壁清野，使太平军得不到物资补助，造成军资匮乏。二是打击太平军，利用险要的地形工事，阻击太平军。

9. 寨府里山寨

位于石城县木兰乡东坑村寨府里（寨脑）。山寨位于两县交界地，东南、西南为石城地界，北、西北属广昌地界。建筑年代为清代中晚期，据调查，似为防太平军而建。目前山寨尚保存东、南、北三座大门，是赣南现存古山寨中保存较为完整的之一。其大门均用条石垒砌而成，垒墙厚 1.98 米，高 2 米，门宽 1.5 米，雄浑坚固，整个山寨成椭圆形，东西长 500 米，南北宽 100 米，占地面积 50000 平方米，寨内建筑已无存，寨墙残存高度为 4—5 米。

二　关隘

关隘，又称关卡。古代在交通要道设立的防务设施。一般都是地理位置很重要的地方或依山傍水的交通要道。我国著名的如函谷关、虎牢关、雁门关、潼关、阳关、居庸关，等等。各省各地都有拥有当地的主要关隘，据明嘉靖版《赣州府志》卷五"隘桥渡"和清同治版《南安府志》卷二"关隘"统计：赣南各县大小关隘约有130处，这其实就是连接赣南各县主要交通线的接点，但留存至今并著名的只有大余梅关和石城的"闽粤通衢"关楼了。

（一）大余梅关

梅关，属于国家级的关隘，可与上述函谷关等齐名的古代名关。位于大余县与广东省南雄市交界处的梅岭（又称"大庾岭"），关楼雄跨赣粤两省隘口。

梅岭设关始于秦朝，秦汉时为中央政权统一祖国南疆、巩固边防的军事战略要地，正所谓"五岭皆越门"。秦始皇统一中国后，其策略是对北方筑长城以防御匈奴，对南岭开山道筑三关，即横浦关、阳山关、湟鸡谷关，打开了沟通南北的三条孔道。横浦关就筑在梅岭顶上，因此梅关在秦时称"横浦关"，也称"秦关"，后来横浦关为战争所毁。汉代初年，刘邦曾派梅鋗将军扼守梅岭，汉武帝刘彻于元鼎五年（前112）派兵十多万平南粤，并首先命令杨仆的神将庾胜兄弟驻守大、小庾岭上，然后入南雄、始兴，下浈水，入北江，汇珠江。从汉至唐，梅岭只有岭之称，而无关之名。到了宋代，由于经济的迅速发展，通过梅关的漕粮和茶盐运输量激增，淳化元年（990），宋太宗为确保岭南经赣江而达汴京通道的畅道，在大庾县（今大余）设置了南安军。宋嘉祐八年（1063），蔡挺就任江西提刑，当时他的哥哥蔡抗正好在广东做转运使官，弟兄俩分别代表赣粤双方协商维修梅岭路，同时在岭巅设关，修建关楼一座，并立石曰"梅关"。此关一作军事防御，二为征收货物税收，三为赣粤两地之界。梅关修筑在"一步跨两省"，"一关隔断南北天"的途要之地，在这里登关远眺，赣粤两省的千山万岭尽收眼底。在修建梅关时，鉴于梅岭南北"驿路荒远，室庐稀疏，往来无所庇"的状况，蔡挺遂与蔡抗"相与谋"，双方商定以梅关为界，以砖石"分岭之南北路"，并且"课民植松夹道，以休行者"，即在路两旁种植松树以固土遮荫。建关楼后，历代州、县均有修葺，使梅岭关楼保存至今。

现存梅关应为明清修建的，青砖砌筑，现残高5.9米，面宽5.1米，门洞高3.5米，宽3米，进深5.5米，关楼楼阁已毁，关门无存，关楼南

图 9-2-1-1　大余大庾岭关楼门洞

图 9-2-1-2　大余大庾岭梅关

图 9-2-1-3　大余梅岭"南粤雄关"

面留有枪眼四个，门洞上额书"岭南第一关"，两边对联"梅止行人渴，关防暴客来"，北面门额题"南粤雄关"。东侧设有石阶可登关楼，西侧竖石碑"梅岭"。

（二）"粤闽通衢"关楼

"粤闽通衢"关楼，又名镇武楼，位于石城县老城的东北郊，现因城区扩大已纳入城区内。关楼坐北朝南横跨廓头街而建，至迟建于明万历三十八年（1610）。廓头街是一段连接赣闽粤古驿道上的古街市（详见下节"粤闽通衢"古驿道）。

"粤闽通衢"关楼，是城北重要的军事防御据点。明代中晚期，石城匪患严重，动乱不断，明成化十三年（1477），知县闻韶开始将土城改为砖城。后因盗寇时常自东北面进行侵扰，为加强城北防卫，官府便修建了此关楼，名"镇武楼"，以御匪盗拱卫城北安全。明隆庆年后，匪患稍息，万历年间在维修此楼时，便在城门额上题刻"闽粤通衢"四字，以示道畅民安。此关楼建成，一则可以监视楼北面李腊石山顶发出的敌情狼烟信号，二则又是南来北往迎接官员的接官楼，三则楼上设玄帝神，具有镇北安宁为民祈福并保佑闽粤要道生意兴旺发达之意。镇武楼原名"镇武行祠"，后毁。清顺治十一年（1654）由知县郭尧京重建，改名"元帝阁"。"镇

图 9-2-2-1　石城镇武楼
"闽粤通衢"关隘

图 9-2-2-2　石城镇武楼 "闽粤通衢" 铭额

图 9-2-2-3 镇武楼"闽粤通衢"匾铭落款

武",为道教所奉之神,别地多称"真武庙""真武大帝"。因相传道士曾夜梦玄帝嘱托,故庙内常供"玄帝"像,"玄"在"五行"文化中属水、黑色、北方,因此,"玄帝"也就是北方之帝。镇武楼二楼原也有玄帝塑像,故楼又称"玄帝阁""元帝阁"。明清时期,民间对玄武帝的崇拜非常盛行,将它跨街而建于城北南北交通要道上,反映了民众心目中对该神的崇敬之情。现关楼内尚保存有清顺治十二年(1655)、康熙十五年(1676)、雍正二年(1724)石碑,碑刻记述了该楼的历史沿革和维修情况。

"粤闽通衢"关楼跨古驿道而建,现存高两层8.5米,面阔10.88米,进深9.82米,占地约110平方米。底层平面两间,呈不对称布局状况,城门洞内右边,人为(约清代或民国年间)用青砖砌了一道墙,分隔出一间房屋。二楼平面亦为两开间不对称形式,次间与前、后回廊相连,当心间为"玄帝阁",现阁中神像、神案等早年全毁。穿逗式构架,构架空间为板壁或夹骨泥墙,两侧山墙(右为砖墙,左为土墙)不承重。

北面为关楼形式,硬山顶,条石券门,门洞墙体亦为条石砌成,厚达1.45米,门洞上有石匾,阴刻铭文:"闽粤通衢"四个大字,匾右头小字题"万历庚戌年 鼎立 尹良恩 陈眉春 黄国盛 黄宗□ 杨大厚 廖文英";匾左头小字题"知石城县事岳阳李德 典史王维 康熙丙辰年重修 黄宗□ 黄□□";匾上头也有小字题"乾隆甲辰春知石城县事孙绪惶□□□重修"字样。楼上两侧辟砖构小漏窗,出檐为三层砖叠涩。南面为悬山顶,底层为城门洞,三开间外观形式,实左次间不存。右次间有大板梯可登至二楼。二楼正面是廊道,设有木构栏杆。右山墙与复烤厂共用,稍稍出头,做成防火墙形式;左山墙与后稷庙墙共用。

"闽粤通衢"关楼,同别处城楼或关楼一样,是由"粤闽通衢"城关的"关"和关上"镇武楼"的"楼"两部分组成的。同时也是一处将城关与地方神庙相结合的关楼建筑，这较为少见，是研究地方城防史、神灵信仰和社会史不可多得的实物资料。所题"闽粤通衢"四字，常为客家学者广泛引用于各类客家书刊文章中，认为是研究客家迁徙史、形成史与发展史的重要史料，具有见证客家历史地标性建筑的文物价值，现为省级文物保护单位。

三　古驿道

又称驿路、官道，近似于现代的国道。主要用于古代经由驿站传递政府各种政务、经济、军事等公文信息，以及物资运输、军队调动、军队后勤补给和官员出差、调任与巡视等的交通路线，多设于通衢大道。驿道上每隔若十里设置一个驿站，驿驿相接，纵横网络，以京师为中心，向四方辐射；再以地方首府为重点，逐级扩展，星罗棋布，形成网络。沟通了中央与地方及地方之间的联系，使政令通达，军报快捷，民情流畅。

赣南地处四省交汇之区，在古代有较多古驿道与邻省相衔接，最著名的当然是通往岭南的大余梅岭古驿道，它是古代赣南最重要、也是全国知名的一条官道。其他尚有经会昌羊角水堡、石城、瑞金通往福建和广东的古驿道，还有陆路自遂川经上犹、大余一带进入广东、湖南的古驿道。如果说大余梅岭古驿道相当于今天的105国道或大广高速的话，那么，后列会昌、石城、瑞金、上犹几条通往广东、福建和湖南的古驿道则相当于今天的省道和县道了。当然，除此之外，赣南省内和各县之间还有众多的县级官道，而民间那种两三尺宽的古道则不可胜计。

（一）大余梅岭古驿道

位于大余县梅山村之梅岭东、西两侧，北距大余城约10公里，南临广东省南雄市，古驿道原全长25华里，现属江西一侧的尚保留有1860米，麻条石筑边，中铺卵石，最宽处7米，最窄处3米。其中还保存有明代古桥两座，即广大桥和接岭桥，均为砖石砌筑，单拱式桥。此外在驿道半山处尚有赭红色"重来梅国"巨型字碑一通，为清同治六年（1867）所立。2006年公布为第六批全国重点文物保护单位。

隋唐以前，中国与国外的贸易，大抵集中于以葱岭东西为主的"丝绸之路"国际市场。隋炀帝开凿大运河后，从中原沿大运河南下，经扬州，溯长江而入鄱阳湖，再经赣江、章水而上，逾过大庾岭而进入广东，然后顺浈水到达广州，逐渐成为我国对外贸易的主要通道。到了唐代，因经济得到了空前的发展，广州成了全国对外贸易重要港口。但是，从中原经江西通往岭南的陆路，仍然是秦汉时期开拓的"新道"。由于年久失修，"山道狭深，人苦峻极"，"故以载，则不容轨；以运，则负之以背"①，商旅过往十分不便。于是，唐朝开元四年（716），张九龄奉诏督率民工凿修梅岭驿道，使拔地千仞、危崖百丈的梅岭山隘成为一条"坦坦而方五轨，阗阗而走四通"的官方驿道。同时，还在驿道沿途修建了驿站、茶亭、客店、货栈等。此后宋、元、明、清诸代均有维修。

图 9-3-1-1　　大余大庾岭古驿道

　　鸦片战争后，随着五口通商和粤汉铁路的修通，曾经是沟通岭南以至中原内地的梅岭古驿道随之日渐衰退了。尤其是第二次国内革命战争时期，国民党为了实现其"南北夹击"的战略目的，广东军阀余汉谋部坐镇大庾，对中央苏区和赣粤边革命游击区进行军事镇压，并于1933年1月修筑了从大庾到南雄的赣粤公路，接着又修通了大庾到赣州的公路。从此，赣粤两省的货物运输大多改由赣粤公路所取代，繁盛一时的梅岭古驿

---

① （唐）苏诜：《开凿大庾岭路序》，清同治七年《南安府志》卷十八《艺文》一。

图 9-3-1-2　大庾岭古驿道　　　　　　　　图 9-3-1-3　大庾岭驿道

图 9-3-1-4　清《南安府志》大庾岭驿道图

道便完全退出了南北交通要道的历史地位。

　　新中国成立后，由于古驿道交通功能的丧失，使梅关和古驿道在较长一段时间没有得到良好的维护和修缮。1984 年和 1995 年，江西省文化厅先后拨款对古驿道和关楼进行过全面维修。

　　梅岭古驿道，是全国保存得最完整的古驿道之一，它从梅岭向南北两边蜿蜒而下，北接江西章水，南连广东浈水，像一条纽带，把长江和珠江连接起来，构成了南北通衢、中外交流的重要通道，有学者称之为"南方水上丝绸之路"之咽喉，具有很高的交通史研究价值。而且其由于独特的地理区位、优美的自然环境、悠久的历史文化和重大的历史人文价值，成为赣粤边际著名的风景名胜区。

（二）"闽粤通衢"古驿道

　　位于石城县境内。该驿道形成于唐宋时期，元、明两代最为兴旺，明万历年间在石城城北关楼上铭刻"闽粤通衢"四字，便是这条古驿道的历史见证。其主要线路大致为：自长江鄱阳湖→赣江→抚河→盱江→进入石城小松镇→兴隆村李猎石→城北廓头街→县城南门→大畲村→翻过武夷山→宁化石壁村→长汀→粤东。位于"闽粤通衢"这一段古驿道全长约500 余米，名曰"廓头街"，明清时街两旁店铺林立，过客如织，因此又俗称为"兴隆街"。

　　石城这段从县城到大畲村站岭脑不到 10 公里古驿道，当时全部用石块铺墁而成，其中在跌马磜陡坡这段还用三尺长、一尺多宽的麻条石砌成。而在窖境岭、将军桥、下亭子、上亭子、鹅窝崇、站岭脑等地还建了6 座茶亭，过往客商每隔三四里路就可以休息喝茶。又在窖境岭、金鸡石、长塘下、参亭下、豺狗坝、鹅窝崇、站岭脑等处开设了九个饭店。那时成群结队的客商脚夫，肩挑手提往返于这条古道上，是何等的繁荣热闹，对古代石城的经济、文化发展曾起过重要作用。1949 年 8 月中国人民解放军四十八军——四师四三二团也是经这条古驿道去解放福建宁化的。1962 年石城到宁化的公路修通，改道走官桥头、五里亭，这条千年古驿道才逐渐衰落下来。

　　石城地处赣闽两省交界的武夷山山脉中段，与福建的宁化、长汀隔山而居，自古以来，石城便是进入闽西、粤东的主要通道，但由于石城位置偏僻，境内群山环抱，土地肥沃，既是躲避战乱求生存的理想之地，同时又因生存空间有限，没有足供生存发展的空间，常成过往歇憩之地。因此，客家移民史学者普遍认为，这条经抚河、盱江、石城到闽西、粤东的古驿道，是客家人形成发展的主要通道，而将另一条经赣江、章江、大余至粤北、岭南的古驿道，认为是广府人形成发展的主要通道，于是概称：经"闽粤通衢"关楼的古驿道为"客家之路"，而称经梅岭"南粤雄关"关楼的古驿道为"广府之路"。

（三）筠门岭赣闽粤古驿道

位于会昌县筠门岭镇，地处武夷山山脉的西麓、赣江与韩江水系之上游，是古代江西通往福建、广东的交通要道，分别与福建的武平县、广东的平远县交界，也是武夷山山脉南段"舍舟登陆"沟通山脉东、西麓水系交通的重要节点。

筠门岭古驿道主要路线为自赣江—贡江—湘江（会昌），继续乘船至筠门岭羊角水附近，然后弃舟改换陆路可分别通达福建或广东，这两条古驿道的具体线路，会昌县政协的宋瑞森先生在《探寻汉仙岩》一书中有较详细的考证，兹引用其说：一是赣闽孔道，自筠门岭—羊角水—牛尾岭—分水坳—安子口—冷饭洲—新寨下—分界亭（以上属江西会昌县）—背寨（以下属福建武平境）—桂坑—遥岌嵊—张坑—石径岭—武平。这条道主要是通往闽西地区，当然也可及闽南的漳州和粤东的梅州、潮州地区，是江西最早和最重要的山海古道之一，这从明清时分别在会昌的冷饭洲和武平的背寨设立"巡检司"和"汛"（清代兵制，凡千总、把总所统绿营兵均称"汛"）两处关隘便可说明其要害。二是赣粤孔道，自筠门岭—羊角水—盘古隘—城岗（寻乌县境内）—吉潭—圳下—甲溪坝—大畲坳—仁居（平远境内）。这条道主要是经粤东梅州通往潮汕地区，是宋代以后赣粤间的主要通道之一。由于寻乌和平远两县都是明代后期所设县，因此，宋元时期，这条道相对赣闽孔道而言还属人迹稀少，较为荒凉，直到明万历年间之后，寻乌、平远两县人口发达起来之后，才真正通畅和繁忙起来。

古代赣南主要有三条大道通闽粤，另外两条分别是由惠州、南雄经大庾岭入南安的大余梅岭古驿道（详见上述）和由汀州经瑞金隘岭出入江西的古驿道，而筠门岭道主要是通往闽南漳州和粤东潮汕的古驿道，也是唯一赣闽粤三省交集的古驿道。如果将大庾岭道（梅岭）与筠门岭道作一比较的话，可以发现：前者属国家级官道，繁盛时期为唐、宋、元和明代前期，运出的商品以瓷、茶、丝、金、银为主，输入的商品以海外的象牙、香料、宝石、水晶、檀香、胡椒等为主，故有"水上丝绸之路"之称；后者则属省际官道兼民道，主要是民间交通，繁盛时期为明、清和民国三代，运出的商品以粮食、大豆、茶油为主，输入的商品以海盐、布匹、煤油等日用品为主，故有"盐上米下"道之称。

图 9-3-2　会昌羊角水古驿道

筠门岭古驿道是条十分重要也十分著名的古道，南宋末年文天祥从梅州转战江西走的便是这条道，1927 年 8 月南昌八一起义部队一路南下也是经此道转战潮汕地区的，而第二次国内革命战争时期，中共中央上海首脑机关人员往来闽赣苏区时，走的大多也是这条道。自晚明以来，逐渐形成"盐上米下"通往三省的贸易商道，其基本路线和驿站也修正为：筠门岭—羊角水—罗塘—珊背—吴畲（以上属会昌、寻乌）—岭下（以下属武平）—溪头虚—罗坑—荷树坳—石冠坑—满姑岽—露冕—下坝①。清以来十分著名和重要，直至 20 世纪 40 年代后随着公路的深度发展才极盛

---

① 详宋瑞森《探寻汉仙岩》，中共党史出版社 2014 年版，第 30 页。

而衰，相传当时，从外国寄往筠门岭的信件，只需写"中国筠门岭某人"便可收到，赣州、会昌的海外知名度都没它高。

（四）瑞金"大路岽"古驿道

位于赣州瑞金市象湖镇溪背村，属县、乡级古驿道。距瑞金城区南1500米，鹏图塔东200米，是古时通往福建长汀、泽覃希平、安治村的必经之路。古驿道修建年代不详，据当地群众反映，建鹏图塔后，就开始修建古驿道，有200多年的历史。古驿道全长大约4公里，大部分宽为1.8米（最宽处为2.5米，最窄1.2米），全程用鹅卵石或青石、红碎石砌就铺面，路面较为平整。古驿道两侧一边是山峰，一边是山沟，有一部分路段已被山洪冲毁，也有的路段是人为的破坏。

图9-3-3　瑞金闽赣古驿道

图9-3-4-1　瑞金黄竹岭
赣闽交界古驿道

图9-3-4-2　瑞金黄竹岭
赣闽交界古驿道

主要参考文献

一 地方志

1.（明）王浚、康河等修，董天锡、陈英、李国纪等纂。嘉靖十五年《赣州府志》。1962年上海古籍书店据《天一阁藏明嘉靖刻本》影印本。

2.（明）谈恺修，陈灿、汪大伦等纂。嘉靖三十四年《虔台续志》，原书存日本内阁图书馆，现据台湾"中研院"复制件。

3.（明）天启三年《重修虔台全志》，唐世济修，谢诏纂。原书存日本内阁图书馆，现据台湾"中研院"复印本。

4.（明）金汝嘉、余文龙修，谢诏纂，（清）顺治十七年重刻天启元年《赣州府志》。（清）岭北道参政汤斌重刻。

5.（清）魏瀛修，鲁琪光、钟音鸿、曾撰等纂。同治十二年《赣州府志》。赣州地区地方志办公室1987年点注印刷。

6.（清）黄鸣珂修，石景芬、徐福炘纂。同治七年《南安府志》。赣州地区地方志办公室1987年点注印刷。

7.（清）杨鐏修纂。光绪元年《南安府志补正》。对同治七年刻本进行续补及订正本。赣州地区地方志办公室1987年点注印刷。

8.（清）黄永纶、刘丙等修，杨锡龄、梁栖鸾等纂。道光四年《宁都直隶州志》。赣州地区地方志办公室1987年点注印刷。

9.（清）黄德溥等修《赣县志》。民国20年重印本，台北成文出版社。

10.（清）蒋方增修，钟奕德等纂。道光二年《瑞金县志》。

11.（清）黄瑞国、党汉章修，欧阳铎纂。同治十二年《安远县志》。

12. 赣州地区志编纂委员会编：《赣州地区志》第一、二、三、四册。新华出版社1994年版。

二 著作、论文集

1. 黄志繁：《"贼""民"之间——12至18世纪赣南地域社会》，生活·读书·新知三联书店 2006 年版。

2. 吴庆洲：《中国古城营建与仿生象物》，中国建筑工业出版社 2013 年版。

3. 谢重光：《客家源流新探》，福建教育出版社 1995 年版。

4. 谢庐明：《唐宋以来赣南人口源流发展与客家民系的形成》，黄钰钊主编的文集《客从何来》，广东经济出版社 1998 年版。

5. 黄浩：《江西民居》，中国建筑工业出版社出版 2008 年版。

6. 万幼楠：《赣南传统建筑与文化》，江西人民出版社出版 2013 年版。

7. 万幼楠：《赣南围屋研究》，黑龙江人民出版社 2006 年版。

8. 罗勇、林晓平主编：《赣南庙会与民俗》，劳格文主编《客家传统社会丛书》之七，国际客家学会、海外华人研究社、法国远东学院 1998 年版。

9. 万幼楠：《塔》，中国建筑工业出版社 2015 年版。

10. 万幼楠：《桥·牌坊》，上海人民美术出版社 1996 年版。

11. 万幼楠：《牌坊》，台湾锦绣出版社 2001 年版。

12. 吴光、钱明等编校：《王阳明全集》上、中、下册，上海古籍出版社 2012 年版。

13. 谢宗瑶：《赣州城厢古街道》，内刊，2011 年版。

14. 陈邦昆主编：《赣南地区戏曲志》，赣州地区文化局 1991 年编印。

15. 宋瑞森：《探寻汉仙岩》，中共党史出版社出版 2014 年版。

三 期刊、学位论文

1. 唐立宗：《在"政区"与"盗区"之间——明代闽粤赣湘交界的秩序变动与地方行政演化》，台湾大学《文史丛刊》2002 年第 118 期。

2. 吴运江：《赣州古城发展及空间形态演变研究》尚未刊本，博士学位论文，2016.6。

3. 赣南地方历史文化研究室：《赣州古城铭文城砖简介》，《南方文物》赣南专辑，2001 年第 4 期。

4. 万幼楠：《赣南客家民居素描——兼谈闽粤赣边客家民居的源流关系及其成因》，《南方文物》1995 年 1 期。

5. 万幼楠：《欲说九井十八厅》，《福建工程学院学报》2004 年第

1 期。

6. 万幼楠：《赣南古塔综述》，《南方文物》1993 年第 1 期。

四　政府条例、法规

1. 上海同济城市规划设计研究院、赣州市城乡规划设计研究院编《赣州历史文化名城保护规划》（2006—2020）。

2. 赣州市城乡规划设计研究院编《赣州都市区总体规划（2015—2035 年）》和《赣州市城市总体规划纲要》（2016—2035 年）。

后　记

　　驿外断桥边，寂寞开无主。已是黄昏独自愁，更着风和雨。无意苦争春，一任群芳妒。零落成泥碾作尘，只有香如故。

　　在撰写本书期间，常常背诵陆游《卜算子·咏梅》这首词，它反映了我那时的心境，故特录入，以助记忆。

　　按照出书惯例，后记一般要写些感谢的话，我自不能脱俗。

　　首先感谢赣南师范大学出资出版本书。这本书的完成与出版，原本没有预设时间表，权作自娱自乐有心情、有时间便写，但有一个目标：想做本对别人有用并能济世益民的书。2016年的六、七月间，本丛书的组稿者——林晓平院长得知我在做此书，便相邀加盟，后又再三诚恳催促并跟我约定时间表，迫使我后来几个月夜以继日、不遗余力，方使本书得以按预定时间截稿。因此，我要真诚地感谢林晓平先生，假使不是他的垂青和给我压力，本书就不在此列了。

　　其次感谢我自己。不止一人对我说：你又不须评职称，也不缺名气，还这么费神劳心写这些干吗，不如……后来我也常想，是啊，在《赣南传统建筑与文化》后记中便表示，以后可能没有心境再写书了，真是贱骨头！我想驱使它的原动力一来是劳碌命、工作惯性使然。本人毕生心无旁骛从事文博工作，且一直深深地爱好这项工作，所谓乐此不疲吧。其实，写作的痛苦是在构想、立论阶段，一旦成形进入修改完善阶段，那是种令人愉悦和兴奋的感受；二来是旧知识分子成名成家思想作祟。"穷则独善其身，达则兼济天下"，自少耳熟能详，相信王阳明所说的"越是艰难处，越是修心时"，相信不朽的作品，可以延续肉体之外的生命。

　　最后感谢为本书提供了资料和帮助的人。本书引用的资料较丰富，难免疏忽，除了书中注明了的注引和提供者外，或许还有遗漏和错误之处，如是，在此致歉并感谢！本书的线图主要由丁磊完成，乔勇为本书资料的搜集，提供了一些线索，还有为本书精心校对、编排的编辑们，你们辛苦了，在此一并鸣谢！

2017 年 8 月 28 日于杨梅渡